高成長思維

從 0 到世界級的致勝關鍵，
頂尖新創企業家教你再成長的經營策略

雷德・霍夫曼、茱・寇恩、德倫・特里夫——著
許恬寧——譯

Masters of Scale

Surprising Truths from the World's
Most Successful Entrepreneurs

By Reid Hoffman, June Cohen & Deron Triff

企業領袖與國際媒體一致讚譽

「不論是創辦新公司，也或者是努力在大型組織推動改變，本書提到的商業原則，全都能協助你在執行策略時，既不違背初心，又富有創意，同時考量到現實。」

——**薩蒂亞．納德拉**（Satya Nadella），**微軟執行長**

「霍夫曼是高手。他在解讀企業案例時，總能一針見血，幫我們整理成值得牢記在心的建議。如果你正在拓展事業，也或者純粹愛看精彩故事，這本書值得細細品嚐。」

——**鮑伯．艾格**（Bob Iger），**迪士尼前執行董事長**

「各位在建立公司或打造職涯時，別忘了帶這本書上戰場。裡頭有許多精彩的故事。不過，這本書能成為床頭書的原因，在於作者霍夫曼總結出深刻的見解，協助我們進入應有的心態，好記又不打高空。」

——**里德．海斯汀**（Reed Hastings），**Netflix的共同創辦人與共同執行長**

「懷抱願景，用心領導，第一步是聆聽，向他人學習。本書用故事來傳達寓意，充滿實在的建議（有時出乎意料！），協助你加快前進的腳步。」

——**安琪拉・阿倫茲**（Angela Ahrendts），**Burberry 前執行長與 Apple 前零售長**

「如果說你不必逐一向不同的創業者學習，而是去蕪存菁，一次從我們的年代最偉大的多位企業創辦人那學到東西？本書結合了令人難忘的故事，由世界級的領袖提供務實心得，協助你讓最重大、最大膽的點子成真。」

——**亞當・格蘭特**（Adam Grant），**紐約時報暢銷榜首**《**逆思維**》（Think Again）**作者、TED 播客**「**工作生活**」（WorkLife）**主持人**

「霍夫曼證明，各行各業都能把慷慨與社會公益，融入企業的 DNA，替世界帶來正面的貢獻，而且好心會有好報，帶動你的公司擴張。」

——**丹尼爾・盧貝斯基**（Daniel Lubetzky），**KIND 執行董事長與創辦人**

「各行各業處於不同成功階段的領袖，提供他們真實發生過的故事，帶來本書閃耀著創意火花的原則性建議……書中大方提供路線圖與架構，協助你以更具有智慧的方式，思考自己正在成長的事業。」

——**雪莉・亞尚博（Shellye Archambeau），MetricStream 前首席執行長**

「世上不存在一夕成功這種事，但前人犯過的錯，可以避免重蹈覆轍。我大力推薦本書。如果你有意創業，這本指南打開天窗說亮話，但同時也振奮人心。」

——**托莉・伯奇（Tory Burch），托莉・伯奇有限責任公司（Tory Burch LLC）與托莉・伯奇基金會（Tory Burch Foundation）創辦人**

「你可以把本書想成十章的輔導時間。你聆聽附帶忠告的故事，主角有可能是你原本就仰慕的人士，也可能是剛展開創業之旅的新手。讀完後，你至少能帶走一兩條新的座右銘，還會對如何創辦事業、為什麼要建立事業，有了新一層的認識。」

——**富蘭克林・萊納德（Franklin Leonard），黑名單（Black List）創辦人**

「作者觀察入微……他誠心地主張，爆炸性擴張通常會有陣痛期，但只要用心領導，重視企業文化，成長的推進力就能與脫序行為脫鉤，一切依舊有望。」

——**《華爾街日報》（*The Wall Street Journal*）**

推薦序

循序漸進的成長

貝克街蛋糕創辦人／王繁捷

我的公司貝克街一開始營業額很低，過一段時間才成長到數千萬，有些人提出了疑問：「初期一個月只做一、二萬，之後變數千萬，產能怎麼生得出來？冰箱裝不下吧？一定是騙人的！」

看到這樣的質疑，讓我一時之間腦袋當機，也許他們沒有聽過「擴大」吧？

我初期業績爛，用小烤箱一次只能烤兩個蛋糕，等我業績一起來，當然就換大烤箱了啊！本來只有我一個人做，業績一起來，當然就請人了啊！還有冰箱也是，初期小小一台只能裝十個蛋糕，後來也換成組合式冷凍藏庫，比房間還要大。但這並不是一次到位，而是一步一步擴大的。

每次我要擴大，會先擴大一點就好，確定業績起來、場地不夠用了，我才換地方，不會直接就砸一堆錢，蓋一間大工廠。

擴大要在適當的時機，和用安全的方法。至於什麼時候擴大，這是很容易判斷的問題，只要你產量有限做不出來，客人想買你的東西買不到，就可以擴大。重點在於安全的擴大方法！

假設今天我做蛋糕要擴大，本來一天做十個，想要擴大到一天可以做二十個，有這幾個方法：

一、換機器、增加網站功能

二、請員工

三、換場地

不過我並不是三個方法同時做，我的做法是，永遠優先考慮第一個選項：換機器、增加網站功能！（只要機器價格是我能負擔的情況下）

如果我換了機器，就可以達到擴大的目標，我不會去多請一個員工。因為請人有幾個問題，一來他的產能不一定跟你一樣，可能還會常常出包，你要花時間去訓練，結果訓練完後人走了，又要重新開始。或是請人之後，營業額起不來怎麼辦？不管是哪一個選項，你都會感覺很差。租更大的場地也是一樣，裝潢和租金等等砸下去，業績不如預期，每個月還要負擔更貴的房租，絕對會壓垮公司。而機器、改善程式只要幾萬元，就可以達到擴大的目標，風險又低，為什麼不做？等到機器擴大後，產能還是跟不上，再考慮請員工、換場地的事就好。

擴大還是老話那句，要「控制風險」，想著最差的情況，萬一擴大後業績增加，公司撐得下去嗎？能負擔擴大的成本嗎？

我都先計算，確認擴大後萬一業績沒半點進步，我還可以負擔，才會進行擴大的動作。我也是用這個原則，來決定每次要擴到多大的規模。

這就是我擴大的原則，也是確保公司活下來的方法，在這本書《高成長思維》，除了講擴大的技巧之外，還訪問了很多厲害的企業家，讓你知道擴大該具備怎樣的心態，還有他們成功的秘訣是什麼。

如果你要經營自己的事業，這些經驗會非常有幫助！

本書獻給所有曾經跳下懸崖，
在即將粉身碎骨之際造出飛機的創業者

目次

作者序

我們每個人都以自己的方式，渴望發揮影響力，尤其希望影響親友與同事等身邊最親近的人。有的人更上一層樓，渴望走出親友圈，帶動社群，甚至觸及到一輩子不會親身見面的人群。

我們之中又更鳳毛麟角的人，懷有更遠大的夢想，渴望改造世界，做從來沒人做過的事——或至少不要採取**眼前既有**的方式。我們想要顛覆舊模式，打造新氣象，讓商業願景成真，改革社會，帶來永無止境的快速成長。

換句話說，我們夢想**擴張**。

本書認為擴張不僅是一門學問，也是一種心態——這場旅程需要信念，也得不畏失敗。

創業的我們知道，推出新的商業計畫有風險，尤其是在不確定的時刻，無法仰賴傳統思維；我們也明白創業之路充滿險阻，通常有很多意想不到的彎路，但我們相信人人都能培養創業心態，一路走向成功——而且有辦法放大規模。

與成功擴張過事業的人士聊（我們已經和許多這樣的人士深入長談過），你會開始發現，高成長有幾條違反直覺但顛撲不破的真理：

- 最可能讓你拓展規模的絕妙點子，通常似乎也最異想天開。
- 出發時碰上阻礙是**好事**。
- 正確人士在創業早期提供的誠實回饋，將協助你修正點子。這件事的關鍵程度大到無法想像。
- 做無法規模化的事，有時其實是在打好基礎，助你日後一飛沖天——在最開始的階段尤其如此。
- 只要你願意接受事實，調整計畫，即便你自以為知道的事，到頭來都是錯誤的，依舊有可能達成目標。

將在本書登場的七十位卓越人士，他們是最具代表性的創業者，建立起破壞性企業，形塑我們的文化地貌。他們在經歷無數次的失敗後，摸索出前述的幾條心得。

現代企業高成長的萬神殿上，多位耀眼的領袖排排站，本書將說出他們的故事，包括比爾．蓋茲（Bill Gates）、馬克．庫班（Mark Cuban）、星巴克的霍華．舒茲（Howard Schultz）、Netflix 的里德．海斯汀（Reed Hastings）、蘋果的安琪拉．阿倫茲（Angela

Ahrendts)、Google的艾力克・施密特（Eric Schmidt）、Yahoo的梅麗莎・梅爾（Marissa Mayer）、Airbnb的布萊恩・切斯基（Brian Chesky）、YouTube的蘇珊・沃西基（Susan Wojcicki）、Spotify的丹尼爾・埃克（Daniel Ek）、Canva的梅蘭妮・柏金斯（Melanie Perkins）、Xapo的文斯・卡薩雷斯（Wences Casares）、Spanx的莎拉・布雷克里（Sara Blakely）、黑名單（Black List）的富蘭克林・萊納德（Franklin Leonard）、ClassPass的帕雅爾・卡達奇婭（Payal Kadakia）、多鄰國（Duolingo）的路易斯・馮・安（Luis von Ahn）、Minted的瑪麗安・納菲西（Mariam Naficy）、Shake Shack漢堡連鎖店的創辦人丹尼・梅爾（Danny Meyer）、沃克刮鬍刀公司（Walker & Co.）的崔斯坦・沃克（Tristan Walker）、設計師托莉・伯奇（Tory Burch）、投資人與慈善家羅伯特・F・史密斯（Robert F. Smith）、媒體大亨雅莉安娜・哈芬登（Arianna Huffington）。

以上的領袖代表著各行各業與非營利世界。他們來自世界各角落，有的來自鄉下小鎮，有的出身城市國宅（以及介於兩者之間的各種背景）。後文除了介紹他們的致勝策略，也會談他們犯過哪些尷尬的錯誤，以及遭逢打擊的黑暗時刻。讀者有時會感到像是在偷聽私人對話，一方是這些領袖，另一方是本書的專業領航員雷德・霍夫曼（Reid Hoffman）——霍夫曼主持了本書所有的訪談。

雷德是創業者，也是投資人，他對於如何擴張一間公司，有著第一手的經驗。雷德曾以創辦人的身分，協助建立PayPal與LinkedIn等我們年代中最成功的新創企業，此外，他除了扮演天使投資人的角色，日後也成為 Greylock Partners 的投資人，率先看出典範轉移企業的潛能，慧眼識英雄，包括 Airbnb、Facebook、Zynga、Aurora（自動駕駛公司）、Dropbox 等數不盡的公司。雷德甚至替這方面的主題自創新詞彙，例如「閃電擴張」(blitzscaling），意思是藉由「重速度輕效率」或「風險智慧擴張」(risk-intelligent scaling），大力追求成長。

此外，雷德是 Podcast 節目《規模大師》(*Masters of Scale*）的主持人。他果然也協助這個 Podcast 系列成長，榮登最受歡迎、影響力最大的節目。《規模大師》集結前人辛苦獲得的智慧結晶，方便創業者與商業領袖在尋找機會與遇上危機時，從中汲取靈感。

《規模大師》系列的粉絲朋友都知道，這個商業 Podcast 節目，聽起來不同於其他任何的商業 Podcast，不僅提供引人入勝的故事、原創音樂，還穿插奇妙的幽默感。今日在兩百多國擁有數百萬熱情粉絲，完整收聽率達七十五%，顯見這個節目擁有全球最認真的 Podcast 聽眾。

我們自二〇一七年起，製作超過八十集的 Podcast 節目，內容基底是與全球最被景仰的企業創辦人，進行數百小時的對談。我們每一集的節目，全都試著證實企業擴張的理論。節目會以創辦人的故事與職涯為起點，接著像發展偵探故事一樣，由雷德擔任聽眾的嚮導，測試我們提出的理論，並在嘉賓身上挖掘洞見與對照。

這個 Podcast 系列吸引人的地方，在於雷德利用自身的企業高成長知識，在訪談中深入探討。雷德因為有親身的經歷，他會訪問來賓一般訪談者想不到的問題，也因此有辦法找出獨特的洞見與概念。不過，雷德也明白，受訪的現代商業傳奇也是凡人，最豐富、最引人入勝的節目素材，有的其實來自來賓如何看待人際關係、問題解決、目標與意義。

不過，本書不只是簡單彙整一針見血的訪談，形式與呈現的方法相當不同於原本的Podcast節目。每一章將談一個讓你走過創業旅程的關鍵主題，一共有十大主題。一開始先談如何以意想不到的方式，讓你的好點子浮出水面，並認出那的確是個好點子，接著談在創業早期建立新事業與尋找資金的挑戰，這個時期必須腳踏實地，先做無法規模化的事，奠定日後擴張的基礎。

本書的中段將討論實務議題，例如募資與處理快速成長引發的挑戰。你一路上將遇到出乎意料的轉折，需要持續學習，以及永遠準備好轉向，有時還得放任問題延燒。

本書最後幾章會帶大家看，等你有了一定的規模後會發生的事，此時你有機會成為真正的領導者，替周遭的世界帶來善的力量。

在書中登場的眾多創辦人，他們的故事會帶來大量的啟發。你將在那些故事裡，看見自己的創業故事——一路上的起起伏伏、掙扎與勝利，你會發現很多事其實是共通的，有一群人和你狀況類似，進而從中獲得勇氣。

我們串連多則故事，並在雷德由始至終的引導與分析下，看出每位領導者的概念有什麼共通之處。此外，商業世界**以外**的創造者與思考者，一路上也會加入我們，這群人擁有引人入勝的串場故事與洞見，也將提供不尋常的視角。

生活在天翻地覆的年代，我們相信這本書的重要性在今日達到史上新高，我們的世界急需有人拿出毅力、並有意願克服龐大的挑戰，配合瞬息萬變的棘手情境，提供我們嶄新的解決方案。

如果你想把新事物帶到世上並加以推廣，你不一定要是穿著帽T的年輕人，不一定非得是工程師或程式設計師，也不必住在矽谷，此外，口袋不深也沒關係。事實上，本書提到的成功新創公司，許多資本額最初不到五千美元。然而，你的確需要知識、洞見與靈感。

許多領袖都是那樣起家。讓我們一起聆聽他們的故事，留意他們的建議，接著起身出發——擴張出去。

第一章 被拒絕沒什麼不好

凱薩琳・明蕭（Kathryn Minshew）想出新型職涯發展網站的點子，但她剛開始向投資人提案時，整整被拒絕一百四十八次……她沒有刻意數有多少次，真的。

凱薩琳談到：「有一陣子，被拒絕是我的『家常便飯』。我會在早上十點半喝咖啡時，收到被拒絕的消息，接著午餐又收到另一個被拒絕的消息。」拒絕的消息接二連三。「我在下午兩點收到『我們沒興趣』，下午四點開會有人提早離席。我會去喝個一杯，感覺剛才是在眾人的嘲笑聲中被送出門。」

「我們終於募到種子輪資金時，我回頭數被拒絕的次數，同時感到痛苦與慶幸——我看著那些拒絕我的名字，心裡想著：**我記得這次被拒絕，我記得那次被拒絕，還有那次我也記得**。被拒絕沒有不痛的時候，每次照樣會痛。」

凱薩琳是**繆思網**（The Muse）的共同創辦人兼執行長，她的點子和許多重要的創業點子一樣，源自親身的體驗。凱薩琳年輕時的夢想，原本是打算從事國際關係工作的職涯。如果能成為「間諜明蕭」，那該有多酷！然而，凱薩琳在美國的賽普勒斯大使館任職過一段時間後，就發現自己的外國事務幻想，和實際的工作是兩回事。凱薩琳因此改到麥肯錫

（McKinsey & Company）擔任顧問，在紐約分部待了三年，接著到了職涯該繼續前進時，整個體驗令她感到失望，一切很不人性化。

凱薩琳提到：「你很容易碰到的情形是你點進 Monster.com 等求職網，輸入關鍵字，接著跑出五千七百二十四筆結果——但每一筆都大同小異。我感到對於職涯剛起步的人士來講，一定能有比這更好的體驗。」

凱薩琳因此和麥肯錫的前同事艾麗克斯．卡沃拉（Alex Cavoulacos）一起腦力激盪，兩人日後攜手創業。她們問自己：「如果能打造某種求職網站，讓求職者成為體驗的中心？如果讓人在應徵前，有辦法先參觀一下辦公室？如果能讓求職者認識專家，獲得協助，了解如何談薪水？如何第一次當主管就上手？種種的職涯疑問，如果你幸運的話，有導師或上司會教你。」

兩人分享更多自身的經驗，想像可以創造什麼樣的服務，機會開始浮現。「我們徹夜未眠，在白板旁推敲點子，我們開始認為，有機會建立受到信任與喜愛的職涯網，提供個人化的服務，專門提供身處職涯早期階段的專業人士所需的建議。」

凱薩琳與艾麗克斯兩個人，替繆思網在用戶的人生中扮演的角色，規劃出明確的願景。然而，不是每個人都能懂她們眼中的未來。

「我開始向投資人提案時，碰上兩大問題。」凱薩琳表示：「第一個問題是多數的投資人，不是我們的產品瞄準的用戶原型。你可以想像，典型的創投家通常已經在職涯裡，以傳統的方式成功。他們畢業於頂尖的學校，在銀行業或私募界工作。他們找工作很輕鬆，只需要透過豐富的人脈就行了。那種人生很美好，但不一定每個人都擁有那樣的學經歷，也因此在推銷我們的網站與概念時，這群人面露疑惑地看著我們。」

凱薩琳碰上的第二個問題是人們感到現況已經夠好。「我們碰到很多人，他們的目光侷限於目前的典範，認為一直以來的做事方法沒問題。」凱薩琳提到：「有一位創投家，他大概二十年沒找過工作了。我做完初步的介紹後，他在辦公室裡點開 Monster.com 求職網，告訴我：『我不懂，我覺得這個網站就很好了。』我心裡嘀咕：『你已經二十年沒用過這個產品了，你怎麼會知道，這個網站是否適合三十一歲女性的需求？或那些處於職涯初期到中間階段的人？』」

「不」(No) 接二連三而來，凱薩琳回想各種人們拒絕她的理由：

「對我們來講，你的東西還太初步，但我們保持聯絡。」（「不」）

「成功的機率不大。」（「不」）

「需要的錢太多。」（「不」）

「你這個技術含量不高——不是能擴張的平台。」（「不」）

「你難道不擔心，一旦用戶三十歲，跑去生孩子，你將流失全部的用戶？」（「不」）

「的確有紐約與舊金山女性告訴我，她們喜歡這個產品，但我認為在美國東西岸以外的地方，你將很難找到有事業心的女性。」（「不」）

當你還在事業的初期，尚未證明自己的實力，而矽谷與紐約最聰明、最成功的投資人又拒絕你，你很難不懷疑自己：「該不會那些人說對了，真的行不通？」然而，你必須聽從直覺，凱薩琳相信自己的直覺。她回想當時她看著那些潑冷水的男人，心想：「**你們認識幾個女人？**」

凱薩琳這個問題問對了。凱薩琳碰上的投資人，絕大多數都是中年的白人男性，她絕對比這群人懂千禧女性，也更懂求職。凱薩琳憑著自身的知識，辛苦走過推銷點子的過程，最後皇天不負苦心人。她的網站推出時獲得的迴響，證實了她所有的直覺：「我們的用戶通常年齡介於二十二歲至三十五歲，男女都有。反應非常正面。他們告訴我們：『我太喜歡這個網站。這個網站解決了我的問題，完全就是我需要的東西。』」

繆思網在求職者與雇主之間大受歡迎，凱薩琳開始接到大量的電話。「那些兩年前嘲笑我的人突然間改口：『與職涯有關的事，當然是吸引專業人士的好方法。』」

繆思網今日服務近一億用戶。凱薩琳募到二千八百萬美元以上的資金，員工數兩百人。我們很容易把她的故事當成排除萬難，**儘管**碰上拒絕，依舊成功了，但實際上那一百四十八次的「不」帶來的線索，最終讓她的事業更能站穩腳步。凱薩琳被拒絕時，有的讓她更加清楚自己的用戶是誰，哪些人則不是；有的拒絕讓她明白競爭者是怎麼想的；此外，有的拒絕提供了早期的警訊，指出她的公司有可能因為哪些原因失敗。光是在募資過程的尾聲，凱薩琳已經得出路線圖，上面標示著每一個必須想辦法避開的潛在陷阱——

以及她可以搶在所有對手之前，就先去探索的領域。

凱薩琳的故事在許多方面，和大部分的優秀新創公司的創始故事很像，也和許多出色的點子有著異曲同工之妙。我們接受的教育是努力以最快速度闖關成功。然而，不逃避被拒絕的可能性，把聽見「不」當成好事，反而能讓你得知遠遠更多的東西。

本章全都要談「不」，以及這個令人畏懼的字真正代表的意思，不一定是你擔心的那樣。

事實上，處於早期階段的創業者最容易忽視的機會，就是五花八門的「不」透露的資訊。「不」能把普普通通的好點子，轉變成改變世界的點子。「不」暗示著你的點子有多大。「不」能幫你修正策略與目標。簡而言之，滿坑滿谷的「不」，底下藏著金子。

接下來的例子會談眾家創辦人用點子挑戰世界時，他們遭遇過的各種「不」。別忘了留意他們為了修正產品，朝擴張邁進，非常願意請不看好的人士提供意見，聽這個世界有什麼話想說。

「懶惰型的不」：根本沒抓到重點

一九〇四年的時候，一個叫吉列（King Gillette）的人想到一個點子。數百年來，理髮師都用直式剃刀來剃除臉上毛髮，效果很好。光是一片銳利的刀片，就能輕鬆讓臉上清爽，不會拉扯到皮膚。唯一的缺點是自己在家不好剃，你要上理髮店才能俐落處理，不會一個不小心割到喉嚨。然而，吉列看見不同的可能性：如果說你能把刀片裝進安全的刀頭，裝上手柄帶回家，然後自己刮鬍子？那個點子帶來我們今日熟知的大眾市場刮鬍產業。

不到二十年，吉列就碰上大量的競爭對手，原因包括他失去安全刮鬍刀的專利。新的競爭者為了脫穎而出（以及取得自家專利），開始裝愈來愈多層的刀片。安全刮鬍刀從原本只裝一片可拋式刀片，變成裝兩、三片，甚至五、六片的也有。對許多男性來講，不斷增加的刀片數，的確改善了刮鬍體驗，但鬍鬚如果是捲曲型的，例如許多黑人男性的面部毛髮類型，那麼多重刀片通常反而會導致很不舒服的毛髮內生、刮鬍囊腫與皮膚紅腫。這群人的刮鬍體驗反而變糟，但一百多年來，刮鬍刀市場一直維持這樣的狀態。

直到**崔斯坦．沃克**（Tristan Walker）出現。崔斯坦創辦**沃克公司**並擔任執行長，旗艦產品 Bevel 是只有單一刀片的刮鬍刀，專為捲曲毛髮設計。公司致力於替非白人設計健康美容產品。

崔斯坦在矽谷籌備沃克公司時，至少有三件事讓他格格不入：一、他打算在偏好科技公司的市場，成立消費品公司；二、他瞄準非白人消費者，但多數投資者都是白人；三、矽谷的生態系統，重度偏好有科技背景的執行長，但崔斯坦不是工程師。這裡先澄清一件事：想在矽谷成功，你不一定要是二十二歲的電腦程式設計師，身穿沾著食物油漬的帽T，但你的確需要過人的好奇心，而崔斯坦就是這樣的人。

崔斯坦談到：「我經常說，我擁有克服逆境的人生故事。」崔斯坦自述是「國宅孩子」，來自紐約的皇后區，家裡有一陣子靠領救濟金過活。「我的人生目標是快點變有錢，愈快愈好。」

崔斯坦心中盤算，自己有三種方法可以脫貧。他說：「第一種方法是成為演員或運動員，這我辦不到。」第二條路是在華爾街工作，但崔斯坦試過一陣子後，厭惡那種生活。「所以我告訴自己：『三條路裡，有兩條已經行不通。最後一條路是創業。我一想通這件事，就跑去申請史丹佛商學院。』」

崔斯坦二〇〇八年進入史丹佛後，立刻開始摸索周圍的矽谷生態系統。「那一年我二十四歲。我看見其他二十四歲的人，不僅賺進數百萬美元，還徹底改變這個世界。**我心想：哇，我以前怎麼不知道有這種好地方？**」

崔斯坦立刻化身為學生，不只在商學院學習，還學習身旁每一種技術變遷。他不是一般人想像的那種宅男，但他會把新概念鑽研得十分透徹。此外，崔斯坦是狂熱的推特支持者，當時這個群媒體平台還只是一個小而美的社群，月用戶五十萬人。崔斯坦是其中較為活躍的成員，而他的同學呢？崔斯坦表示：「他們根本不懂。」直到饒舌歌手 MC Hammer 帶來「命運般的邂逅」。

「那天我在上會計課，據說 MC Hammer 會來學校演講。」崔斯坦解釋：「大家竊竊私語，不曉得他是不是真的會來，所以我上推特，直接問 MC Hammer：『你會來嗎？』」

「三十秒後，MC Hammer 回我。我轉身告訴班上的同學：『看到了吧？他會來。』」唱片銷售額高達數百萬張的藝人親自回覆你？崔斯坦信心大增，認為自己有能力看出潮流。「我就此明白推特在通訊創新的領域，扮演多重要的角色。此外，那是我第一次明白看上去不怎樣的點子，有可能其實是絕佳的點子，因為我身旁的每一個人都說：『你幹麼上推特？那東西有什麼用？你早上吃了什麼關我屁事。』那種反應反而顯示或許值得深入研究。」崔斯坦解釋。

崔斯坦不僅預測到社群媒體的力量，也很早就獲得一個關鍵的心得：信任你的直覺。崔斯坦擅長看見尚未開發的園地，別人認為「此路不通」，崔斯坦卻覺得「有搞頭」。**愈早在「不」聲連連中預測到「好」，機會就愈大**。

崔斯坦不只是早期的推特用戶，他還想幫忙打造。他展開陌生拜訪，看看有沒有誰能讓他聯絡上推特公司。「我寫信給二十個人，我知道他們和這間公司只有一度或二度分隔。我最後寄信給大衛．霍尼克（David Hornik），他是史丹佛教授，也是奧古斯特資本（August Capital）的合夥人。」

大衛是推特第一任執行長伊凡．威廉斯（Ev Williams）的老友。崔斯坦到大衛的辦公室見了一面，兩天後收到伊凡寄來的電子郵件，提供他擔任實習生的機會。別忘了，當時是二〇〇八年，那當時推特的公司有多少人？一共就二十名員工。崔斯坦不僅搶在同學之前，看見推特的潛力，還超前整個市場。

推特的實習生任期結束不久後，崔斯坦再次展開電子郵件攻勢，轟炸剛起步的新創公司 Foursquare 的創辦人。這次再度是執行長鄧尼斯．克勞利（Dennis Crowley）親自回信。

「我寄了八次信給他們，到了第八次的時候，鄧尼斯回信給我。我永遠都忘不了那封信寫了什麼，每個字我都記得一清二楚。鄧尼斯在信上說：『崔斯坦，你知道嗎？或許我可以採納你的部分建議。你人會在紐約嗎？鄧尼斯敬上。』我當時人在洛杉磯，和太太坐在沙發上。我說：『我該如何回覆他？』十分鐘後，我回信：『事實上，我打算明天造訪紐約。』我那天晚上訂機票，隔天早上飛過去，到他們那邊待了一星期。一個月後，我接下公司的商務開發工作。」

這裡的重點不只是崔斯坦不肯放棄。有的人很幸運，剛好進入一飛沖天的公司，但兩次都這樣？那就不是巧合。那其實代表你搶在同儕之前，看見被低估的點子，像是接收到蜘蛛人不斷震動的蜘蛛感應。崔斯坦擅長看見市場白地（white space）。世界還在斬釘截鐵拒絕時，崔斯坦就熱情擁抱。

崔斯坦替 Foursquare 從零打造商業開發團隊，二〇一二年離開。「我進公司時，我們的平台上是零間商家、零間品牌。我離開時，也不過就是兩年的時間，我們的商家數超過百萬。我著手時，我們一共就三個人。到我離開時，我們有一百五十人。我坦白講，我想到外頭施展抱負，替自己大幹一場。」

崔斯坦在完美的地方籌備下一步。本·霍羅維茲（Ben Horowitz）是傳奇的安霍創投公司（Andreessen Horowitz）的創始合夥人，他邀請崔斯坦到辦公室發揮大思考，擔任「入駐創業者」（Entrepreneur in Residence，簡稱ＥＩＲ）。崔斯坦花了幾個月的時間，四處尋找好點子：「我想建立銀行。我想解決船運與貨運問題。我想解決國內與全球的肥胖問題……」

接著他突然間有靈感：「刮鬍子的體驗讓我沮喪。」

相較於貨運、肥胖或銀行業的規模，刮鬍子聽起來微不足道，但可擴充的點子不必解決龐大的問題，只需要解決被忽視的問題。崔斯坦愈研究刮鬍史，就愈感到這與有一群人被嚴重忽視有關——有捲鬍子的男性，刮鬍引發的面部紅腫問題，長期困擾著他們，時間久到他們甚至沒發現那是問題。

崔斯坦心中所設想的願景，不僅要生產一項產品，解決捲毛男性的刮鬍問題，還要建立能媲美寶僑（Procter & Gamble）等全球品牌的健康美容公司，專門服務白人以外的男女老幼。然而，雖然對**崔斯坦**來講，這個概念再理所當然不過，當會議室裡的投資者幾乎全是白人，又以男性為主，你在提案時很難讓投資人理解，服務這樣一個十分不同的市場，究竟有多必要。這個困境很像凱薩琳在提案繆思網時碰上的問題：投資人不斷錯過機會，未能服務自己不熟悉的市場族群。聰明的創投者會想辦法了解眼前的機會，只可惜大部分的創投者只會放任自己的無知，用「不」來回應。

例如：

「這是小眾市場。」（「不」）

「我不認為會有人需要這種東西。」（「不」）

「這個產業的主力是多重刀片。那些廠商可以砸下數十億又數十億，靠專利保護打敗你。」（「不」）

「瘋子才在矽谷搞這個。」（「不」）

如同推銷大膽的點子，故事裡通常會有一個人慧眼識英雄。崔斯坦的點子也不例外。安霍創投的創投家霍羅維茲，先前邀請崔斯坦到他們的辦公室待幾個月，提出遠大的思考，這次也擔任貴人。

「我知道如果我帶著糟糕的點子去找霍羅維茲，他會實話實說，而他的確直言不諱。」崔斯坦說道：「我最後帶著點子去找霍羅維茲，他說：『好點子。』」(值得一提的是，霍羅維茲有家人是黑人。)「在那個瞬間，我吃了定心丸。」

這聽起來像是異常樂觀的反應。所有的投資者一面倒地拒絕，為什麼才一個人支持，分量就勝過一群人的「不」？

簡單來講，因為有的「不」比其他的「不」重要。「重要的不」能讓你修正點子。「懷疑的不」能逼你重新思考機會大不大。這些是值得聆聽與從中學習的「不」。然而，有的則是「懶惰的不」。你必須無視於這種拒絕，繼續前進——動作要快。

崔斯坦厲害的地方，在於他聽得出不同的不。他清楚在第幾張 PowerPoint、簡報講到哪，聽眾就開始神遊。

「我放了一張 PowerPoint，我想是第十四張吧，我以 Proactiv 抗痘組合來類比，解釋我們想做到的事。我說吉列與我們 Bevel 的差別，就像露得清（Neutrogena）與 Proactiv 的差異：Bevel 以全套的方式，解決非常重要的問題。講到這的時候，在場的創投人看著我——我永遠忘不了那一刻。他說：『崔斯坦，我不確定對民眾來講，刮鬍刀帶來的紅腫或不適感，是否有青春痘那麼重要。』」

「我當下的回應是：『我懂你的意思，但你只需要和十位黑人男性，在電話上聊一聊，十人中會有八個人告訴你：這件事一直困擾著我。你只需要和十個白人男性通電話，會有四個人也會講同樣的話。你也可以和女性聊，比率是一樣的。』」崔斯坦在那一刻明白，創投人士的意見，其實和他提出的點子好不好毫無關聯，只不是過對方不願意做功課了解實情。「那純粹只是懶，不是我能解決的事。」崔斯坦表示：「也因此我直接找下一個投資人，直到碰上能懂的人。」

注意到了嗎？崔斯坦一發現投資人意興闌珊，隨口拋出的問題帶有「懶惰的 No」，他就不再多費唇舌，立刻尋找下一位投資者。崔斯坦知道在提案的過程中，只要人們開始亂問問題，真正的對話已經結束，剩下的都只是雜訊。崔斯坦談到：「矽谷投資人講的話都一樣：『我們想投資的對象，要有某種學經歷，而且要追求重要的白地與重大機會。』

令人感到像是『打勾、打勾、打勾、打勾』的資格審查，而九十九％的時候我們會聽見『不』。」創投公司沒看見大方向。

第一次創業的人通常不明白，你聽到多少「不」其實不重要。你只需要正確的「好」。

在崔斯坦的例子，那個「好」來自饒舌明星投資人 Nas。

「我是在安霍創投的牽線下認識 Nas，Nas 坐在桌子的另一頭。」崔斯坦談到：「我們兩個人都來自紐約皇后區，我一直很景仰 Nas。Nas 最出名的地方是髮型，Bevel 真的很適合他，我的推薦完全是出自一片真心。五分鐘後 Nas 就問：『我加入。我們下一步要做什麼？』」

Bevel 刮鬍刀設計完畢、準備上市時，崔斯坦傳簡訊給 Nas，照片上的產品盒印著他的臉。Nas 回他：「崔斯坦，我從小到大的夢想，就是被印在刮鬍刀的包裝盒上，謝謝你。」崔斯坦回想：「我感到那一刻太超現實了。」。

Nas 接著又在二〇一六年夏天一首爆紅歌曲的副歌，提到 Bevel 刮鬍刀，Bevel 的售罄率狂增三倍。

崔斯坦從投資圈那收到的所有拒絕，最尷尬的大概是投資人誤以為崔斯坦的點子「很小」。崔斯坦在二〇一七年談到：「很多人說，我們是在試著替有色人種開寶僑，一副這是小眾市場的樣子。然而，有色人種其實才是這個世界的主要人口，所以說如果我們是有色人種的寶僑，那麼寶僑是什麼？」

沃克公司在二〇一八年被買走，崔斯坦繼續擔任執行長。買主是誰？就是寶僑。

「不」的五十道陰影

如果剛才崔斯坦和凱薩琳的故事，讓你認為反過來說，換成經驗豐富的白人男性，創投就會很容易接受你，那麼居家運動媒體公司**派樂騰**（Peloton）的創辦人**約翰・佛利**（John Foley）會告訴你，也沒那回事。

事實上，約翰心中最重大的資產，在投資人眼中反而是大扣分——十五年的科技業相關主管經驗。「我四十歲，在企業裡苦幹實幹二十年。」約翰說道：「我累積出足夠的人生經驗，有自信能出來打天下，結果在別人眼裡，我已經『太老了』。」

閉門羹讓約翰嚇了一跳，因為理論上他擁有投資人喜歡的學經歷：他有喬治亞理工學院（Georgia Tech）的工程學位，也拿到哈佛商學院的ＭＢＡ，還擔任過 Evite 與邦諾線上（Barnes & Noble Online）這兩間知名成功線上企業的執行長。約翰自認白白送上「百分百完美」的商業點子，他有信心創投將趨之若鶩。「數據、銷售、留存率、客層，每一項都無可挑剔。」約翰指出：「此外，我自認是推銷高手，但顯然我不是，因為我在募資會議上的成功率是百分之一。」

四十歲的約翰不僅「很老」（以矽谷標準來講），他還很快就發現，他的好點子瞄準的消費者銷售族群，對創投來講缺乏吸引力，也因此隨隨便便就被打發：「這什麼啊，**下一個**。」

約翰在三年間，向數百位創投家、數千名天使投資人推銷派樂騰。「我完全沒從創投或任何機構那拿到任何一毛錢，碰上各式各樣的打擊，每個人拒絕的理由五花八門，太令人沮喪……」

約翰成為「不」的行家，將其分門別類：

「你年紀太大。」（「不」）

「硬體很難做，資本很密集。」（「不」）

「笨蛋才搞健身，沒資本，沒軟體，沒媒體，也沒創新。」（約翰說明：「沒錯！我們將成為健身的科技破壞者。」但得到的回應依舊是「不」）

約翰聽到各種「懶惰型的不」，有的把地理位置當成理由。

「喔，你的公司開在紐約市。我向家人發過誓，我只擔任加州的董事。」（「不」）

此外，許多美西的矽谷人不懂精品健身房的飛輪課程，因為主要的流行區域在美東。

「我們這裡只踩兩種腳踏車：登山腳踏車與公路腳踏車。」（「不」）

最大宗的「懶惰型的不」是某種版本的「你的點子很棒，但不適合**我們**。」約翰有時會碰上簡報後，整個投資團隊都喜歡他和派樂騰的概念，但最終還是回絕，因為他們平日只投資消費者網路或健康照護，無法向自己的ＬＰ（有限合夥人）說明，為什麼要投資這個不符合自家投資邏輯的事業。（「很抱歉，但不。」）

這是真話：約翰簡報的那種傳統創投，他們對於直接面向消費者（direct-to-consumer，簡稱Ｄ２Ｃ或ＤＴＣ）的事業充滿疑慮。Ｄ２Ｃ是未知的類別，很難預測。此外，創投永遠不會對你明說，但如果你的產品，聽起來不像那種已經讓投資人賺過大錢的產品，沒興趣就是沒興趣。

約翰最終走過所有來自創投與機構的「不」，找到其他的資金來源。他的講法是「我從一百位天使投資人那，取得一百張支票。」此外，約翰最終也想辦法找到逆勢投資者（contrarian investor）李·菲塞爾（Lee Fixel）。菲塞爾是紐約老虎全球管理（Tiger Global Management）的前合夥人，他欣賞派樂騰的破壞式主張與願景，很快就說「好」。

約翰千辛萬苦走過「不」的迷宮，最後學到原本能省下大量時間的一課。要是早知道，就不必吃那麼多的閉門羹。約翰募資的時候，其實應該找不按牌理出牌的逆勢創投。他不該把時間浪費在一般會找的投資者，而該找像菲塞爾那樣的人士，逆勢投資者積極尋找的是開拓新領域、不符合傳統作法的點子。

約翰一次又一次碰上拒絕，他是怎麼有辦法堅持那麼久？「這要回溯到父母給我的信心。此外，我真的認為大有可為。」約翰表示：「不過，除了年復一年、經年累月對自己抱持信心，其實也沒有太多別的辦法。」

如果你長年被創投拒於門外，有一件事或許能讓你寬心一點：「如果創投不懂你的點子，他們八成也不會提供資金給任何其他有類似點子的人，也因此當你成功時，你擁有很大的先進者優勢，有辦法狠狠甩開潛在的競爭者。」

雷德的分析時間：重要的點子總是逆勢

創業與投資的第一條真理，就是最重大的新點子總是違反主流，過於違背常見的假設，也因此不僅看上去風險很大，還荒謬可笑，會引來排山倒海的「不」。

人們的這種反應很合理，畢竟其他大型企業與對手不嘗試的原因，八成就是因為有違傳統智慧——同時也是其他創業者尚未成功的原因。當你擁有違反主流的點子，那種幾乎每一個人都拒於門外的點子，你將獲得創造的空間，而如果你要做一番轟轟烈烈的大事，你將**需要**很多的空間。這也是為什麼我在《閃電擴張》（*Blitzscaling*）一書中，將「逆勢而為」（The Contrarian Principle）列為四大基本原則。走對路的逆向思考，將帶給你搶先起步的關鍵擴張優勢。

真正的好點子全是這樣。在Google的早期階段，搜尋在廣告業被視為糟糕的賺錢途徑。當時是以頁面瀏覽數與網站停留時間，計算寶貴的廣告總量，但搜尋呢？人們搜尋時，一找到想要的資訊，就會離開網頁，也因此每一個人都認為不是理想的商業模式。當然，故事的結局是Google沒放棄，改寫了線上廣告的規則。

或是想一想TED Talks的例子。本書的合作者茱．寇恩（June Cohen），當年率先想到把TED Talks放上網路，但人們普遍認為，這是一個很小又很糟糕的點子。把預錄的演講放上網？怎麼會有人想要看？再說了，免費提供內容難道不會破壞昂貴大會的商業模式？當然，最後的結果正好相反。TED演講一下子在網路上引發風潮，大幅增加了大會需求，門票價格在接下來幾年飆漲五倍至一萬美元。

或是想一想Airbnb的例子。Airbnb的概念最初聽起來很荒謬：把家裡的空房間出租給完全不認識的陌生人，還只租一天？況且會有人想向完全不認識的人租房間嗎？交易雙方會是什麼樣的怪人？那種事遠遠超出傳統的理解。當你擁有那一類的點子，聰明人會告訴你：這是異想天開。然而，聰明人也可能弄錯。

所以說，如果你推銷違背主流的點子，質疑現況，想要以不同或更好的方法做事，記得要做好心理準備，你將連連吃閉門羹，但這也是很好的學習機會。當你聽見大家異口同聲說「不」，可以開始尋找這件事其實大有可為的跡象。

「舉棋不定的不」：「沒錯，可是……」的魔力

「不」有很多種，每一種都提供典型的實用資訊。你只需要了解每種「不」是什麼

意思就可以了——即便人們同時說出「好」和「不」也一樣。

每一位創業者對於人性，各有一套基本的理論，進而影響他們創建的事業風格。雷德的理論是「人們生活中最大的意義與喜悅，來自**其他人**」。人是社會性動物，沒錯，有內向的人，也有外向的人（順帶一提，雷德自認「六人以下時是外向者」），但絕大多數的人，從人際關係中獲得深層的意義與喜悅。

雷德在二〇〇二年創辦 LinkedIn，他知道自己想建立運用人際連結的平台，帶給生活更多的意義與滿足感。此外，雷德深信我們的真實身分，以及我們真正的人際網絡，將成為我們找到機會的平台。在所有人們可能在網路上連結的方式中，工作生活帶來最強的迫切感，特別是在找工作的時候。人們在找工作時，有足夠的動機嘗試新事物。

雷德替這個概念尋找最大型、最能帶來改變的版本——那種會引發投資人出現兩極反應的逆勢點子。有的投資人會說：「我知道你在說什麼！」但許多人則會說：「你瘋了。」

LinkedIn 完全符合那種情形。雷德清楚看見 LinkedIn 的價值，但他開始和認識的人聊的時候，沒有半個人懂。大家甚至直接告訴他：「我不知道你在講什麼。」就這樣，雷德碰上次數驚人的拒絕。許多人一聽見「人脈」兩個字就退避三舍，問雷德：「你預設的服務對象是天生就愛交際的人嗎？如果是的話，不適合我。培養人脈就像使用牙線：我知道很重要，但我不喜歡，能不用就不用。」

二〇〇二年的人們尚未完全理解，像 LinkedIn 這樣的社交平台，如何能改善令人害怕的人脈打造體驗，方便大家建立真實世界的連結。即便如此，每個人似乎都認為，LinkedIn 是打造人脈的好點子——**很適合別人**。人們一次又一次斬釘截鐵告訴雷德：「LinkedIn 不適合我們。」年輕人認為對經驗豐富的專業人士來講，LinkedIn 將是寶貴的服務。然而，經驗豐富的專業人士則說：「這種服務將很適合年輕人。」科技人士認為，LinkedIn 的服務適合傳產，但歷史悠久的產業則認為 LinkedIn 適合新潮的科技業。

雷德和共同創辦人收到五花八門的看法，從中立到負面的反應都有，他們必須判斷該如何採取行動。他們仔細聆聽各種反對的聲音與模稜兩可的回應，思索：「究竟該做，還是不該做？」

舉例來說，LinkedIn 團隊曾經激烈爭論，是否該採取**封閉式**的加入法，也就是有人推薦才能加入，由 LinkedIn 促成連結（創始團隊在某種層面上，認識 LinkedIn 所有最早的加入者）。也或者該**開放**，想加入的人都能加入，接著自行寄出邀請連結。LinkedIn 得到矛盾的意見回饋，沒人強烈贊成，也沒人強烈反對，這點顯示大家不清楚 LinkedIn 的價值在哪裡。這給了 LinkedIn 團隊勇氣嘗試較為前衛的作法，對外開放這個人脈網。

對外開放網絡將使俱樂部失去最初的尊榮感，但好處是打造出最快的可能路徑，觸及更多態度是「我相信這個人脈網具備價值……但適合別人」的用戶，與他們分享。

就這樣，雷德團隊開始全力打造服務，用戶可以公開分享自己的專業資訊，拓展專業人脈。LinkedIn 形成不斷瘋傳出去的迴圈，人們一再回流，帶來更多朋友，一遍又一遍，如火如荼。LinkedIn的用戶成長至五億人，營收超過六十億美元。微軟在二〇一六年以二百六十二億美元收購。

雷德的分析時間：尋找兩極的回應與「舉棋不定的不」

如果我把點子告訴我在Greylock創投的合夥人時，他們異口同聲表示：「這個點子太好了！就這麼辦！」我的反應會是：「喔喔，糟了。」當一群超級聰明又深思熟慮的投資人，居然沒人出聲提醒：「但是要注意這點！」，我就知道事情太容易了。這次的點子一聽就知道有搞頭，我已經可以聽見競爭者恐怖的奔跑聲，他們爭先恐後，踩過我很有希望但還很迷你的新創公司。如果所有人一致認同是好點子，一定要特別小心。

另一方面，最好也不要在場的每一個人都說：「雷德，你瘋了。」如果我不管和誰談，每個人都認為那個點子很糟，我會開始想：「該不會是我一意孤行。」

我希望見到一部分的人說：「你瘋了。」另一部分的人說：「我懂你說的。」我想見到兩極化的反應。

以我決定投資Airbnb為例，我在Greylock的合夥人施大衛（David Sze）認為，那筆投資將是天大的錯誤。我還記得他告訴我：「雷德，每一個創投者都會有踢到鐵板的時候，從錯誤中學習，Airbnb或許會帶來教訓。」這裡要說明的是，施大衛是超級聰明的創投者，他曾經慧眼識 LinkedIn、Facebook、Pandora。光他一個人，就讓 Greylock 進帳二十五億美元，也因此我重視他的反對意見。當頭腦這麼好的人不認同我，我會心慌，但也會興奮——搞不好我才是對的。

我還會替最重大的點子，尋找另一個徵兆：「舉棋不定的不」。當你帶著點子去找潛在的投資者，你希望至少見到一部分的人吞吞吐吐。你不必讓他們說「好」，但你希望他們在說出「不」的理由時，中間至少有些許遲疑。介於「不」與「好」之間的「舉棋不定的不」，代表你也許找到了超棒的點子，因為最好的點子會讓人同時想說「好」，也想說「不」。包括投資人在內的每一個人，大家的思緒千迴百轉。

我那次的 Airbnb 投資最終結果如何？還不錯，真的挺不錯。

「提供線索的不」：當「不」讓你知道為什麼你走對路了

「我的問題是對健怡汽水成癮。」**凱拉．高汀**（Kara Goldin）表示：「我有喝健怡汽水的習慣，明明每天健身三十到四十五分鐘，但瘦不下來，還有嚴重的粉刺問題，缺乏活力。」凱拉放棄健怡汽水，改喝白開水後，所有的問題都好轉了。

凱拉喝了近一年的白開水後，感到前所未有的神清氣爽，但她厭倦了白開水的味道——也或者該說是厭倦沒味道才對。凱拉為了讓自己多喝一點水，開始在玻璃水罐中加進新鮮水果。她心想：**為什麼沒人賣這種瓶裝水**？凱拉在市場架上尋找這種產品，但遍尋不著。

凱拉決定：**我自己來開發這種展品，看看會如何**。

凱拉開始研發無糖、無防腐劑的調味飲料，也和潛在的合夥人與投資者見面。在一場決定性的會議上，某飲料業大老給出斬釘截鐵的「不」，但也無意間給了凱拉最好的建議。

凱拉向那位高層介紹只有少許風味的純天然飲料，對方回應：「親愛的，你要知道美國人**嗜糖如命**。」姑且不論在商業場合上，稱任何人為「親愛的」有多不恰當，這句隨口講的話讓凱拉感到太好了。這位不把女性當一回事的大型汽水公司高層，不論他是否說對，凱拉發現他預設美國人對不甜的瓶裝飲料產品不感興趣。

有的人會感到這名主管所說的話，唯一的作用只有趕人或斷然拒絕，但凱拉把這個「不」，視為帶來關鍵重要資訊的禮物：對方的公司顯然將繼續生產「甜」的產品，那麼**她自己**就有機會進軍「不甜」的領域。「前方有兩條路，我看見他們挑的那一條，」凱拉表示，「**我**需要快馬加鞭，趁他們決定也要走我那條路之前，趕快行動。」

結果是凱拉的批評者大錯特錯。美國人**理論上**不喝無糖的飲料，但凱拉推出的天然風味水 Hint Water，如今大大小小的雜貨店都有鋪貨，年營收整整達一億美元。那名主管隨口的拒絕，其實是「讓人吃定心丸的不」——聽到那種不，你就知道為什麼自己想的沒錯。結論是你不一定要相信唱衰的人講的話，但也要留意他們說了什麼，因為他們有可能無意間幫你一把。

「這太不可思議了。我一路上遇到好多創業者，他們都告訴我：『我好沮喪。我跟業界的誰誰誰談過，他們真的認為我的點子有夠爛。』」凱拉指出：「某間大公司說你錯了，說你的點子不好，不代表就真的不好。你實際上可以從這些大主管和產業身上學到東西。他們證實你是在做與眾不同的事。你要帶著那個資訊快點往前衝。」

當然，不是只有創業者會碰上不被專家看好。只要你有不尋常的點子，就可能碰上這種事。**安德烈・盧梭**（Andrés Ruzo）的例子也是這樣。安德烈是國家地理探險家（National Geographic Explorer）與地質學家，平日研究天然能源的來源。

安德烈自二〇一〇年起，研究一則文獻上不曾記載的傳說。安德烈的祖父是土生土長的祕魯人，以前告訴過孫子西班牙征服祕魯的故事。在各種稀奇古怪的傳說中，巨蟒一口就能吞下一個人，大如人掌的蜘蛛會吃鳥、驍勇善戰的勇士射出帶有劇毒的箭頭，一劃到皮膚便必死無疑。安德烈聽過五花八門的傳說，其中有一條河的故事讓他特別感興趣。

「每間我合作的公司，每一位我能聯絡上的地質學家，我全都會問他們：『嘿，你有沒有聽過在亞馬遜流域的中部，有一條巨大無比的地熱河，流著滾燙的熱水？』」大部分的人都覺得安德烈在講天方夜譚，但安德烈在祕魯和尼加拉瓜長大，對亞馬遜河感到著迷。身為科學家的他認為，的確有可能存在滾燙的河流——如果能找到那條河，等於是找到碳中和的乾淨天然能源。

安德烈在礦業公司做完簡報後，和一位坐在後方的年長地質學家聊天。安德烈回想：「我問前輩有沒有聽過這條沸騰的河。他回我：『安德烈，你的地熱研究十分有趣、十分創新，但別問蠢問題。』我覺得很丟臉，羞愧地離開會場。」

安德烈花了整整兩年時間，四處詢問各種專家同一個問題，每一次聽到的回答都是本章討論的各種「不」：**你瘋了。你很蠢。你是在白白浪費力氣。不要浪費我的時間。**然而，安德烈不肯放棄，後來真的找到傳說中那條滾燙的河流（詳情請見安德烈的大作《沸騰的河流》（*The Boiling River*）。）

安德烈目前正在研究那條河，嘗試了解背後的熱液系統，以及河中生長的特殊微生物。此外，濫墾濫伐正在讓祕魯的雨林快速消失，安德烈全力保護雨林，連帶保護仰賴雨林生存的人類文明。

對創業者以及任何有不尋常的點子的人來講，安德烈高潮迭起的故事帶來眾多啟發。其中一點是記住：即便你打從心底知道，有可能辦到某件事，你將碰上許多人說你瘋了，你會因此開始懷疑自己，但不要讓那些 No 困住你，反而該當成助力。如果是「提供線索的不」，唱衰者說出的事其實是他們自己個人的假設，而不是事物實際運作的方式。你耳朵夠靈的話，就能聽出對方的「不」，其實說出「沒錯，傳統看法忽視了這個機會。」

「真實的不」：你的確走錯路

典型的創業英雄旅程像這樣：你有點子，你努力讓點子成真，你愈挫愈勇，碰到「不」也不放棄，最後你終於取得資金，開疆闢土，證明批評你的人錯了。

然而，萬一你推銷的點子真的很糟糕？如果拒絕的人說對了？**真的**行不通？

一九九六年某一天的下午，馬克．平克斯（Mark Pincus）和事業夥伴蘇尼爾．保羅（Sunil Paul），站在紐約市的淘兒音樂城（Tower Records）外頭，贈送路人免費的電腦。他們這麼做，為的是向紐約人介紹他們接下來的新創事業：內建上網功能的電腦。這種作法違背傳統，但確實很妙。

馬克深信網路「對消費者來講太難」，因此他的點子是提供all-in-one的裝置，方便民眾輕鬆上網。你看，送你免費的電腦，助你輕鬆高速連網，有誰會拒絕這種超級好康？

結果**每一個人**都拒絕了。馬克連一個人都沒拉到。有的路人拒絕收下免費的個人電腦，因為他們以為馬克在詐騙，不過其他人則是為了更根本的理由而拒絕：他們對於得到一台新電腦，一點都不感興趣。「人們不想換新電腦的頭號理由是擔心還得移動軟體，重灌孩子的遊戲，以及其他每一位家人的檔案。」馬克表示：「我心想：**啊，這是可以解決的問題。**」

然而，要處理那個問題的話，馬克先得承認 all-in-one 的網路點子行不通，他放下那個點子。

馬克的點子流產了，但他直覺感到背後有搞頭——用戶渴望更不費力的體驗，這可是大好良機。馬克因此寫出「Move It」這個軟體，協助用戶輕鬆無縫接軌到新的個人電腦，而這個軟體又帶來他**下一個**好點子的核心技術，迎來技術支援與雲端服務的先驅 Support.com。不過，要是馬克當初聽不進批評，沒能利用那個資訊，一路摸索到成功的點子，後面的這一切都不會成真。

這不是馬克最後一次灰頭土臉地學到聆聽「不」的價值。他推出 Support.com 後，又成立另一家新創公司，這次是二〇〇三年問世的早期社群網絡 Tribe。MySpace 在同一年問世，早 Facebook 一年。

馬克回想：「我當時三十歲出頭，心想：**好，我們全都生活在都市部落中，讓我們來把部落搬上網路。**」他因此問自己：**如果說我們能與部落連結，利用部落找公寓、找工作、找沙發、找車子？**

Tribe 並未特別瞄準社會上的特定族群，但相當受次文化歡迎。最有名的用戶會參加火人祭（Burning Man）。那是每年在美國內華達黑石沙漠（Black Rock Desert）舉辦的活動，以稀奇古怪的創意出名。

Tribe 在那群很小但忠實的用戶之間大受歡迎，但未能吸引到一般大眾。馬克日後回想，要是他當初能聽進一個斬釘截鐵、決定性「不」，原本可以扭轉乾坤。

「我當時的女友完全受不了 Tribe。」馬克回想：「她上 Tribe 時，很多陌生人在她那邊留言，講一些下流的話，她嚇壞了。她說：『Tribe 不適合我。』」

值得一提的是，誠實的另一半幾乎永遠都能提供你最好的點子與批評。然而，馬克不把女友的話當一回事，認為她只不過是成員僅一人的焦點小組。馬克不願意為了迎合主流的喜好，重新設計 Tribe，最終以失敗收場。

Tribe 的痛苦經驗讓馬克體會到一件重要的事：「我們創業者的旅程，有一部分是在學習分辨『能成功的直覺』與『不會成功的點子』。我認為按照經驗法則來講，如果你是優秀的創業者，你可以假設自己的直覺九十五%的時候是對的，而你的點子二十五%的時候是對的。」

馬克表示：基於這樣的比率，我的心態是「我不會死守任何點子」。「不論那個點子是我的、你的或誰的，我什麼都願意嘗試，也什麼點子都能砍，快刀斬亂麻。此外，我不會因為砍掉某個點子，就忽視某個有希望的直覺。」

有辦法辨識有前途的直覺，砍掉或修正行不通的點子，這是成功創業者的基本能力。**時間是你最寶貴的資源，不要浪費在爛點子上**。當你發現唱衰者有可能說對，他們的「不」能協助你從失敗的 A 計畫，換成更有希望的 B 計畫。

「潑冷水的不」：在錯誤時間出現錯誤的「不」

每一個好理論都有例外的時候。

聆聽「不」很重要，我們要運用有建設性的誠實批評，但規則不免會有例外。**莎拉．布雷克里**的創業之旅，始於她剪掉褲襪的下半截，開始摸索她日後創辦**塑身品牌 Spanx** 的點子。從製造、改良產品、申請專利和提案等等，該有的流程，莎拉全都走過了，只有一件事**沒做**。

雷德的分析時間：我該投資卻錯過機會的時刻

每一位投資人不論多聰明、多厲害，總有看走眼的時候。他們不肯投資某間公司，那間公司最後卻展翅高飛。在確實該說「好」的時候，他們說了「不」。

我看走眼的例子包括網路商店平台Etsy。Flickr 的共同創辦人凱特琳娜．菲克（Caterina Fake）在 Etsy 最早期的階段，介紹我當天使投資人。我到今天都還在懊悔當初回絕了。

我拒絕的理由是 Etsy 在提案時，談到他們販售手工藝品，而手工藝品自然和量產沾不上邊。我認為你可以在街角開一間小書店，或是創辦 Amazon。你可以製作每日數量有限的精品巧克力，也或者當下一個 Godiva 或雀巢（Nestlé）。我的反應因此是：「Etsy 很酷，但不適合投資。」畢竟你的確可以雇用一群人製作手工藝品，但接著就得考慮，這群人能有多少產量？你要如何讓事業成長？擴張的可能性有多大？

我的盲點在於沒考慮到一旦進入相連的網路世界，人才庫就會遠遠大過想像。Etsy 完全不像舊金山那種精緻迷你的小巧克力店，比較接近線上市集。你可以向 Etsy 上所有的精品巧克力店下單，也可以買到在家製作的手工巧克力，不論哪個城市都行。我當初要是能想到那點，我就會回覆：「我很樂意加入 Etsy 的早期投資。」

凱特琳娜則抓住了投資 Etsy 的機會，因為她尋找的投資事業特點和我不同。凱特琳娜把 Etsy 視為一場反文化的運動，重視手作、工匠與地區，那樣的運動有辦法規模化。此外，凱特琳娜仔細研究過 Etsy 的頭二千位賣家，她感到這些人不只想賣東西而已，還是熱情的社群成員。種種跡象都顯示，Etsy 社群有辦法欣欣向榮。

我則把 Etsy 當成……賣一些小東西的網站，沒看見背後的網路，最後失之交臂，扼腕不已。

整整一年間，莎拉沒告訴親友自己在做什麼。

莎拉選擇不講有幾分道理。把點子發揚光大的基本條件，是坦然接受外界的意見，尤其是提到缺點的評語。然而，不見得所有的評語都值得聽。如果要在早期取得有建設性的建議，有時最好請外界的專家幫忙，而不是聽身旁的人講的話。親友因為怕你會失敗，有可能無意間潑點子冷水。

「我沒告訴親友，因為我不想要太早就牽扯到自尊的問題。」莎拉解釋：「我因此沒告訴生活裡的任何人，沒問這樣做好不好。不過，我的確有和能協助前進的人談這件事，找了製造商與專利律師。因為保密，我籌備的第一年不必解釋自己為什麼要那麼做，不必替創業辯護，去做就對了。」

莎拉並未**閉門造車**，她很清楚該去哪裡尋求最**有用**的意見——那些人懂做生意是怎麼一回事。至於會攔阻她的那種批評，莎拉不去聽那種話。

「點子在初期最脆弱。」莎拉解釋：「在某個瞬間，人性會讓我們很想告訴同事、朋友、男友或主管：『我有一個點子。』，但這些人因為愛我們、擔心我們，他們會說出很多叫我們打消念頭的話：『親愛的，如果這個點子真有那麼好，怎麼可能沒人做過？』、『就算真的行得通，那些大廠商在六個月內就能擊敗你。』」

琳達．羅騰堡（Linda Rottenberg）的故事有異曲同工之妙。琳達今日是奮進集團（Endeavor）的執行長，帶領著卓越的組織，在全球各地建立創業社群。然而，二十年前的琳達，只是一個剛畢業的學生。她心懷夢想——但親人叫她別做夢。

「我的父母嚇壞了。」琳達描述當時的情況：「他們無意間聽到我和共同創辦人正在籌備一間全球組織，我們打算支持新興市場的高成長創業者。我母親看著我父親，用眼神示意：**你一定得阻止這件事**。我父親於是走過來，溫和地提醒我，我得賺錢養活自己，我沒有任何後援，而我打算做的事，聽起來不會帶來良好的工作保障。」

琳達稱那次的事是她的「廚房餐桌時刻」。「告訴家人你不想走傳統道路是很嚇人的事。」琳達表示：「你得做出選擇：我該選擇別人期待我走的安全道路？還是勇闖未知的領域？」

琳達最後當然是選擇勇闖未知的領域。「我感到如果我遵守傳統道路，接著十幾二十年後感到人生悲慘，我將永遠不會原諒自己。」琳達就此深信創業者會碰上的第一個難題（也是最重要的一個），就是克服他們的「廚房餐桌時刻」。

雷德的「不」理論

「懶惰型的不」

你找的投資人，有可能完全沒聽懂你的點子，或是單純很無知。不論是哪一種，一旦你發現對方無心進一步了解，你必須遠離這些隨口拒絕的人，愈快愈好。他們的「不」不會帶來額外的資訊。

「舉棋不定的不」

最理想、最有希望的點子會讓投資者舉棋不定，在「好」和「不」之間徘徊。這樣的跡象顯示點子可能真的很棒，但當然有風險，或許只是美好的幻覺，最後下場淒慘。

「讓人吃定心丸的不」

專家說出的「不」，有時證明了你正在開拓與眾不同的重要道路。關鍵是你要有一套有效的理論，找出為什麼自己是對的、專家是錯的——不要光憑直覺或只靠勇氣，而要找出或許這是重要點子的其他跡象。

「真實的不」

很多時候，專家其實**說對了**。這種時候你要狠心砍掉點子。此外，真實的「不」有可能讓爛點子起死回生，或是協助你找到更好的點子。

「無用的不」

如果你的個性容易打退堂鼓，很容易被勸退，不要把你的點子，告訴你在意的人。

第二章 做無法規模化的事

會議的走向和想像中完全不同。

年輕的創業者**布萊恩・切斯基**（Brian Chesky）在二〇〇九年帶著他的好點子，去找 Y Combinator 的共同創辦人保羅・格雷厄姆（Paul Graham）。Y Combinator 是矽谷鼎鼎有名的新創公司加速器，布萊恩的公司 Airbnb 正在接受 Y Combinator 的輔導，他準備好替這間反傳統的新事業，簡報璀璨的未來願景，讓保羅大開眼界。Airbnb 的概念是方便用戶把自家的空房間或沙發床，出租給完全不認識的陌生人。

Airbnb 已經準備好上路，但初期聽過的人不多，提供房間或沙發的屋主也很少。不過沒關係：布萊恩懷抱雄心壯志，深信前景看好，等不及要和保羅分享。

保羅不是典型的投資者，而是會引發你思考的思想家。他寫過主題五花八門的文章，從「貧富不均」到「為什麼阿宅人緣差」無所不包（有記者封他為「駭客哲學家」）。

保羅和創業者見面時，不太看試算表和預估的數據，主要仰賴直覺，以及他獨有的一套違反直覺的事業擴張理論。保羅在矽谷很有名，風格屬於古希臘哲學家蘇格拉底的類型。他會問你尖銳的問題，有時讓人摸不著頭腦。布萊恩回想他和保羅的對話：

保羅：「那麼……你們的事業在哪裡？」
布萊恩：「什麼意思？」
保羅：「我是說，你們的業務在哪裡？」
布萊恩（害羞）：「嗯……我們業務量不大。」
保羅：「但一定有人用吧。」
布萊恩：「嗯，紐約有幾個人在用。」
保羅：「所以你的使用者在紐約。」
布萊恩：「對。」
保羅：「而你人還在加州山景城（Mountain View）。」
布萊恩：〔沉默〕
保羅：「為什麼你還在這裡？」
布萊恩：「什麼意思？」
保羅：「你應該待在使用者在的地方。你要去了解他們，逐一拜訪。」
布萊恩：「但不可能大規模做那種事。如果我們很大，有數百萬顧客，我們不可能去見每一位顧客。」
保羅：「那就是為什麼你現在就該去做。」

在保羅眼中，數據評估、試算表、龐大的行銷計畫，全是次要的。首先，你要打造出一小群用戶熱愛的東西。如果有一群人喜歡，那麼有可能其他數百萬人也會喜歡。由於人們一般會分享喜歡的東西，你的產品或服務自然會得到最好的行銷，持續成長：錢買不到的口耳相傳。

保羅想講的重點是，為了打造出核心使用者真心喜愛的事物，布萊恩將需要到使用者生活的地方，與他們見面——就是字面上的意思。布萊恩需要和使用者聊天，聽他們說話，觀察他們，盡一切所能理解使用者。此外，如同保羅所言，**現在**就是把握那個機會的時刻。「現在是你唯一有辦法那麼做的時刻。」保羅告訴布萊恩：「你的事業以後會變大，不可能見到所有的顧客，不會有機會認識他們，直接替他們設計服務。」保羅日後在二〇一三年，把這個建議寫進他著名的文章〈做不能規模化的事〉（Do Things That Don't Scale），而這也是我在《閃電擴張》一書中提到的第六條違反直覺的規則。

本章要談在推出產品的關鍵早期階段，在那些你尚未有規模、以後再也回不去的日子會發生的事——或**應該**發生的事。你將有機會依據直接的意見回饋，定義與重新定義產品，直到你以手工的方式，打造出人們熱愛的東西。包含布萊恩在內的全球最成功創辦人，他們在回顧這個發展階段時，視為公司的黃金時期，即便在辛苦打江山的當下，大概不會那麼想。

當你在打造產品，或是替可擴張的成功公司奠定基礎，你不免得親自動手，做感到勞力密集的瑣事：寫程式、設計、服務顧客、讓用戶了解如何使用產品、接客服電話等等。然而，就是這些事，決定了你的公司在未來的歲月能走多遠。如同雷德所言：「這幾乎稱得上是禪宗的公案：**擴大規模的第一步，就是放下你想擴張的欲望。**」

為什麼一百勝過一百萬

這裡談的「手工」是指慢慢來，小心翼翼弄對每一個細節。每一位只做一小批商品的匠人，他們直覺就懂手工的力量。紐約名廚當文歷（Dominique Ansel）的糕點，和雜貨店架上擺著的烘培商品，區別就在這。匠人懂為什麼需要手作，但追求高成長的創業者呢？他們就很難參透這個概念。

創業者在思考擴張時，他們通常想的是高度的影響力與能見度；他們想著行銷閃電戰或爆紅。從某方面來講，這樣的想法有道理——想要大，就得做大。按照這種邏輯來看，產品或客戶體驗中的細膩細節，重要性不如想辦法引發轟動，一炮而紅。至於工匠精神？大部分的MBA學生會告訴你：「那規模做不大。」

然而，細節不容忽視——在二〇一四年到二〇一九年擔任Y Combinator的總裁**山姆．奧特曼**（Sam Altman）講過，忽視細節將走不長遠。山姆是Y Combinator的共同創辦人格雷厄姆的追隨者，他堅守 Y Combinator 的核心理念：**擁有一百個愛死你的用戶，勝過一百萬個有點喜歡你的用戶。**

這種看法違反直覺。你可能會想：**對生意來講，如果有一百萬人「有點」喜歡我的產品，喜歡到願意購買，難道不比一百個狂熱的怪人好？**

山姆會回答你……絕對沒這種事。

Y Combinator 已經培育出五十間以上市值超過一億美元的企業，他們相當清楚哪種公司能變大，哪些不能。「如果你去看那些愈變愈有價值的公司，」山姆指出：「他們通常擁有熱情的早期用戶。」狂熱的用戶一直都在，待在你身邊，不離不棄——另外很重要的是，他們會向朋友介紹你。

相較之下，無數曇花一現的產品，早期受到關注，後來就無疾而終。聰明的成長駭客能讓很多人試用產品，但顧客必須真的愛上產品，要不然聰明的噱頭最終會失效。這叫「擴張的幻象」——冒出百萬使用者，接著又瞬間消失。背後的原因很簡單，誠如山姆所言：「人們不會堅持用他們不愛的產品。」

這就是為什麼你要對早期的用戶超好，真正了解他們要什麼、他們愛什麼。當你培養出死忠的早期用戶核心團體，他們會成為很深厚的中堅力量，替擴張打好紮實的基礎。舉例來說，Facebook（臉書）問世時，只開放給哈佛大學的學生。第一批使用的學生邀請朋友，朋友又邀請朋友，直到所有的學生都在看彼此的新動態。臉書接著從哈佛推廣到哥倫比亞大學，再傳播至史丹佛，再到全美的其他大學，最終傳至更廣的全球各地。要不是因為早期的用戶愛死這個社群網絡，臉書也沒辦法傳播得那麼遠、那麼廣。

山姆回想臉書和推特成功後，每一個人都搶著跟風。創業者說：「我來依樣畫葫蘆，也弄一個分享照片的 APP。」

Y Combinator 則對更有野心的新創公司感興趣。山姆稱那種公司為「從位元到原子的公司。你有軟體沒錯，但也得處理真實世界非常複雜的東西」。由於這種公司嘗試做困難的事，有可能改變遊戲規則，他們面臨的競爭，沒有跟風模仿的新創公司那麼大。

Airbnb 就是一例。

在 Y Combinator 共同創辦人保羅的催促下，布萊恩和合夥人喬．傑比亞（Joe Gebbia）前往紐約。他們得到明確的指示：去了解你們的用戶。兩人因此聯絡當地的屋主，告知公司將提供專業的攝影師替他們拍照，放在 Airbnb 的網站上宣傳。攝影師是誰？布萊恩和喬。

某次的造訪讓布萊恩永遠忘不了。

「當時是冬天，外頭在下雪，我們穿著雪靴。」布萊恩回想：「我們走向公寓，進屋拍照，問屋主：『我會把你的照片上傳到網站上。你還有其他的建議嗎？』」

那位屋主跑到後面的房間，回來的時候，「手裡拿著文件夾，裡頭有數十張筆記。」

上面的字密密麻麻，寫著他希望見到 Airbnb 改善的所有地方。「那就像是他替我們畫好了路線圖。」布萊恩回想。有的創業者會把這種一股腦倒出來的建議，當成酸民在批評自己，但布萊恩明白這是好兆頭。這種詳細的意見回饋是一種線索，代表有人真心對你提供的東西感到狂熱，他們想和你的產品進一步建立深厚的連結。「我們一直把那一天記在心上。」布萊恩說：「路線圖通常就在你的目標用戶心中。」

親自到府拜訪，日後成為 Airbnb 的祕密武器，Airbnb 透過這種方法了解大家喜歡什麼。「光是要讓十個人喜歡就很難。」布萊恩表示：「然而，如果你花大量的時間與他們相處，不停追問：『如果這樣做呢？如果那樣做呢？那這樣的話呢？』這些對話很長、很深入，問及**你希望如何進行互評？你最需要的客戶支援是什麼？哪些時候需要？**」「我們不只和用戶見面，還和他們住在同一個屋簷下。」布萊恩提到：「我以前常開玩笑，如果你買了 iPhone，賈伯斯不會睡在你的沙發上，但我會。」

布萊恩拜訪各家的屋主，摸索出一套挖掘寶貴意見的聰明辦法。他不會只問用戶感覺現有的產品如何，還會問對於**可能的產品**，他們有什麼想法。布萊恩解釋：「如果我問：『怎麼做能改善？』他們會提一些小事。」也因此布萊恩會問更大膽的大問題，例如：「我們怎麼做會讓你感到驚喜？」或「我設計出什麼樣的東西，你們將敲鑼打鼓，告訴你們看到的每一個人？」布萊恩透過這一類的問題，邀請用戶和他一起想像出更大膽的 Airbnb 版本。

優秀腦力激盪的祕訣：設計出「十一顆星」體驗

不必擁有任何特定的學歷或知識組合，也能成功創業；你真正需要的是正確的心態。不過話雖如此，絕大多數的科技業執行長，全都擁有商業或電腦科學的學位。布萊恩則是工業設計的藝術類學士（畢業於羅德島設計學院〔Rhode Island School of Design〕），設計思考是他的超能力。

不過，萬一你以為「設計」的意思是「把東西包裝得漂漂亮亮」，布萊恩會扭轉你的想法。「我們對於『設計』有著不同的定義。賈伯斯有一句名言：『很多人誤以為設計與**外觀**有關，但設計其實涉及**運作**方式。』換句話說，『設計與**本質**有關。』」

此外，布萊恩也知道運用設計思維，其實是在重新想像一件事是什麼——或能是什麼。他能把常見的會議桌腦力激盪，變成進一步的練習，發明未來。這裡介紹他最妙的一個辦法。光是我們的《規模大師》團隊，就已經用過數百遍，我們在此大力推薦。

首先，要求自己想像**永遠**不可能真正執行的事。為什麼要想這種事？因為這就是致勝的祕方。「基本原則是如果你想建立極度成功的公司，你得打造出人們愛到**口耳相傳**的東西。也就是說，你必須打造出值得談論的事，而如果你想打造出這種東西，你得回到無法規模化的事。」

首先，普普通通的東西就不要了。「如果你想打造出大家爭相討論的事，你得提供令人大為驚嘆的體驗，讓人忍不住告訴每一個人。也因此我們在做練習的時候，我們會取產品的某個環節，接著設想五顆星的體驗會是什麼？」這是在問什麼樣的產品或服務，人們會在評論裡留下五顆星，「接著我們天馬行空。」布萊恩舉的例子是顧客入住 Airbnb 的房子時，令人感到失望的一顆星體驗是什麼，接著一路到現行評分制度最高的五顆星。再來則隨意發揮，想像什麼樣的入住體驗，可以拿到破表的十一顆星。

「一顆星、二顆星或三顆星的體驗是你抵達預定的 Airbnb 住宿地點，結果沒人在。你敲門，沒人開門。這是一顆星。如果等了二十分鐘後有人開門，或許能拿三顆星。如果從頭到尾沒人出現，你得要求退錢。那是一顆星的體驗，而且你永遠不會再訂 Airbnb。」

「五顆星的體驗是你敲門，屋主立刻開門讓你進去。很好，不過那是應該的。你不會告訴每一個朋友這件事。你只會說：『我用了 Airbnb，這東西能用。』」

「所以我們開始想：**什麼樣的體驗能拿六顆星**？你敲門，屋主開門迎接：『歡迎來我家。』桌上有迎接貴客的禮物。也許是一瓶酒，也許是幾顆糖。你打開冰箱，裡面有水可以喝。你去浴室，盥洗工具一應俱全。一切都很棒。你說：『哇，這比旅館還棒。我絕對會再次使用 Airbnb。』」

「七顆星的體驗是什麼？你敲門，應門的人是雷德。『歡迎！我知道你喜歡衝浪，這裡是衝浪板，我幫你訂好課程了。喔對了，你可以開我的車。還有，我想給你一個驚喜。

我已經訂好舊金山最好的餐廳。』你心想：『哇，這也太棒了。』」

「那麼八顆星的體驗是什麼？我下飛機後，有禮車等我，載我到今天要入住的地方。我完全沒想到會有這麼方便的服務。」

「九顆星的入住：我下飛機，大家列隊歡迎，還有一頭大象在等我，有如一場傳統的印度儀式。」

「那十顆星呢？十顆星的入住，將像是披頭四在一九六四年造訪美國獲得的盛大歡迎。我下飛機，五千名高中生吶喊我的名字，紙板寫著歡迎我來到這個國家。」

雷德的分析時間：熱心的意見回饋是高速成長的基礎

過去二十年間，我投資過多家用戶擴張到一億以上的公司，或是親身在那種公司工作過，不過事情這樣的：你不會一開始就有一億用戶，而是先有屈指可數的幾個人。也因此你得停止遠大的思考，改從小處著手，親自服務你的客戶，逐一贏得他們的心。

如果你是創業者，且有拓展至全球的雄心壯志，你會感到這是莫名其妙的建議。Google 的謝爾蓋．布林（Sergey Brin）和賴利．佩吉（Larry Page）並未以手動的方式，提供二十億人搜尋結果。他們打造出很好的產品，接著用戶就蜂擁而至。對吧？不盡然。擁有最受人們喜愛產品的頂尖創業者，他們關心用戶，無微不至，尤其用心服務早期的使用者。他們觀察用戶的行為，聆聽用戶說話，接起客服電話，解決服務出錯的地方。

這裡值得多談一下早期的「手工」工作，多數的創業者對那段經歷感到五味雜陳。有的人日後會自嘲，有的人感到不堪回首。他們會慶幸終於能雇人負責雜務，或是自動化，不必再親自弄那些東西，但細心的創辦人永遠不會說那段期間「完全是浪費時間」。他們回顧那段過往時，通常會感到是職涯中發揮最多創意的時期。

你要留意的人事物，包括剛才談到的幾乎幫你畫好產品路線圖的超級粉絲。從早期用戶那得到極度詳細的意見回饋，其實是很平常的一件事。如同布萊恩早期到屋主家拜訪的例子，那種用戶的文件夾裡寫滿密密麻麻的建議，跑來告訴你：「我喜歡這個產品。這個產品對我來講超級重要。我真的需要這個產品能長長久久。」事實上，如果你沒碰到那種顧客，那代表還沒找對方向。熱情的回饋代表著你的產品對某個人來講，真的很重要。此外，如果你用心聽他們說話，一個熱情的用戶會變成很多個。

不過，你一定要搶在仍在定義產品的時刻，趁早取得那樣的意見回饋。道理如同替建築物打好地基。先打好地基，才可能蓋起高樓大廈。用戶回饋能確保你不會在濕軟的沼澤地上，蓋起數十幾層的高樓。

各位要是讀過我的《閃電擴張》，可能會感到我的主張自相矛盾。那本書的確提出「忽略你的顧客」這條違反直覺的規則，但「一對一和熱情的顧客交流」與「忽略你的顧客」，兩者的共通點在於找出代表擴張機會的顧客，把心力放在他們身上，其他的顧客則別管了。如果你將寶貴的時間與資源，用在回應目前顧客中最會吵的那群人，你無法專心贏得未來數百萬熱情支持你的顧客。

「那十一顆星的體驗呢？我抵達機場，你和馬斯克（Elon Musk）站在一起，告訴我：『你將前往外太空。』」

星星數愈多，顯然愈是異想天開的幻想，但這個練習有一個重要的目的。「這個想像流程的重點，在於九顆星、十顆星、十一顆星的答案或許做不到。」布萊恩解釋：「然而，如果你走過這個瘋狂的練習，『客人來了，主人開了門』與『我前往外太空』之間會有甜蜜點。如果要找到那個甜蜜點，你必須先設計出幾乎是極端的東西，接著再往回推。」

規模，以及剛起步的心態

布萊恩今日不再敲屋主的門，也不會睡在他們的沙發上。今日的 Airbnb 是上市公司，不再是剛才的故事裡，那個簡陋的小型新創公司。不過，布萊恩依舊重視匠人精神。他和長期合作的屋主與顧客，保持密切的聯繫，請他們提供設計與策略方面的意見。此外，每當布萊恩思考大膽的產品新方向，他直覺就會從單一用戶的視角出發。

舉例來說，Airbnb Trips 是 Airbnb 核心事業的延伸產品，提供量身打造的端對端體驗。

布萊恩的團隊首度構思 Airbnb Trips 的時候，第一步是替一位顧客手工打造假期體驗——就是字面上的意思。團隊貼出傳單：「**徵求一名旅人。我們將在你的允許下跟著你，拍下你的舊金山之旅。**」來自倫敦的里卡多（Ricardo）興高采烈報名。

里卡多自行規劃的行程，稱不太上是夢幻假期。他去了所有一般觀光客會去的地方，僅此而已。「他自己一個人參觀惡魔島監獄（Alcatraz），戴耳機聽導覽；接著去電影《阿甘正傳》裡的布巴甘蝦業公司觀光餐廳（Bubba Gump Shrimp）。他入住一晚三百美元的經濟型酒店，獨自前往飯店酒吧，和一群人擠在吧台邊。他沒和任何人說話，因為他的個性很內向。」

在整趟旅程中，「他都在排隊，或是獨自一人。此外，他的行程全是舊金山居民不會做的事。」

Airbnb 在里卡多結束那次的旅程後聯絡他，邀請他舊地重遊，告訴他：「我們想替你創造完美的舊金山之旅。」布萊恩的團隊與皮克斯動畫的分鏡師合作，想好劇本，一幕一幕商量，不同於普通觀光的旅遊經歷將如何開展。布萊恩當時的思考流程值得一提。什麼會帶來不同凡響的旅行？答案是連結——以及離開你的舒適圈。

「你頭一次造訪一座城市時，要在前二十四或四十八小時內有一場歡迎活動，身處人群之中。」布萊恩指出：「到了第二天或第三天，你需要有走出舒適圈的挑戰。如果沒離開舒適圈，你不會記得那趟旅程。」

「如果你能脫離舒適圈，讓自己發生新鮮事，就會出現脫胎換骨的一刻——從前那個小小的你死了，重生成一個更好的嶄新的你。你看過的每一部電影都有這樣的敘事：主角起初待在平凡的世界，接著他們離開那個世界，進入新世界。那被稱為英雄的旅程。」

里卡多接著重返舊金山，踏上某種正在等他的英雄之旅。團隊安排他住在最優秀的Airbnb 屋主那，帶他參加晚宴；此外也幫他訂好市內最好的兩間餐廳，甚至半夜帶他參加神秘單車之旅。

在旅途的尾聲，布萊恩和里卡多見面，親自問他感覺如何。兩個人聊完時，里卡多流著淚告訴布萊恩：「這是我這輩子有過最棒的旅行。」

里卡多獲得的體驗，顯然無法擴大執行，Airbnb 不可能替每一位顧客都量身打造每一趟旅程，但從相關實驗中學到的事，形塑了 Airbnb Trips 的模式——團隊得知哪些元素最重要，應該加以強調。「我們把心得應用在 Trips 上，在過去兩年研究如何擴大規模。」

布萊恩下定決心，他要持續重新設計 Airbnb 的體驗，方法是先進行單人規模的實驗，接著將心得應用在更大型的計畫，但公司愈大，就愈難採取這種「手工法」。布萊恩經常告訴規模還小、處於設計階段的創業者：「我懷念那些時光。擁有已經大受歡迎的公司確實很棒，但你最重大的突破、最優秀的創意，將發生在你的事業還很小的時候。」

逐一介紹

梅蘭妮．柏金斯（Melanie Perkins）在澳洲伯斯（Perth）長大。她的第一份工作完全可稱為「手作」，不是譬喻的講法，真的是手作。梅蘭妮十五歲開始打圍巾。「我會拿到家鄉伯斯一帶的女裝店寄賣，而伯斯是全世界最與世隔絕的城市。我會超緊張，打電話問有沒有店願意販售我自己織的圍巾。」

母親是梅蘭妮的創業推手。「我母親有一個很好的理論。我家有三個小孩，她鼓勵所有的孩子建立迷你事業。雖然沒賺多少錢，我有第一手的經驗，我知道我有辦法做自己很害怕的事，然後成功。此外，這代表我可以擁有自己的事業，不必只是替別人工作。」

梅蘭妮還學到如何以委婉的方式，替不完美的產品定位。「我在『所有的圍巾上』，放上小小的標籤，上面寫著『每條手工製品都獨一無二』，因為我想如果放了標籤，顧客會原諒我出的小紕漏。」

這種不完美的美，日本人稱之為「侘寂」。真正的手工製品就是那樣，我們喜愛其中蘊含的人性與獨一無二。不過，這裡談的「手作」則幾乎相反，比較不是要提供使用者帶有許多迷人瑕疵的產品，而是逐一和使用者合作，找出不完美的地方，愈變愈好，漸漸移除所有絆倒用戶的小坑洞與粗糙表面。

梅蘭妮推出線上設計平台 Canva 時，就曾經這樣做。她創業的靈感來自人生的第二份工作。她在大學時代曾經教同學使用 Photoshop 等設計程式，而那些程式實在有夠難用。「它們非常、非常複雜。」梅蘭妮回想：「光是學如何用軟體做一些非常基本的事，就會耗掉整整一學期。光只是做最簡單的事，你要點選的次數就多到荒謬。」

梅蘭妮心想：「為什麼設計東西需要這麼複雜？為什麼要讓人只為了使用基本功能，就要花那麼多時間學？」和當時大受歡迎的臉書比起來，對比更是鮮明。「人們上臉書，然後就開始用了，不需要花很多時間學。」梅蘭妮回想：「所以我們也很想要那麼簡單，只不過我們應用在設計領域。我們要讓人人都能設計，不是只有負擔得起的人才能設計，也不限於有教育背景的人。」

梅蘭妮有辦法設想一路從點子到開公司的旅程。「我有一個非常宏大的計畫。我想把整個設計的世界，整合進一個頁面，全世界都能參與。然而，我當時才十九歲，除了賣圍巾，沒有太多經商的經驗。」

梅蘭妮和合夥人克里夫·歐布雷特（Cliff Obrecht）成立兩人的第一間公司 Fusion Books，那間公司日後變身為 Canva。Canva 的線上工具，讓用戶只需要簡單用滑鼠拖放，就能做出可分享的漂亮數位設計。此外，兩人從一開始就決定，他們要親自確保每個人都能輕鬆使用產品，真的是**每一個人**。

「每次有人建立新帳號，我就會打電話過去，帶他們走一遍流程，或是由我的合夥人克里夫出馬。」梅蘭妮表示：「我們和成千上萬的人通過電話，深入瞭解他們需要什麼、他們有哪些疑問，也知道哪些介面按鈕，無法讓人一看就知道是做什麼的。」

兩人觀察用戶開始使用時犯的錯誤，來來回回測試每一個按鈕、每一個點選拖曳的動作，熱烈討論每一個重大的易用性（usability）挑戰，接著又處理另一種讓用戶難以上手的障礙：人們不敢發揮創意。

「大家從小到大都被說不是有創意的人，缺乏設計的天賦。」梅蘭妮解釋：「把這個工具交到人們手上時，他們感到害怕，不敢真的用。」

那怎麼辦？答案是把 Canva 的用戶教學變成一場遊戲。「人們開始接觸這個產品後，兩分鐘內就玩了起來，感到有趣，覺得自己辦得到。另外非常重要的一點是，他們會向別人提到這項產品。」

趣味帶給 Canva 的用戶革命性的設計體驗。要不是因為梅蘭妮與克里夫看著一個又一個的用戶在使用時碰上問題，難以上手，跌跌撞撞後才終於曉得怎麼用，他們不會知道哪些地方必須解釋得更清楚、哪裡則要增添趣味性。他們一次解決一位使用者碰上的問題，移除服務體驗不順暢的地方，讓人不會氣餒後便懶得用，還會分享給別人。

成功了。兩人的線上設計平台，今日每個月有五千萬活躍用戶，設計出三十億份以上的作品。換算起來，每秒出現八十個新設計。

制定自己的憲法

如果你曾經分享過照片、在網路上追蹤某個人，或是加過「#自拍」的標籤，那麼凱特琳娜．菲克形塑過你的人生。凱特琳娜是史上第一個照片分享平台 Flickr 的共同創辦人，開創日後成為傳統作法的眾多功能。她有如社群媒體的諾亞——搶在洪水來臨前做好準備。雖然不久後，凱特琳娜便質疑社群媒體的種種現象，她在 Flickr 壯大前便明白，公司的早期作法將如滾雪球般，引發許多日後的發展。

凱特琳娜認為，企業創辦人將創造出屬於自己的文化。他們必須以身作則，形塑自己希望推廣的原則與規範。範圍不僅包括自家公司，還涉及整個顧客與用戶社群。

如同創辦人凱特琳娜所言：「你制定自己的憲法。」

此外，這個憲法要在你的規模變大前，就先制定好。

公司創辦人不必在羊皮紙上寫下規定，而是在小小的日常行為中親身示範，例如凱特琳娜在 Flickr 的早期階段，自請和每一位 Flickr 的新用戶打招呼……親自迎接。

「Flickr 是線上社群，我們所有人都是一分子。然而，既然你是領袖，『你的平台與社群具備什麼樣的價值觀、道德觀，每個人將有樣學樣，跟著你做——『我們這樣講話，不那樣講話』或『我們習慣打招呼。』」

Flickr 的迷你新創公司團隊只有六個人，他們每個人一天發文五十次，直接與早期的用戶對話。許多成功的創辦人也有類似的故事，他們在公司變大前，進行密集的個別接觸——用私人的手機接電話、不分日夜隨時待命。這種作法相當勞力密集（有時會干擾私人生活），但這也是新創公司對上大企業時的關鍵優勢。規模較大的企業，通常會試著把與顧客聯繫的工作完全自動化。

此外，如果你在早期以這樣的方式觸及用戶，與頭一百位用戶建立某種關係與行為準則，這將擴散到接下來的五百位用戶、五千位用戶、五十萬用戶。

在你形塑新世界的同時，起初將遇上挑戰與測試，Flickr 與凱特琳娜便碰過那種事。Flickr 和許多網站與服務一樣，立刻吸引了全球社群與用戶。他們代表著眾多的文化、語言與期待，價值觀不一定一樣。舉個例子來講，許多 Flickr 的早期用戶來自阿拉伯聯合大公國，那是由伊斯蘭文化主導的國家，社會要求的穿著十分保守。然而，Flickr 隨處可見美國明星小甜甜布蘭妮（Britney Spears）的照片，而她的招牌打扮是露出肚子的中空裝。凱特琳娜指出：「這兩件事不相容。」

用戶抱怨小甜甜布蘭妮的照片時，Flickr 必須做出決定，而 Flickr 因為這件事流失了大量的社群成員。

「我們替裸露的中空裝做出選擇。」凱特琳娜表示：「中空裝聽起來是無關緊要的小事，然而這一類的決定是你的社群命脈。沒有說哪種決定才正確，但你必須清楚自家公司的價值觀，做出決定。」

凱特琳娜補充說明：「如果你在做決定時和稀泥，那麼你是假中立。」而那會導致最後由最極端的用戶替你做決定。

今日的社群媒體平台，依舊有這種立場不明的問題。「平台不了解自己，缺乏明確的道德羅盤，不清楚自己的理念。」

公司在擴張前，就要把這些事全部搞清楚。沒有任何網站或平台能百分之百控制用戶的行為。用戶要是達數百萬、數十億，更是不可能。有的用戶會做出脫序的行為，而正是因為如此，更是要在為時已晚之前，就先做好防範措施。凱特琳娜引用 Flickr 同仁海瑟．強普（Heather Champ）的話：「**你容忍什麼，就會變成什麼。**」

匠人的故事

有一位創辦人的故事聽上去不可思議。他創業的原因是：「我希望學生能讀到《大草原之家》（*Little House on the Prairie*）這本書。」

然而，那是真的。**查爾斯．貝斯特**（Charles Best）的故事就是那樣開頭。查爾斯是紐約布朗克斯區（Bronx）的小學老師，學校就連最基本的文具，也幾乎無力提供，更別說是替學生添購書籍，也因此「每天早上大約五點鐘的時候，我會到文具連鎖店史泰博（Staples），影印當天要閱讀的《大草原之家》章節，發給我的學生。」

如同美國與全球很多認真的老師，查爾斯和教學同仁一般會自掏腰包，幫學生影印，購買鉛筆、蠟筆、紙板等學校用品。他們有很多想給學生的東西。然而，對富裕學區來講不成問題的標準教學行程，在布朗克斯區卻是不可能的事：「我同校的老師，想帶學生參觀現代藝術博物館（MoMA）。美勞老師想帶全班製作大型的織毯，她需要布料和針線。」

二〇〇〇年的一個清晨，查爾斯在史泰博影印時心生一計：**好，我來架設網站，老師列出班上需要的東西，願意捐贈的人士可以選擇他們想支持哪一個計畫。**

募資平台 DonorsChoose **就此誕生**。那是第一個我們今日稱為「群眾募資」的網站。運作方法如下：所有公立學校的老師，全都能提交需要捐款的班級計畫，查爾斯的團隊會審查與確認計畫的真實性，放上網站，方便用戶了解詳情與捐款。DonorsChoose 不會直接把捐款交給老師，而是代購材料或支付廠商，直接寄送需要的用品。「就連校外教學，」查爾斯解釋，「我們會付錢給博物館，以及載送師生到博物館的客運公司。」

這種流程會耗費大量人力，但查爾斯認為這麼做很重要，確保不會有人投機取巧。此外，他們會讓捐款人看每一分錢去了哪裡，寄出孩子手寫的感謝函與完整的財務報告，增強捐款人的信任感。

不過，查爾斯先得找到最初的捐款人——以及計畫。為了讓網站在上線前就已經有捐款人與計畫，查爾斯請同校的老師，替自己的班級遞交計畫。此外，查爾斯還做了絕對無法大規模執行的一件事：收買大家。

「我母親的烤梨點心很出名，」查爾斯解釋：「我於是拜託她製作十一份烤梨，帶到教師的午餐室。教學同仁過來搶的時候，我說：『等一下，這是有代價的。如果你吃了梨子，你就得到 DonorsChoose 這個新網站，提交你一直很想和學生一起進行的計畫。』我的同事狼吞虎嚥吃下那十一份烤梨，接著到我們的網站，提交開站的頭十一份計畫。」

這下子有計畫了，現在查爾斯需要有人贊助那些計畫。第一批的計畫最後大都是由查爾斯匿名掏錢贊助（他表示：「我還負擔得起，因為我住在家裡，爸媽沒向我收租金。」）。

當然，自掏腰包得來的成長，絕對有一定的極限，不過這招對於推動查爾斯的構思來講很聰明。同校的老師還以為，真的有贊助者瀏覽網站，等著替老師們圓課堂美夢。謠言在布朗克斯區傳開，查爾斯的網站湧進數百份計畫。

然而，各地的老師紛紛跑來 DonorsChoose 後，查爾斯需要**真的**贊助者。查爾斯的學生為了協助他，自願每天放學後留下來，寫親筆信給二千位可能的贊助者。「我認為學生願意幫忙，原因是他們看出這個實驗有可能豐富他們的人生。」不過查爾斯也承認，也可能是因為「他們覺得老師太可憐了」。

每一封學生寫下的信，內容包含一個很小但明確的請求：「捐十元，你就能成為班上的大英雄！」查爾斯師生為了能適用最便宜的郵資，自行分類郵件，用推車把信件山送到郵局，接著禱告。

他們的努力有了成效，網站湧進三萬美元捐款後，就不愁後續的運作。

二〇〇三年時，名主持人歐普拉（Oprah Winfrey）的製作人看到《新聞週刊》（*Newsweek*）上的一小則報導。歐普拉本人關注此事後，「網站被擠爆。」查爾斯回想。他可不是在抱怨。有了歐普拉的助力後，他們一路起飛。

歐普拉造成伺服器當掉後，故事進入值得特別留意的階段。DonorsChoose 不斷成長，但查爾斯一次又一次選擇保留人味的作法。DonorsChoose 就是因為這點才與眾不同。DonorsChoose 不是儘管有人味，依舊能夠擴張，而是反過來：因為有人味才得以擴張。

舉例來講，查爾斯親自購買與分發學校計畫的教具，這必須耗費大量的人力。「早期的時候，我們寄給每位老師一台即可拍，請他們拍下執行計畫的過程。我們還附上回郵信封，請他們寄來學生的信。」查爾斯回想：「早期的贊助者聽到我們這種模式後認為：『這是很笨的作法，缺乏效率，沒辦法大規模執行。』」

然而，查爾斯不希望破壞這套制度，也因此「在我們的前十年，」他表示：「大部分的時間，花在確保能做到每一個環節，同時也試著讓每一個環節能規模化。」

其中一大進展是 DonorsChoose 所有計畫的審查流程。他們起初付錢請大學生審查每一位教師提交的計畫，但隨著組織不斷成長，查爾斯知道他得想出更能節省成本的方法。

查爾斯先前請學生幫忙，這次請老師幫忙：他請因為 DonorsChoose 網站而獲得二十次以上計畫贊助的老師回饋，擔任義工，幫忙篩選計畫。這個點子大受歡迎。查爾斯表示，除了的確省下了成本，「比起大學生，老師們篩選計畫時更仔細、速度也更快。」

查爾斯承認，DonorsChoose 一直很難擴張的環節，正好就是捐款體驗中最珍貴的手寫信：學生的感謝函。沒有任何東西能取代收到孩子提筆寫下的信時，人們心中感受到的那股情緒衝擊。

也因此雖然在過去二十年間，DonorsChoose 已經遍布全球，他們自豪保留了無法擴大規模的人事物，其中一項是手寫信。DonorsChoose 今日寄出的信，依舊由學生一封一封親筆寫下，全都從查爾斯的辦公室送到捐款人手中。「所以我的辦公室看起來像聖誕老人的工作坊。」查爾斯開玩笑：「到處都堆著裝滿信的麻布袋。」

你很難想像擴張時，有一個環節是麻布袋。然而，DonorsChoose 的作法很聰明，尤其是手寫信這件事。手寫的信強化了孩子與捐款人之間的連結，你很難量化那股力量。

DonorsChoose 的董事史蒂芬．荷伯（Stephen Colbert）表示，「DonorsChoose 的概念讓你和你幫助的人，能夠直接聯繫彼此。我感到那是一股非常強大的力量。」就是因為手寫信，讓史蒂芬從捐過一次錢，變成熱心的董事。「孩子寫來的那些信，老師寫來的那些信，讓我感到整件事非常真實。我不希望斷掉這樁好事。」

許多渴望影響力與成長的領袖，很難接受這種手工心態。他們通常會提出一堆反對的理由，解釋為什麼這種流程行不通、為什麼無法擴張、為什麼營運上做不到。然而，不論事業變得多大，至少在某些特定的領域，最聰明的創辦人永遠不會完全捨棄勞力密集的手作精神。

與亦敵亦友的人共枕

丹尼爾‧埃克（Daniel Ek）最初成立線上音樂分享新創公司 Spotify 時，沒料到自己會開始那樣過夜。「我睡在會議室外，等某位高階主管抵達。我睡在一晚三十美元的廉價汽車旅館，脫落的壁紙會掉在身上，廁所裡有各式各樣的生物。」丹尼爾回想：「那不是什麼美好的時光。」

當時瑞典的音樂盜版問題十分嚴重，重創地方音樂產業，總營收暴跌八成。丹尼爾因此採取大膽的舉動，直接找上最大的瑞典唱片業主管，提出他們無法拒絕的交易：「如果你們助我這個商業模式一臂之力，我保證你們一年的營收。」

Kazaa、BitTorrent、海盜灣（Pirate Bay）等音樂下載服務，導致唱片公司四面楚歌。Spotify 的免費訂閱服務，被當成又一個沆瀣一氣的線上威脅。丹尼爾因此提供唱片業一筆降低風險的交易，即便 Spotify 本身將因此蒙受痛苦的短期損失。

這種拿出誠意的舉動能建立信任感——丹尼爾知道必須和潛在的敵人建立信任，他明白要是少了音樂界的支持，自己的事業不可能成功。此外，丹尼爾也明白，所謂的「做無法規模化的事」，除了包括打造出更好的產品，也包括建立關鍵的早期關係與結盟。

丹尼爾的「瑞典實驗」一點一滴證明，音樂產業與 Spotify 可以共存。實驗結果不僅開始贏得其他市場的唱片公司的信任，也吸引到投資者的關注——投資者這下子感到，線上音樂事業大有可為，不會只是一群盜版者。他們很願意支持 Spotify。

不過，丹尼爾尚未大獲全勝。他明白如果要達到想像中的規模，就得強化他的公司與瑞典以外的產業守門人的關係。丹尼爾因此再度仰賴人味。他決心要與關鍵的唱片公司決策者見面，分享瑞典的實驗結果，取得他們的支持。只要是必須拜訪的地方，丹尼爾會親自過去，即便要跑到半個世界以外的地方也一樣——親自出現在事情發生的地方。

丹尼爾努力與音樂界的把關者打好關係。辛苦有了成效。「這個圈子裡的人相識二十年。」丹尼爾表示：「他們逐漸讓我加入對話，開始接納我。」

日後回想以來，丹尼爾所做的許多事，本身無法擴大規模，包括保證唱片公司的營收、把寶貴的創辦人時間用在長途跋涉，前往其他國家開會，以及讓編輯手寫播放清單等等。然而，丹尼爾透過那些事，建立起關鍵的早期關係，培養信任感，帶來事業日後能壯大的競爭優勢。那些努力的確奏效：Spotify 後來的活躍用戶達三點四五億，還募得超過二十五億美元的創投資金。

守舊的音樂界把丹尼爾視為威脅，讓丹尼爾必須想辦法贏得信任。DNA 測試分析公司 23andMe 的創辦人**安妮．沃西基**（Anne Wojcicki）也面臨同樣的問題，而且她在推廣事業時遭遇的挑戰更艱鉅，除了必須說服門戶之見很深的健康照護產業，還得取信於美國的政府監管單位。

安妮的重要點子，來自深信民眾有權進一步了解自身的基因史，接著利用相關的資訊，從更全面的角度，做出更理想的健康決定。

然而，儘管安妮抱持神聖的使命，她的產品是在家檢測ＤＮＡ的工具組，實在太不尋常，很難賣出去。「我們成立公司後，開張的頭兩天賣出一千份。」安妮回想：「再來就愈來愈少，縮減到一天賣出一、二十份，銷售慘澹。最初民眾會問：『難道不該是我的醫生出錢？為什麼是我付錢？我拿到檢測結果又怎樣？』」

23andMe 的創辦人一直無法觸及消費者，安妮的銷售團隊建議換個方式，不再強調可以取得健康資訊，改成強打找出自己的祖先是誰，跟大家分享這個資訊很好玩。賓果——顧客很喜歡這個尋根的點子。如果恰巧還能多獲得一點健康資訊，也很不錯。

下一個意想不到的難關來自醫師的反對，因為病患突然找上門，問醫生：「我用ＤＮＡ測試得知我有哪些健康風險——我該怎麼辦？」醫生從前是此類資訊的把關者，也因此 23andMe 開始持續努力說服醫生，病患預先多詢問有關於健康的問題是好事。

不過，23andMe 最大的挑戰，其實是和州級與聯邦級的監管人員打交道。美國食品藥物管理局（U.S. Food and Drug Administration，簡稱ＦＤＡ）是尤其難纏的把關者。安妮的團隊從創辦之初就和ＦＤＡ見面，但以前從來沒有 23andMe 這樣的公司，政府監管單位不曉得該如何分類。(在此向讀者說明一下：如果你是產業裡開天闢地的第一位創新者，你會讓監管單位**傷透腦筋**。)

FDA起初把基因檢測，列為需要獲得聯邦許可的「醫療器材」。FDA後來的新監管團隊，又寄發停終信函(cease-and-desist letter，譯注：要求當事人停止行為，否則將面臨法律訴訟)，認為23andMe是在提供醫療建議，也因此是「健康照護產品」。安妮很沮喪：「這還是我第一次碰上無解的問題。我真的得轉換心態。」

安妮被逼到走投無路，她的第一直覺是**反擊**，心想：「我代表消費者，而這裡的消費者符合美國憲法第一修正案的規定。這是**消費者**資訊。」

然而，安妮和她準備好要對抗的監管人員見面後，獲得啟發。「有一位很有智慧的監管人員問我：『你的目標是什麼？如果你真心想改變健康照護，那就好好坐下來和FDA談，腳踏實地去做。有可能會花上幾年的時間，你得做好那樣的心理準備。幾年後，你終將改變社會，但你必須是真的鐵了心去做。』」

安妮的回應是：「我不會中途逃跑。除了這點，我還得做什麼？我一定會堅持下去。」

安妮和23andMe團隊決定慢下推出新產品的腳步。這通常是創辦人最不該做的事，不過以23andMe的情況來講，不會有對手趁虛而入，搶占市占率。FDA是銅牆鐵壁，要先有人能攻破才行。安妮決定當那個人。

雖然與FDA合作進展緩慢，有時還很痛苦，建立信任感是在替23andMe的長遠未來做打算。「我們與ＦＤＡ合作後，公司經過大幅度的改造。」安妮指出：「我們的工程師、我們的研發方式、我們的品質控管方法，如今有著十分不同的流程。我們必須向ＦＤＡ證明，我們旗下的產品能提供精確的檢測結果，這點我們向來有自信。」此外，安妮的公司也必須向ＦＤＡ證明，23andMe提供給消費者的資訊，確實足以讓消費者完整了解自身的ＤＮＡ檢測結果。23andMe因此雇用專職的監管顧問，協助公司走過這段漫長的旅程。

雷德的分析時間：如何快速建立信任感

創業者通常必須快速贏得各方的信任感，包括合作夥伴、投資人、顧客與公司同仁。然而，各位必須先了解一件事：「快速」與「信任感」幾乎是反義詞。你一般必須在一段關係中，在長期來往的過程中逐漸累積信任感。事實上，我最喜歡企業家傑夫．韋納（Jeff Weiner）提出的定義：

信任＝在一段時間中持久不變

當你以相當一致的方式，一直遵守諾言，一次又一次建立牢不可破的模式，就會產生信任感。當你每次都言出必行，人們就會說：「好，我們信任你。我們知道你說到做到，這行得通。」

然而，創業者通常沒有那麼充裕的時間，也因此你將需要找到捷徑或搭建橋樑。以下是我知道的三種好方法：

第一種有效的信任橋樑，方法是找人們原本就相信的人替你背書，由他們來解釋你的價值主張。這是一種情感移轉。人們心想：「既然我相信的這個人幫忙背書或認同這件事——那麼應該可信才對。」

第二種橋樑是提出成本很高的重大承諾或保證，例如埃克吸引音樂產業試著與Spotify 結盟的方法，是把對方的財務利益放在自己之前。你的承諾必須讓人感到你不是空口說白話，這件事你也有份：你不只把他們的利益看得比自己還重。萬一你不遵守承諾，你將蒙受重大的損失：「如果我們以這種方式破壞信任，那麼違約一次，我們將賠你X元，或捐款Y元到慈善機構。」

第三種橋樑是盡量公開透明，例如分享自己所有的程式，或是提供所有的顧客都能使用、每一個人都看得見的網路論壇。你也可以提供「想問什麼都可以」的互動機會，有問必答。

當你需要快速建立信任感，這三種橋樑有可能成為關鍵，就連在敏感情境下也能奏效。不過，搭建橋樑永遠不是容易的事，而且同樣不會一夕之間產生信任。還有別忘了：雙方都願意建立橋樑，橋才能撐得久。

23andMe 耗費多年時間與 FDA 協商，甚至現在也還在持續溝通，不過 23andMe 一邊協助ＦＤＡ了解讓更多民眾接受基因檢測的價值與好處，一邊也穩定建立客層。「有時我必須指著耀眼的未來，告訴我的員工：『那是我們的願景。』」安妮表示：「我最終的目標是我想要真的能說，我協助大家變得更健康。我的確感到現在還只是開端而已。」

雷德的「做無法規模化的事」理論

專注於少數人

你在建立公司的時候，有一百個人愛死你的產品，比一百萬人還算有好感重要。

力求做到百分之一千的境界（趁心有餘、力也還足的時候）

趁創業的早期階段，提出令人驚豔的點子，改善你的顧客體驗。

親上火線

在事業規模還不大的階段，直接接觸顧客，盡一切所能建立關係。

以手作的精神感動人心

你所做的每一件事，全是替客戶量身打造，增加人情味。利用早期的階段，強化你與用戶或顧客的連結。

與亦敵亦友的人共枕

張開雙手擁抱把關者，以及其他不友善的相關人士，花時間建立他們的信任感。

建立標準

趁現在建立規範與模範行為，它們將形塑你正在創造的新世界。

第三章　你的決勝點子是什麼？

「有時破產是創業的最佳時機。」

有一個建議，你可能想不到出自**馬克・庫班**（Mark Cuban）之口。馬克是白手起家的億萬富翁，創業節目《創智贏家》（*Shark Tank*）的投資人，也是達拉斯獨行俠籃球隊（Dallas Mavericks）的老闆，偶爾還擔任美國政府顧問。不過，在一九八〇年代早期，馬克身無分文。

馬克當時大學剛畢業，和五名室友住在達拉斯，穿著兩套九十九美元的西裝，努力追尋自己的道路。

馬克喜歡銷售，熱愛學習，或許最重要的是，他喜歡談做生意的點子。馬克在電腦軟體店工作，他是店內唯一知道如何寫程式的銷售人員，也真的讀過店內軟體產品的手冊。

馬克有一個改善銷售的點子，他確定老闆一定會喜歡，但被老闆否決。他於是先斬後奏，點子成功了，但他也被炒魷魚。如果換做別人，這個人會開始找下一份工作，但馬克開始找自己能開的公司。（一直到了今天，馬克都說那個開除他的老闆是「負面教材」。

老闆親身示範了太多不該做的事。）

如今回想起來，時機再完美不過。

「當你走投無路，身無分文，你得想點辦法，你沒有東西可失去。」馬克今日談起當時：「如果你試了之後失敗，也不過就是回到原點，毫無損失。所以為什麼不試試看？」

馬克開始尋找能創業的好點子。他沒想要建立什麼閃亮的大型事業，例如達拉斯獨行俠隊或 Broadcast.com，也沒想要找能被《創智贏家》挑中的點子（如果當年有這個節目的話），他單純想要付房租而已。馬克問自己：「我懂什麼？我認識哪些人？」馬克讀了很多東西，還和老顧客聊天，最終得出一個明確的創業點子：電腦連網。在那個年代，個人電腦才剛開始出現在各大企業的桌上，馬克知道企業主未來會想要做到兩件事：首先是連結公司裡所有的電腦，分享檔案與信件；接下來要與外界連結，執行各種業務，例如用網路下單取代紙本。

馬克開的公司 MicroSolutions 源自這兩個密切相關的點子。此外，創辦的動力源自馬克對自己的新認知：「我想當第一人。」

誠如馬克所言：「我們是最早的區域網路整合者，率先替多用戶與廣域網路寫軟體。我寫下沃爾瑪（Walmart）有史以來的第一個採購單系統。Zales Jewelers 先前使用的第一個影片集成，也是我幫忙弄的，因為這些東西我全都懂。」

當然，光是搶先擁有好點子，還不足以開公司，甚至還會讓你的路更難走，因為未知數太多。馬克知道還必須組成正確的團隊，才有辦法征服未知的領域，要不然他這個高科技、高感性（high-touch）與勞力密集的點子，將胎死腹中。因此，馬克必須做的第一件事是找人輔助他，他清楚自己缺乏恆毅力。

「你得有願景，接著得有人來推動，對吧？你必須有一股永不懈怠的力量，但你也得非常有自知之明。我很幸運，我很早就認清這件事。」馬克選了一位共同創辦人，讓**對方**擔任執行長。

馬克解釋：「我這個人不是很有條理。」他屬於「桌子亂七八糟型」的領袖，憑直覺瞬間做決定。此外，馬克需要找到能力和他相輔相成的人。「我找的所有夥伴，我最初招募的員工，每一個人都極度專注於細節。」馬克指出：「由於我的個性是先做再說，我需要找會預先規劃好再行動的夥伴，彌補我的不足之處。你得對自己極度誠實才行。」

馬克和他的共同創辦人，協助推動了第一波的個人電腦網路。馬克在短短七年間，就從一個剛被炒魷魚、身上西裝只值五十美元的銷售人員，搖身一變成為公司年銷售達三千萬美元的老闆。MicroSolutions 在一九九〇年代初被 CompuServe 收購，價格足以讓馬克在三十歲就退休（馬克的確休息了一陣子，但後面的故事我們都知道，他沒有退休太久。）

在馬克創辦與售出 Broadcast.com 之前，在他成為黃金檔電視節目的傳奇投資人之前，他早就擁有創業心態——那種心態不只和開公司有關，而是找到重要點子，接著讓點子成真。

看馬克的故事就知道，不需要任何傳統元素，也能讓好點子成真。你不需要ＭＢＡ學歷，不需要取得資本的管道，更是不需要等到靈光一閃的那一刻來臨。你只需要擁有正確的心態。

你需要好奇心——好奇心讓你永遠在問：這能做到嗎？這可以是一門生意嗎？該不會這個點子就是**命中註定**的點子？

你需要有**做做看**的心態——你看到有潛力的點子時會採取行動。

你需要**合作**——參考他人的概念與長處，改善自己的點子，讓點子可行。

最後，你需要**恆毅力**——失敗是無法避免的，人生總有失敗的時刻。堅持下去。

「我們全都失敗過。即便該做的都做了，依舊會有跌倒和犯錯的時刻。」馬克表示：「我都告訴別人：**你失敗多少次沒差，只需要弄對一次就夠了**。只需要一次，接著世人就會說你一夕之間成功，說你『運氣很好』。」

雷德的分析時間：靈機一動的神話

創業者之間流傳著一則神話：你靈光一現或頓悟，點子從天上掉下來，接著就一夕致富。

這種事幾乎可說是純屬虛構。

最成功的創業者，八成已經踏上尋找的旅程。他們想辦法找出好點子，睜大眼睛尋找線索，讓自己身處最可能出現靈感的情境，而且通常身邊有能讓點子現形的團隊。最成功的創業者不斷透過人際網絡，尋找機會與洞見。找到好點子的前提是你必須積極尋找。

此外，萬一看似有望，最後卻發現是死胡同，你必須堅持下去。人生總有碰上失敗與挫折的時刻，總是會有唱衰的人，但你得矢志不移，繼續運用身旁的人脈尋找點子與解決方案（以及避免犯下致命又昂貴的錯誤）。

優秀的創業者明白：**不是每一個點子都會成功**。然而，即便第一個點子沒起飛，你有可能恰巧找到下一個好點子。

你將在本章聽到很多故事，講優秀創辦人如何找到他們的好點子。此外，你還會讀到每一間你景仰的企業，背後都有一段英雄旅程。細節可能各有不同，但主要情節是一樣的。先是有了動機——主角有了一個點子！接著不免碰上無止境的難關、意想不到的挫折，接著貴人從天而降，適時幫上忙。突破難關後，一切豁然開朗。

不過，一切永遠先始於有一個點子。有一個人在正確的時間，帶著正確的心態，出現在正確的地方，讓那個點子成真。

你在尋找的點子

莎拉・布雷克里今天很不順，那種會讓人質疑全世界的不順。二十六歲的她，每天挨家挨戶推銷傳真機。她那天做陌生拜訪的時候，被人請出去：「那個人當著我的面，撕掉我的名片。」

「我和戲裡演得一樣，把車臨停在路旁，心想：**我演錯電影了，這不是我要的人生。**」沮喪的莎拉坐在路旁，心中冒出明確的目標。那天晚上回到家後，她在日記裡寫上：「我要發明一項產品，賣給數百萬人，讓他們生活開心。」就像莎拉說的那樣：「我請求宇宙賜我一個我能帶到世上的點子。」

不同人士以不同的方式，談他們是如何想到點子的。莎拉的講法是她請宇宙賜她一個點子，而宇宙也回應了，但其實莎拉不斷問自己幾個值得留意的問題。她先問：「這就是我要做的那個好點子嗎？」直到有一天時機終於成熟，答案是「沒錯」。

莎拉的那一天來臨時（其實是那一晚），她正準備參加派對。她談到：「那天晚上，我想穿一條乳白色的褲子，但沒有不會透出顏色的內褲可以搭。」莎拉因此得想點辦法：「我剪掉一雙緊臀絲襪的腿部，只留能罩住內褲的那一塊，再配百搭的漂亮編織高跟鞋。效果很好。除了在派對上，那個東西整晚一直往上捲，」

「那天晚上回家後，我心想：『應該要有人做這種女性產品。』」

莎拉說出的這句話，有如閃亮的霓虹燈，閃爍在一個真正的好點子上。「應．該．要．有」是關鍵字。冒出這幾個字的時候，你知道你發現很有潛力的東西。如果身為消費者的你，感到自己需要這個東西，而且你可以想像，有一大群人也會點頭稱善，那麼或許這是值得一試的點子。

這些年來，莎拉不停尋找地平線上有閃爍霓虹燈照向的好點子，她看到後就去追。此外，還有一個問題值得確認：除了她以外，有多少女性也土法煉鋼，自己剪開絲襪？答案是顯然很多人都這樣做。

「到處都有那樣的女性。她們多年自行剪掉絲襪的下半截，解決內衣的問題。她們都說：『我怎麼沒想到可以做Spanx？』其實我覺得，只有我抓住機會的原因很簡單，我一直在尋找，我已經做好心理準備，一有合適的點子就行動。」

點子要變成事業的話，你得準備好要行動。莎拉準備好了，點子出現時就往前衝。其他動過相同念頭的女性則去完派對後，隔天早上又回去上班，忘掉晚上寫著「應該要有這種產品」的霓虹招牌。

這種現象和人們對於創業有很大的誤解有關。大家以為好點子會從天而降，砸中你後，你一夕致富。不是這樣的。

莎拉的確有過靈機一動的時刻——她在房間裡換衣服，準備參加派對的時候。那個關鍵時刻的確起了作用。然而，那一刻**之前**發生的事才重要。莎拉原本就堅定朝著尋找重要點子的方向走，十年間尋尋覓覓。此外，靈機一動後發生的事，同樣值得留意……

當莎拉說出「應該要有這項產品」，她的人生就此轉向。莎拉稱之為 Spanx 的誕生時刻。然而，有一件事很重要：Spanx 能問世，不只是因為莎拉想出點子，而是因為莎拉決定做點什麼。

莎拉可以繼續每一次參加派對都剪開絲襪，忍受那種半成品整個晚上一直往上捲，但她沒有選擇這條路。莎拉看見機會——接著就行動。

莎拉立刻開始打造原型，讓自己能看見與摸到實品，向外界解釋她究竟想做什麼。值得一提的是，莎拉完全沒有時尚設計或生產服飾的背景，但她沒因此卻步。「我試著自己製作原型，到布料店買鬆緊帶，用迴紋針夾住布邊，然後縫縫看。我一試再試，最後終於做出自己會想穿的樣品。」

不過，莎拉很快就抵達她自己能做到的極限，所以她開始和其他人聊。她沒告訴親友這件事，因為她不認為他們能**幫上忙**（事實上，第一章提過，莎拉知道親友只會**潑冷水**），但她和每個能讓她的點子更完整的人談，而且從善如流。

萬一碰上競爭怎麼辦？莎拉表示：「我到尼曼百貨（Neiman's）和薩克斯百貨（Saks）詢問：『那個，女性在白褲子底下穿什麼？』櫃姐永遠回答：『我們不太清楚。』或是指著塑身衣的櫃位，叫我過去看看，但都是一些厚重、不太合適的東西。」

那生產怎麼辦？莎拉說：「我打電話給所有不認識的廠商，沒人願意接我的單。每個人都覺得這是最瘋狂的點子。他們不懂──不過我求了一圈，拜託所有人試試看製作我的產品，最後有一位北卡羅萊納的廠商回電。他說：『莎拉，我決定協助你完成你的瘋狂點子。』他說他會願意給我這個機會，純粹是因為我充滿熱忱。他依舊不認為這是好點子。」

還有專利的事怎麼辦？莎拉……嗯，誰都沒找，因為專利律師太貴。莎拉在搞定這部分的時候，「立刻搜尋喬治亞理工學院圖書館（Georgia Tech Library）上的專利，自己寫專利書。」

莎拉繼續寫下勇往直前的恆毅力故事。她向主持人歐普拉介紹自己的產品，還出現在節目上；此外，她也想辦法上理查．布蘭森爵士（Sir Richard Branson）的節目《富貴險中求》（*Rebel Billionaire*），和布蘭森一起亮相。不過，這間今日有四億美元身價的公司，始於一句話：「應該要有這個產品才對。」

關於如何找到「應該要有這個產品」的點子，莎拉有一個建議：「回家看著生活中的十五件事，列在一張紙上，接著寫下怎麼改會更好、原因是什麼。那張紙上可能就有石破天驚的點子。」

然而接下來，你得要真的**做點什麼**。如同奮進集團的琳達．羅騰堡所言：「最好的點子不會在市場上或實驗室裡，而是在淋浴間裡無疾而終。人們不允許自己在洗完澡後，把剛才冒出的點子寫在餐巾紙上，然後讓那個點子成真。他們害怕別人會怎麼想。人們有可能會說：『那只是一個瘋狂的點子。』」

琳達對此表示：**就是要瘋**。她說：「如果你提出新東西，人們沒說你瘋了，那麼你的思考八成可以再大一點。」

簡單的點子

凱文．斯特羅姆（Kevin Systrom）抵達義大利佛羅倫斯的時候，已經完全想好要如何在異國度過這個學期。他要盡情做熱愛的事：「我喜歡咖啡、藝術與藝術史。」此外，凱文手中有一台頂級的全新相機，他將拍下自己遇到的一切事物。那台一流的相機，「配備最頂級的玻璃鏡頭，象徵著我追求完美的性格。」

攝影教授不打算讓他這麼做。

「我的教授看著我和我的昂貴相機，」凱文描述當時的情形：「教授說：『不行，不准，不可以，你不是來這裡追求完美的。把相機交給我。』」凱文不情願地交出他的時髦裝備，教授收走後，給他一台廉價的塑膠猴哥相機（Holga）。「教授告訴我：『接下來三個月，你不准用你的相機。』我的天啊，我為那台相機存了很久的錢！教授給我的那台相機，我看著它。如果你沒見過猴哥相機，那長得像玩具，鏡頭是塑膠的，一個不小心，光線就會滲到邊緣。」凱文嚇壞了，但教授已經講了：「你必須學著愛上不完美。」

凱文在「玩具相機」的助陣下，沉浸在佛羅倫斯的藝術與咖啡館文化。出乎意料的是，他一下子就愛上猴哥的簡單。「我開始忙著拍照。照完後，教授教我如何沖洗。首先，它們全是方形的照片，有點模糊，微微散發著藝術感。接下來，教授教我如何在沖洗用的顯影劑中加入化學藥品，讓黑白照片帶有不同的顏色。」

凱文學到限制的力量——當個**受限**的藝術家，有可能帶來你最精彩的作品。這個技巧也適用於創業。

方形照片……色彩濾鏡……完美的不完美影像……記著這些元素，接下來我們要快轉到凱文大學畢業後的職涯。

凱文從史丹佛大學畢業後，先在Google工作過一陣子，後來推出名字是「Burbn」的APP。Burbn是一款簡單的APP，而**簡單有時是故意的，有時則是限制造成的**：有可能是時間有限，有時是資源有限，凱文則是自身的能力不足。凱文原本想製作與地點有關的遊戲 APP，但只做了能打卡的 APP，有點像 Foursquare。「我無力打造完整的遊戲功能，所以只提供打卡服務。我傳給朋友，朋友開始用。」

凱文開始替 Burbn 找資金，成立公司。有人願意投資，但有一個關鍵條件。「某位創投家告訴我：『嘿，我會給你錢做這件事，但你得找到共同創辦人。』」凱文起初不願意。「我感到『我可以自己來！』但對方說：『不行，不能那樣，我會投資的那種公司，你得有共同創辦人。』」

那條建議屢試不爽。雷德的口頭禪是：「兩個人一起創業，幾乎永遠都勝過單打獨鬥。」凱文很快就找到麥克・克里格（Mike Krieger）這個完美的搭檔。這位大學時期的老友，以工程背景助凱文的產品開發一臂之力。兩人一起打造 APP，但一直沒能流行起來。凱文回想：「我們的朋友喜歡這個 APP，但其他人沒興趣。」

Burbn 有三個受歡迎的功能：使用者可以打卡所在地、和其他人商量行程，以及打卡時上傳照片。凱文和合夥人決定簡化點子，大刀闊斧改革，專注於三大功能中的一種就好。凱文感到他們必須能以更簡單的故事解說產品。「我和麥克商量：『我們要集中心力。』我們在白板上，寫下三個我們認為 Burbn 表現最好的地方。」他們最後決定挑一種就好，專心讓那項功能變得更棒。

「方法很簡單，我們檢視所有的產品功能，接著問：『哪一個功能引發共鳴？哪一個沒有？』我們參考組織理論家傑佛瑞・墨爾（Geoffrey Moore）在《跨越鴻溝》（*Crossing the Chasm*）一書中提到的建議，要挑一個立足點。不要什麼都做，把一件事做得非常、非常好。」

他們顯然選了照片。

「從那時起，我們轉向至 Instagram。」凱文回後：「我們去掉其他所有的功能，把重點完全擺在照片上，用戶可以分享自己在做什麼。至於要不要打卡，你可以自由選擇。」

凱文一旦把重心擺在 APP 的「照片」功能後，開始想辦法讓自家的這個功能獨特。距離推出沒幾天的時候，凱文身邊的人給出一針見血的關鍵建議：老婆大人帶來了轉捩點。

凱文的太太妮可一路看著先生的照片 APP 點子成形。兩人到墨西哥旅遊時，妮可決定坦承自己的想法。

她告訴凱文：「我不認為我這輩子會去用這個 APP。」

「為什麼不用？」

「我拍出來的照片不怎麼樣。」

「已經夠好了。」凱文說。

妮可指出，她的照片，「看起來沒有你朋友葛瑞格的那麼漂亮。」凱文回答：「但那是因為葛瑞格替所有的照片都加了濾鏡。」

「我太太看著我說：『那麼你應該加上濾鏡的功能。』我回答：『啊，你說得沒錯，我應該加上濾鏡。』」

凱文在那一刻學到兩件重要的事：一、誠實的夥伴或另一半能給你最好的建議。二、光是一個重要的見解，就可能帶來決定性的功能。

濾鏡成為 Instagram 最獨特的元素，可能還是殺手級的功能。用戶可以加上朦朧的邊框、塗抹顏色與漏光感等特效。即便是普通的照片，也能搖身一變，充滿溫馨的懷舊感。

「我們給大家試用，所有人的反應都是：『哇，我的照片變得漂亮多了。』」凱文回想：「就是在那個時候，我們感到『或許這次能成』。」十星期內，Instagram 就擁有百萬用戶。

好點子通常源自重要的過往歲月，只不過如同凱文所言：「你永遠不會知道，你過去的哪些經歷會組合在一起，變成你想替這個世界打造的產品。」

雷德的分析時間：問：「我的點子問題出在哪裡？」

今日的商業世界有一個歷久不衰、有弊無利的迷思：大家還以為天才全是靠自己。我們很容易把創新的故事，描述成某個厲害人士的故事，把功勞全歸給某個英雄，認為是創辦人或發明人帶來了一切。有一個厲害的人想出點子，其他所有的人負責執行，接著所有的人等著那個人再度想出點子。

然而，那種創新故事不是真的。很少會有點子和雅典娜從宙斯的額頭蹦出來一樣，冒出來的時候就已經完美無缺。你必須討論那個點子，和很多聰明人士談，才可能讓還不錯的點子，化身為優秀的產品或公司。優秀的點子來自集思廣益，而不是一個人閉門造車。

我在《聯盟世代》（*The Alliance*）一書中提過，最寶貴、也最未被充分利用的資訊來源，就是你的人際網絡。只要以正確的方式利用，你個人的人脈，以及你的組織的集體人脈，將能迅速提供回饋與洞見。

以我見到的例子來講，有意創業的人會犯的最大錯誤，就是緊緊抱著點子不放太久。我不會把自己關在昏暗的房間裡，等著絕妙的點子從天而降。我的心得是要從認識的人中挑幾個人，我知道他們會給我有用的建議，我會去和他們聊。你可以讓點子精益求精，這是最重要的一件事。但你要的不只是加油打氣而已，你得主動說明自己歡迎有益的批評，要不然大家八成會因為不願傷你的心，講一些出於禮貌的讚美。聽到讚美的當下，你會心情很好，但好聽的話不會幫助你成功。

身旁的人挑戰我的時候，也是我的腦筋最靈活的時刻。他們點出我的點子哪裡有漏洞，告訴我哪些地方是地雷區。事實上，這是替你的公司尋找投資人的附帶好處。每次你推銷你的公司，你將獲得珍貴的意見回饋，即便對方最後拒絕投資也一樣──「不」反而能帶出有用的資訊。

我通常會請大家告訴我，為什麼我的點子將失敗的所有理由。我因此會有靈感，知道怎麼做能成功。我的優勢是在出發之前，已經知道哪些地方有地雷、哪些地方有路障。

我因此永遠建議創業者，不要問別人：「你覺得我的點子怎麼樣？」，而要問：「我的點子哪些地方有問題？」

藏在櫃子裡的點子

珍・海曼（Jenn Hyman）的點子藏在妹妹的衣櫃裡。就讀於哈佛商學院的她，在放假期間返鄉過節，在家罵妹妹買了**遠超出**預算的洋裝。珍回想當時的情形：「我告訴妹妹，她應該退掉剛買的衣服，穿衣櫥裡已經有的衣服。」但妹妹抱怨：「櫃子裡的每一件衣服都不能再穿。每一件我都穿著照過相，臉書上大家都看過了。我需要新衣服。」

衣櫥讓珍靈機一動。她發現對許多人來講，衣櫃塞滿我們的衣物史遺跡。或是套用珍自己的話來講，典型的衣櫥是「收藏著我們的過往的博物館」。對某些群體來講，這句話所言不虛，帶來需要解決的問題。

珍開始問自己一連串的問題。「衣服本身和衣櫥是死的。**那如果衣櫥是活的呢**？如果衣櫥能順應變化，跟隨著天氣、我們的心情、我們的生活方式和我們的身材一起變？」如果衣服有辦法全部**用租的**，不必買下？

假期結束後，珍回哈佛商學院讀書，和所上的同學珍妮・佛萊斯（Jenny Fleiss）分享這個「活衣櫥」的概念。

就這樣的一個舉動，珍因此做到兩件事，不同於其他也動過創業念頭的很多人。首先，珍看見點子的可能性，心中盤算：**這能不能成為一門事業**？不過，珍接下來做的事更重要：她找人聊這件事。

當你感到自己或許想到有搞頭的點子，你可能因為怕被偷走，不告訴任何人。然而，只存在你腦中的點子，不可能擴大規模。你甚至無法確認，那真的**是**能大展鴻圖的點子。你永遠需要別人的看法，但不能隨隨便便抓一個人，問他們怎麼看。那個人有沒有相關的經驗沒關係，重點是他必須願意協助你改善點子。

珍和很快就會一起創業的珍妮，認為應該要聽時尚界人士的觀點。她們決定一開始就找業界的頂尖人物，鎖定黛安・馮・芙絲汀寶（Diane von Furstenberg，縮寫為DVF）。黛安不僅是她那一代最著名的設計師，還是「美國時裝設計師協會」（Council of Fashion Designers of America）的主席。只有一個問題：她們沒有黛安的聯絡方式，也因此即便知道希望不大，只能亂槍打鳥，寄信給黛安的十二種名字變化加上公司網域名（dvf.com）的電郵信箱。幸運的是，其中一種真的矇對了。

珍如願以償和名設計師見面後，開始第一次修正創業點子。黛安覺得珍的點子其實還不錯，可以透過衣服租借，向年輕女性介紹她的品牌。然而，黛安希望其他廠牌共襄盛舉，她才要加入。換成別的創業者，有可能感這個條件是在刁難，但珍認為這代表她的點子有希望。她的 Rent the Runway（RTR）第一次接觸業界人士，就無意間帶來新的商業模式。如果你能出租二十個品牌的衣服，或是五十個，為什麼要只做單一品牌的生意？

對珍和珍妮兩位合夥人而言，這是一次轉捩點。珍表示：「某種程度來講，黛安在那次會面時，有如給了我們放行的指示。我們開始建立 Rent the Runway 的官網，打造出屬於我們的獨特零售公司。」

那次見面過後，珍和珍妮決定真的出發，但接下來沒找人壯膽，反而直接找上八成不會看好的人士。珍談到：「我想了想：**誰大概會最討厭這個點子？傳統的百貨公司一定不會喜歡。**」她陌生拜訪的第二個人，因此是尼曼馬庫斯百貨公司（Neiman Marcus）的總裁，這次也如願以償見到面。

珍到總裁的辦公室見面，說自己打算出租尼曼馬庫斯也在販售的服飾，提供出自相同設計師之手的洋裝，但價格將不到尼曼馬庫斯的一成。「喔，其實女性早就在我的百貨公司『租用最新服飾』數十年了。」總裁告訴珍：「她們買下洋裝，留著價格標籤，穿完就退貨給百貨公司。」

珍詢問：「發生的頻率有多高？」

「大約七成。」

總裁接著還解釋，為什麼百貨公司會容忍這種事：「到服飾部門『借用』洋裝的那群顧客，她們通常也會在百貨公司樓下賣鞋的地方，買下十雙左右的鞋。百貨公司因此願意為了鞋子的銷售，對這種行為睜一隻眼閉一隻眼。」

珍在梅西百貨（Macy's）與薩克斯百貨公司那，也聽到借衣服的情況有多普遍後，她知道自己走對路。已經有這樣的龐大女性市場，她們想穿設計品牌，但不想買下，絕對該有人出來提供服務，方便這群人以負擔得起、方便、又有道德心的方式「借穿」。

Rent the Runway 在二〇〇九年問世，二〇一九年的估值達十億美元，不過 Rent the Runway 在邁向成功的同時，最初的點子也不斷演變。「借穿」設計師服飾只是第一波的概念，最早的出租事業變成「雲端衣櫥」的訂閱制服務。此外，珍一路上同時打造其他事業，以支援不斷演變的點子。她募集數據團隊，分析趨勢，擴大投資，四處結盟，建立庫存。或許最讓人想不到的是，珍建立了全球最大的乾洗服務，還聘請專業裁縫師，以確保顧客體驗符合期待。「Rent the Runway 的顧客體驗，重點不在於網站或 APP 好不好用，那是好搞定的部分。」珍表示：「我們的顧客體驗要處理的是回收數百萬件穿過的衣服、乾洗、縫補，煥然一新後再次寄出——周轉時間通常是零天。」

珍最初想到租衣點子的時候，完全沒料到日後要處理這樣的流程。「我們必須從頭打造公司所有的基本物流技術。」珍表示：「我真的以為，我們可以把一部分的技術棧外包出去。我最初設想我們大概可以外包乾洗的事。」但接著珍想到：「等一下，乾洗就是我們的事業。」

你的第一個好點子只不過是最初的契機。真正可以放大規模的事業，有可能在你換過好幾輪點子後才冒出來。

因為不堪其擾而冒出的點子

「我真的不想再帶著隨身碟跑來跑去。」

德魯・休斯頓（Drew Houston）會成立今日欣欣向榮的數據儲存公司 Dropbox，最初的動機就是那句話。Dropbox 提供典型的範例，說明日常生活中煩人的瑣事，如何搖身一變成為創業的霓虹燈靈感。

德魯絕對不是一開始，就夢想成為數據儲存大亨。他當時正在開發的產品，其實是美國 SAT 入學考試的線上培訓課程 Accolade。德魯因為需要不斷把檔案在電腦之間傳來傳去，被迫用不太可靠的隨身碟，來做這個很容易出問題的工作。隨身碟裡裝著 Accolade 的原始碼，一個不小心就會很慘。

德魯談到：「我已經數不清我弄斷幾次隨身碟的頭。」德魯除了擔心資料會讀不出來（隨身碟經常無預警發生這種事），也擔心會弄丟隨身碟，或是把口袋裡放著那個小東西的褲子，放進洗衣機（他最害怕的事）。

嚴格來講，其實二〇〇六年的時候，已經有線上數據儲存這種東西，有廠商提供某種版本的服務。然而，德魯查詢那些公司時，發現用戶的抱怨滿天飛。「造訪那些服務的用戶論壇，就好像走進戰地醫院，傷亡慘重。」德魯回想：「有人留言：『嘿，你毀了我所有的 Excel 試算表。』或『我的報稅資料不見了。』、『我真的很想要我的婚禮照片回來，再也看不到了。能不能幫我找回照片？』那些論壇上，全是網友碰上的慘劇。」

要線上儲存公司安全存放你的數據，這個要求太過分了嗎？德魯認為不過分；他決定親自打造更好的雲端儲存系統，給數據與檔案一個安全的家。

德魯和共同創辦人阿拉什．弗道西（Arash Ferdowsi）沒什麼好失去的：「最不濟的情況，就是我們打造出很棒的東西，解決這個值得研究的問題。」德魯表示：「其他人會來敲門，我們就賣掉公司，繼續打造別的東西。」對一個和四個人合租公寓的二十四歲男孩來講，那種結局聽起來還不錯。

Dropbox 後來沒有走上那條「最不濟」的道路。德魯打造出系統，成立公司，擴大規模（沒賣掉），成為領域龍頭——再也不必焦慮隨身碟會被丟進洗衣機。

改造原本就有的點子

Tinder 是極受歡迎的約會 APP，也是**惠妮．沃爾夫．赫德**（Whitney Wolfe Herd）共同創辦的第一間新創公司。她談起 Tinder 時提到：「當時沒人想到最後會這樣。」Tinder 風靡各地，著名功能是你可以瀏覽潛在的配對對象，喜歡就「向右滑」，但沒過多久，這個品牌就成為約炮的同義詞，平台傳出充滿厭女氣氛與騷擾。

惠妮因此覺得該離開。她回想那段歲月：「我想我學到一件事：當你鼓勵某個人使用某種技術，那麼本質上你就有責任。我離開 Tinder 後，依舊牢記這點。」

雷德的分析時間：抓住模式，朝那個方向努力

你試圖尋找點子時，可以參考最優秀的商業人士是如何找到的。以矽谷為例，我們大都擁有工程師的心態，我們因此會尋找模式，包括其他國家的成功模式、新技術打開市場的模式，以及有可能開創新世界的廣義文化模式。

有的創業者最初找到點子的途徑，靠的是觀察身邊的創新與進展。他們問自己：「這將帶來什麼樣的生意？」例如：「今日我們有手機，手機帶來什麼商機？現在我們有雲

端儲存，這下子什麼樣的事業可行？我們現在有AI，那麼可以有什麼樣的事業？」

其他的創業者則鑽研單一的長期趨勢，假想這個趨勢將塑造的未來。梅蘭妮・柏金斯替非設計師出身的一般人士，想出他們也能使用的設計與出版工具，而不是嚇退他們。梅蘭妮從這樣的未來景象出發，創辦目前市值達六十億美元的澳洲公司Canva。伊凡・威廉斯讀到《連線》（*Wired*）雜誌的文章，據說科技最終能連結地球上所有的大腦；就那樣一個單一的基本未來景象，讓伊凡打造出Blogger、推特與Medium三間形塑人類文化的企業。

創業者找到點子的另一個方法，是留意更為抽象的模式或趨勢，朝那個方向努力，例如：「我看出這些元素可以加在一起，成為一個商業模式。即便最初沒有明確的需求，我可以創造需求。」LinkedIn是這樣，Airbnb也是。有一些跡象顯示Airbnb有需求，很多年輕人渴望旅行，但沒什麼錢，他們會願意睡在別人的沙發上，流行「沙發衝浪」。此外，當時也已經出現協同消費（collaborative consumption）的潮流，例如ZipCar率先共享汽車等等，但租一晚別人的公寓房間，絕對是新東西。

觀察模式，想出做生意的點子，那是創業者的核心能力。此外，不論你嗅到商機的速度有多快，別人八成也會做一樣的事。究竟是你會勝出，還是競爭者會贏，要看你採取行動的速度與決斷力（我在《閃電擴張》深入談過速度的重要性，以及如何搶先競爭者。）

惠妮與 Tinder 不歡而散後，開始在網路上被陌生人攻擊，她更加擔憂網路互動的黑暗面。她表示：「這下子我知道，在網路上缺乏安全保障是什麼感覺。」。惠妮想到其他所有的年輕女孩與女性，也暴露於類似的網路霸凌行為，「我心中的『下一件要做的事』開始成形。」

惠妮希望改變人們在網路上的交談方式。套用她的講法是「在和善的脈絡下，重新思考社群媒體」。惠妮開始打造她命名為「Merci」的社群網絡。她指出相較於其他所有行之有年的社群網站，Merci 有一個很小但重要的差異。「你不能隨便留言，必須是**讚美**才行。」這條規定是為了扭轉網路上的講話方式——稍稍變一下方向，朝和善的氣氛走。

惠妮著手進行這個點子時，另一個不同但相關的機會找上門。由於她有 Tinder 的背景，有人請她協助推出新的網路約會服務。惠妮最初的反應是：**我不要。向左滑。下一個！**

然而，惠妮試著婉拒這個機會時，她也開始思考誘人的可能性：**能不能打造出某種約會 APP，提供女性更安全、更受尊重的體驗？**

惠妮和對方談，如果能配合她的願景，替網路上各種年齡的女性，打造安全的數位生態系統，那麼她願意帶領這個新的約會 APP。惠妮認為這件事的挑戰在於掌控權：在網路約會的世界，女性擁有的掌控權實在不多。

惠妮談到：「我突然靈機一動。如果說我們打造標準的約會平台，但有一個巧妙的設計——只有**女性**能開啟對話呢？」

惠妮表示：「女性先說話」的點子，不同於過去幾百年間人們對約會的預期。「女性被教導不能先開口，絕對不能第一個發送訊息，永遠不要主動。男性則被教導要主動出擊，死纏爛打，直到女性答應為止。那造成翹翹板不平衡。也因此整體的努力目標是減輕男性的部分壓力，侵略性不要那麼強，並把女性提上來。這種作法可以讓事情真正平衡一點。」

惠妮愈想，愈覺得有可能藉由把主控權交給女性，不僅重寫網路約會的規則，還能改變整體的網路互動。「這可以減少騷擾。」惠妮回顧當時的想法：「還能減少不良行為。女性將獲得力量，站出來主導。」

Bumble 就此問世，只改了約會 APP 的一件事，就大受歡迎。如同惠妮所言：「我們沒試著重新發明輪子，只不過想辦法翻轉一下。」

天生注定該做的點子

莎莉・克勞切克（Sallie Krawcheck）在華爾街工作二十年後，她知道投資界少了一樣東西，或許她可以帶來那樣東西。

莎莉是投資分析師。她意識到「性別投資差異」的問題。每個人都知道男女**同工**不同酬的事，不過性別投資差異截然不同，而且當中蘊藏著機會。

收入在八點五萬美元以上的女性，一般會讓七十一%的薪水保留現金的形式。也就是說，女性的投資程度遠低於男性，「而這有可能造成女性一生的資產少一百萬美元。」莎莉指出：「那筆錢能是女性的底氣，是『我拿來創業的錢』、『我買下夢幻住宅的錢』、『拿開你的髒手的錢』或『離開痛恨的工作的錢』。我發現這是投資產業沒花任何心思彌補的差距。」

莎莉最初任職於所羅門兄弟投資銀行（Salomon Brothers）。《老千騙局》（*Liar's Poker*）一書出版後，這間投資銀行惡名遠播。如果說華爾街是紈絝子弟的兄弟會派對，那麼所羅門兄弟就是兄弟會的動物屋（Animal House）。「那裡完全是今日所說的有毒的陽剛文化。」莎莉回想：「另外，當時當然有性騷擾。我進辦公室的時候，看到有人把印著男性生殖器的紙，擺在我桌上。我是來自淳樸的查爾斯頓（Charleston）的年輕淑女，我有一點被嚇到，他們就好像只是為了好玩就排擠我。」

不過，莎莉在所羅門撐了下來，日後任職於資產管理公司伯恩斯坦（Bernstein），負責撰寫投資報告。莎莉回想自己在伯恩斯坦寫下的第一份報告，當時她給出「減持」的評等，也就是建議**不要**投資她研究的那間公司。為什麼？因為那是一間次貸公司。公司裡有人要她不要刊出那份報告，但莎莉依舊公開了。事實證實莎莉判斷正確，她的事業開始上升，五年後以執行長的身分，針對華爾街另一項令她感到不安的常見作法，再度與現況唱反調。當時許多金融分析師同時服務兩群客戶，既有投資銀行業務又做研究，而這顯然會造成利益衝突。莎莉表示：「意思就是說，投資銀行可以建議客戶做A投資，接著又轉身投資B，和A對賭。」莎莉決定讓自家公司停止這種作法，完全退出投資銀行的業務——即便如此一來，公司將損失數百萬營收。

莎莉的時機再好不過，僅僅幾個月後，便發生網路泡沫破滅，那斯達克（NASDAQ）暴跌。伯恩斯坦由於不同於其他許許多多的公司，沒有相同的利益衝突問題，在哀鴻遍野之中異軍突起。莎莉因此登上《財星》（*Fortune*）雜誌封面，標題是「尋找世上最後的誠實分析師」。

莎莉聲譽鵲起，華爾街最大型的銀行花旗美邦（Smith Barney）請她擔任高階主管。莎莉到新東家後，再次挑戰傳統作法，這次的結果是失業。莎莉明確發現自己任職的銀行提供客戶不理想的建議後，建議賠償那些客戶。執行長不認可這種作法，莎莉不僅丟了工作，她被炒魷魚的事還登上頭版。「最後一位誠實的分析師」被掃地出門。

好消息是這次的人生異動，讓莎莉得以再次嘗試糾正華爾街的另一個問題——這次是性別投資差異。莎莉表示：「這件事點燃我心中的火焰，我感到這件事**非做不可**。我不能還沒協助女性減少財富差距，就離開人世。」

女性握有七兆左右的可投資資產，而且九成的全體女性，在人生的某個時刻自行理財。提供瞄準女性的投資產品與服務，理應是很大的機會。

但沒人這麼認為。

莎莉多年來已經見識過華爾街的厭女態度，但她這次得到的回應，依舊令她目瞪口呆。每個人的用語不一樣，但意思一模一樣：「可是女人的老公不是會替她們管錢嗎？」

在聽到這種回應之前，莎莉其實也沒打算創業——她只希望找到願意採納她的點子的金融服務公司，但情勢很明顯。莎莉心想：**好吧，如果真要做的話，看來只能我自己來**。

華爾街讓莎莉知道事情**不該**怎麼做，她因此能想像不同的作法。她著手設計的投資產品，完全不同於目前市面上所有的那些東西，打造出 Ellevest 投資平台。她的設計與行銷方向，瞄準一直以來被金融產業忽視的各界女性。這群女性自己賺錢，在人生的所有領域都有自信，**唯獨**不敢碰投資。

絕處逢生

凱特琳娜．菲克與史都華．巴特菲爾德（Stewart Butterfield）焦慮不安。他們推出的創新線上 RPG 遊戲，成長不如預期。《無盡遊戲》（*Game Neverending*）培養出一小群死忠的支持者，但遲遲未能成長，找不到人投資。

「當時網路剛泡沫化，整個金融市場處於史上前景最黯淡的時刻。」史都華解釋：「任何像遊戲這種太平時期的娛樂，全都找不到資金。我什麼都試過，掏出所有的積蓄，親友的錢也被我挖空了。我們上天下地，靠著非常小額的天使投資勉強撐著，等待奇蹟出現。」

史都華和凱特琳娜在這段黑暗時期，前往紐約開會，但屋漏偏逢連夜雨。「我在飛機上食物中毒。」史都華表示：「飛機落地後，我在前往紐約市區的凡威克高速公路（Van Wyck Expressway）上嘔吐。入住旅館後，整晚都不舒服。」在一路的折騰中，史都華大約是在凌晨三、四點，想出 Flickr 的點子。「有如一場荒謬的惡夢。」

Flickr 源自原本的遊戲功能。「在遊戲裡，你可以囤積你撿起的寶物。」史都華解釋：「遊戲裡，你的庫存是一格格的照片。你可以做有趣的事，例如拖曳照片到群組對話裡，別人的螢幕會跳出你的照片，你還可以即時替照片加註。」

Flickr 是開創新紀元的照片分享社群，替臉書、ＩＧ與推特今日非常多的功能打下基礎，包括加 tag、分享、追蹤、迷因等等。Flickr 是現代社群媒體的重要早期實驗，有如創新的測試台，推動了線上社交互動的典範轉移。

然而，Flickr 起初是不起眼的功能，藏在不是很熱門的一款遊戲裡。凱特琳娜與史都華的 Flickr 能成功，可以說憑的是兩人能看出點子裡的點子，再加上碰上絕佳的時機。不過，他們會把全部的身家都押在 Flickr 上，其實是出於不同的原因——絕望。

「Flickr 並非來自照片可以是什麼的宏大願景，你如何讓人們的社交互動圍繞著照片、如何讓照片搜尋變容易等等。那些是後來的發展。當時我們滿腦子只想著：**如何才能不關門大吉？**」

＊＊＊

本書介紹的好多好多企業，全都有著類似的誕生故事。莎拉．布雷克里在想出 Spanx 的前夕被推銷的顧客「請出去，當著我的面撕掉名片」。莎莉．克勞切克先是被華爾街風光禮聘，接著在《華爾街日報》（*The Wall Street Journal*）用頭條刊登她被趕走的時刻，想出 Ellevest 的點子。凱文．斯特羅姆死守沒人用的打卡 APP，直到那個 APP 化身為 IG。惠妮．沃爾夫．赫德忍受了一段時間的網路騷擾……接著靈機一動想出 Bumble。馬克．庫班原本是身無分文的窮小子，穿著廉價的西裝。

如同混凝土地長出的玫瑰，有時好點子會在困境中發芽。好點子其實**埋在**困境裡——你唯有先吃得苦中苦，才可能近距離一窺可能的解決辦法。

簡單來講，**阻力會帶來摩擦，而摩擦會碰撞出火花**。

更重要的是，危機能動心忍性。你的心態從「**如果能想出好點子，那就太好了**」，變成「**該死的，不想出好點子不行！**」接下來是你找到點子後，危機引發的迫切感，讓你不得不孤注一擲，背水一戰。

當然，不是閉著眼睛跳下去做，就能讓好點子成真，打造出事業。實情更接近一點一滴克服困難，朝目標前進。儘管一路上充滿險阻，依舊咬牙前進。

絕妙的「壞」點子

崔斯坦．沃克正在尋找點子。如果你讀了本書第一章，你已經知道接下來發生的事——崔斯坦在終於找到資金，建立公司，最後賣掉公司之前，潛在的投資人不停讓他吃閉門羹。此外，你也知道更早之前發生的事：崔斯坦協助 Foursquare 起家，從完全沒有合作商家，最後聯盟的店家超過百萬。

不過，二〇一二年時，崔斯坦處於過渡期。他準備好「到外頭打造我自己的大事業」，萬事俱備，只欠點子，而你想找到點子的話，你人必須在點子能找到你的地方。你必須找到會以正確方式挑戰你的人，和他們聊，找出最大、最好，真的適合你的點子。崔斯坦因此前往一個地方——傳奇的安霍創投公司不僅能帶來點子的靈感，人們甚至直接帶著點子上門。安霍的合夥人本．霍羅維茲知道崔斯坦有創新的眼光，邀請他「駐紮在辦公室裡，用遠大的眼光思考」，任命他為入駐創業者。

雷德的分析時間：去點子會找上你的地方

創業者理應每天都刻意挪出時間與空間，接觸新點子。換句話說，你得讓自己身處好點子有可能冒出來的情境。

來賓上 Podcast 節目《規模大師》的時候，我都會請教他們喜歡在什麼地方深入思考，結論是沒有單一的完美方式。有的人在獨自一人時最能思考；有的人需要有活躍的創意團隊在身旁；有的人需要感受人群的活力；有的人需要待在熟悉的固定地方；有的人需要新體驗帶來的新鮮感。有的人喜歡待在大自然，有的人在城市街道漫步。

Spanx 創辦人莎拉・布雷克里告訴我，待在車裡最能帶給她靈感，但她就住在 Spanx 的總部旁，於是她製造朋友所說的「假通勤」機會。每天提早一小時起床，在亞特蘭大（Atlanta）開車亂逛，看看會冒出什麼靈感。「Spanx」這個名字就是在車上想到的。

這裡的關鍵詞是「刻意」。莎拉每天做的第一件事，就是替自己製造想出新點子的時間與空間，積極醞釀最佳的思考。這是每一位卓然有成的創業者都會的事。Netflix 的里德・海斯汀在聖塔克魯茲（Santa Cruz）的家中客廳，頭腦最能思考。迪士尼家族博物館（Walt Disney Family Museum）最能帶給 Airbnb 的布萊恩・切斯基靈感。比爾・蓋茲會開車閒晃；Zynga 的馬克・平克斯會站上衝浪板；ClassPass 的帕雅爾・卡達奇婭會到舞蹈教室。

Flickr 的共同創辦人與網路先驅凱特琳娜．菲克，有著最不尋常的靈感來源。她一般會在半夜醒來，利用凌晨二點到五點的時間，做大量的思考。也因此對她來講，帶給她最佳靈感的是「時間」，而不是「地點」。

我腦筋轉得最快的時刻是身旁有人挑戰我，挑我的點子漏洞。有的人在熟悉的地點比較能讓思緒天馬行空，例如淋浴間或最喜歡的慢跑步道（這點合乎邏輯，因為熟悉的地方能讓人自動駕駛，沉浸在思緒中），但我最喜歡的思考地點則是新地方。咖啡廳和其他有一點吵雜背景音的地方，反而最適合我思考。我可以在那種地方，專注於完全空白的頁面。

找出點子需要同時結合你個人的獨特能力、你對未來的想法，以及你周圍的市場。我的第一本書《第一次工作就該懂》（*The Startup of You*），有一章教大家如何畫下自身的有利條件、志向與市場現實，找出一條路。

最重要的是，即便你是性格內向的發明家，永遠不要忘掉你的人際網絡。找會挑戰你的人、有創意的人、半信半疑的人，以及其他的創業者，好好聊一聊你的點子：你們的對話將能加快你的速度，促使你即時找到下一個好點子。

崔斯坦尋找好點子的時候，霍羅維茲分享的洞見，證實了崔斯坦當年還在史丹佛念書時，因為推特而直覺就知道的事：有時看上去是壞點子的事，其實是好點子——看起來是好點子的東西反而是陷阱。

如同霍羅維茲的解釋，人們傾向於追逐「好點子」——那種點子聽起來太對了，幾乎到了明擺著的程度。然而，顯而易見的事沒有太多價值，頂多就是錦上添花，或是已經有人做過。另一種可能則是都這麼明顯了，一定有什麼原因讓那種事無法成真。

然而，所謂的爛點子呢？金礦可能就藏在那。Airbnb？**誰會讓陌生人睡在自己家**？Uber？**誰想搭陌生人的白牌車**？崔斯坦想了一分鐘後決定：「一定要，我想嘗試這些糟糕的點子。」

崔斯坦的點子大多還不錯，或至少聽起來還行，但他的單刃刮鬍刀點子？那個利基市場太小，刮鬍刀產業卻很大，龍頭廠商可以捏碎新來的競爭者。更別說太違反直覺了。（不是吧，刀片**多**才好，對吧？）

崔斯坦發現（霍羅維茲也同意），「壞」點子才該嘗試。他感到眾人普遍以為的「利基」市場有誤，機會其實大過一般人的想像。此外，崔斯坦打從心底知道，**自己**就是做這件事的正確人選：「我想起我的經驗。我找不到合適的產品，而我或許有能力替這件事募到資金——我不認為這世上還有誰會比我更適合做這件事。我想通的那一天，我的世界開闊起來。」

崔斯坦的公司今日持續替沃克產品線研發新產品時，他依舊仰賴這種「壞點子」測試。「今日每當我們想出點子，我們會問自己：『為什麼那是個糟糕的點子？』如果回答不了那個問題，大概不值得做。」

雷德的「找出好點子」理論

嘗試壞點子

當每一個人都告訴你：「那是個好點子」，那麼八成已經有很多人在做。你要找的是看起來像壞點子的絕妙點子──沒人看到那種點子的潛在價值，或是有所誤解。

捨我其誰

當你以銳利的眼光，檢視自己的這一生與熱情，你命中注定的點子，或許正在回望你。

留意閃爍的霓虹燈

如果你認為世上應該要有某樣東西，而且你可以想像還有很多人也會點頭贊成，或許那是值得追求的點子。

不必重新發明輪子

尋找好點子的時候，或許「稍微變一下」，事情就會大不同。

置之死地而後生

永遠不要浪費危機。絕望的時刻能強化背水一戰的決心……帶來絕處逢生的點子，而且有非做不可的壓力。

第四章　文化是沒有終點的計畫

Netflix的執行長**里德・海斯汀**先是靠創新的DVD郵寄服務，打敗百視達（Blockbuster），接著又把一間使用招牌紅色信封的DVD郵寄公司，改造成征服好萊塢的串流網路／製片公司。然而，在一切的一切發生之前，里德最初是程式設計師，而且看來相當優秀：他和當時的兩名同事，一起替其他的程式設計師，發明除錯工具Purify，結果大受歡迎。

接著事情就一團亂。

里德當時稱不上有經驗的高階主管，但產品瞬間爆紅後，他不僅需要管理人數正在成長的員工，還得監督購併新公司的業務。也就是說一夕之間，大量不認識的新團隊全歸他管。里德的公司（當時已經更名為Pure Software）在十八個月內買下三間新事業，擴張的速度太快，幾乎完全沒考量到要把新團隊整合進公司的文化，甚至很難講是否原本就有公司文化。

「我通宵寫程式，天亮時則試著擔任執行長，偶爾會擠出洗澡時間。」里德回想：「我當時想，如果能想辦法再多做一點，多做一點業務拜訪、多出一點差、寫更多程式，受邀參加更多訪問，事情就會更好。」

結果並沒有變好。

里德試著每一件事都自己來——這是事業創辦人經常會犯的錯，而且公司愈大，事必躬親引發的問題就會愈多。里德不但沒知人善任，反而能不讓員工碰，就不讓員工碰。里德不相信他們有能力自行解決問題，親自出馬。

里德回想：「每次出了嚴重的包，例如銷售不理想、程式有 bug，我們會試著想可以制定什麼流程，好讓同樣的事不會再度發生。」

然而，里德**試著讓所有的系統都能「防呆」的結果，反而讓整間公司都變笨**。「公司的聰明程度下降。」里德指出：「接著市場不免變動時（那次的情況是從 C++ 走向 Java，但不論哪種變化都一樣），我們無法跟上。」里德無意間製造出來的公司文化，就是員工擅長遵守流程，但不擅長自己動腦。

里德不曾成功扭轉 Pure 的文化，公司文化很難事後再調整，在公司的形成期便根深蒂固，不過他賣掉 Pure 後，決定下一次開公司要改變作法。

本章將探索文化的奧妙——「文化」二字用在組織上的時候，含義實在是很模糊。我們談的文化是什麼意思？文化真的很重要嗎？也或者只是目前流行談文化？公司的領導者真能形塑與引導文化嗎？還是說文化會自然形成？

雖然良好的公司文化沒有一套簡單的公式，某些特質與特徵顯然是核心。

文化是有生命的有機體——你打造出一個工作環境，讓員工拿出最佳的表現。文化的基礎是共同的使命，也就是你的公司真正試圖達成的事。每一個人都要懂公司的文化，每個人都是**建立者**；事實上，唯有每一位員工都感到自己是公司的一分子，公司是他們的，才會有完整的文化。在新創公司最早期的階段，公司的創辦人就該先想好，藉由刻意的設計與行動，開始想辦法打造那樣的文化。

然而，打造文化並不容易。你需要小心翼翼平衡，讓組織裡的每一個人擁有共同的價值觀，又不扼殺多元，不會只雇用和你很像的人。此外，你在擴大公司規模、一次雇用多名新員工的時候，尤其很難保護與強化公司的價值觀。

所以說，你要如何在**今天**就建立文化，以求**明天**能受益？你要如何讓文化能以某種方式預測與做好準備，帶動或許要好幾年後才會發生的改變？

如果你讓文化防呆，你會製造出呆子文化

我們很容易忘掉，Netflix 以多前衛的方式，顛覆錄影帶的租借生意。里德在一九九七年以七點五億美元賣掉 Pure Software 後，拿出一些錢提供種子資金，在同年成為 Netflix

的共同創辦人。Netflix 最初的設想，可以省去一大堆的麻煩：DVD直接寄到你家，不收遲還的罰金，還片不用運費。你不必開車到店裡租片。DVD不見了？再寄一片新的給你，不需要理由。

百視達試著模仿，Netflix 提供什麼服務，他們也提供，但動作不夠快，二〇一〇年申請破產。然而，即便里德大膽的新創公司，已經顛覆過去的電影租借方式，他依舊放眼未來。里德看出自己成立才幾年的公司，將面臨重大的威脅。挑戰者不是百視達這個老古董，而是第一波的線上串流跡象。

寬頻網路當時正在進入美國家庭，里德感到串流娛樂很快就會搶走DVD的生意。別忘了，當時是一九九〇年代的尾聲，還不到十分之一的家庭有寬頻網路，但里德已經察覺到未來。

里德因此需要團隊打造出一流的物流營運，負責寄送DVD，但他也知道團隊很快就得改變方向，改成專注於從零打造線上串流服務。

找到工程師拓荒，開發影片串流服務，將是一大挑戰。里德尋找的人才是「第一原理思考者」(first-principle thinker)，意思是你做的每一件事，背後都有基本信念或第一原理。第一原理思考者不會盲目遵守命令，也不會堅守既有的流程，而會拆解問題，找出最基本的假設，加以測試或質疑，接著重新打造。此外，這樣的思考者不會以習以為常的方法做事，而會思考：「能不能**換個方式**做？」里德想找的，正是這種願意探索的人才。他為了吸引這樣的人才，設計出「文化集」（Culture Deck）這個出奇有效的工具。

Netflix 文化集今日成為傳奇文件，用一百張左右的投影片，說出 Netflix 文化代表的事、Netflix 希望雇用什麼樣的人、在 Netflix 工作是什麼感覺。里德承認 Netflix 文化集「沒弄得很漂亮，缺乏設計感——看起來不像外部的行銷文件」。

Netflix 文化集起初的確是內部文件，但公司開始把那些投影片放上 SlideShare ——「只為了方便寄連結給應徵者。」很快的，那些文件就在網路上傳開。SlideShare 上的瀏覽次數一下子超過千萬。

一直到了今天，創業者依舊會研究 Netflix 文化集，尋找線索，了解該如何解讀 Netflix 文化（或許還加以仿效）。更重要的是，文化集吸引了第一原理思考者，他們想在 Netflix 這樣的文化工作，同時平衡自由與責任。

舉例來說，看了文化集後會知道，Netflix 沒有休假政策。「你想怎麼休，就怎麼休。」里德解釋：「此外，我們沒規定要朝九晚五，你想幾點工作，就幾點工作。」此外，文化集也強調公司誠實透明，例如 Netflix 鼓勵員工經常問主管：「如果我要離開公司，你會花多少力氣挽留我，勸我改變心意？」里德稱之為「留人測試」（keeper test），員工隨時可以知道自己表現得好不好。

里德不講好聽的企業客套話，不會告訴你員工就像家人。Netflix 不說公司是個大家庭，而是拿運動球隊來比喻。「最終要看你的績效。公司不是家，家基本上講求無條件的愛。」里德解釋：「我們 Netflix 要在網路電視的領域，齊心協力改變世界。為了達成目標，各方面都得有驚人的表現。此外，公司永遠給你誠實的意見回饋，這樣你才能學習，拿出最好的表現。」

家人與球隊的區別一針見血。雷德也把這個比喻，納入《聯盟世代》一書的核心精神，解釋為什麼管理者應該把員工視為盟友，雙方為了彼此都能受惠的使命努力，不假裝公司是一個家。

今日的 Netflix 雇用大量的第一原理思考者。從娛樂內容到差旅支出，這樣的心態主導著全公司對每一件事的決策。「我們在做所有的決定時，我們要求大家思考怎麼樣會對公司最好。」里德表示：「那是我們給出的唯一指導方針。」不過當然，不是每個人都適合那樣的自主權，有的人希望你直接告訴他們需要做什麼。里德指出：「那樣的人不適合 Netflix。」

Netflix 建立有彈性、隨機應變的第一原理思考者文化，也因此有辦法隨時轉向，成為近期的企業模範生。Netflix 從一間郵寄數百萬片 DVD 的公司，轉型成製作原創創意內容，在影展揚眉吐氣，在全球展示串流娛樂庫，以了不起的程度自我改造。

里德思考 Netflix 走過的轉型，試著想像他先前創辦的 Pure Software 也處理類似的挑戰。他的結論是 Pure 絕對辦不到，因為 Pure 的文化是流程導向，Netflix 則擁有能夠拓展規模的文化。

隨著 Netflix 一路演變，公司文化也跟著變。「我們永遠試著鼓勵員工想出可以如何改善文化，而不是保存文化。」里德說道。「每一個人都努力貢獻價值，提出：『我們可以改善這方面的做事方法。』」Netflix 的文化集「並非神聖不可侵犯的規則。那是一份活的文件，不斷在演變」。

雷德的分析時間：文化永遠「興建中」

許多創業者對公司文化有所誤會，我反覆看見大家犯下兩種很重大的錯誤。創業者最常犯的第一種錯誤，就是忽視公司文化，或是一直沒去思考這件事。這種類型的創業者認為，最需要解決的關鍵問題是產品或營收。以我年輕時的創業經驗為例，我認為策略的重要性高過文化。抱持這種想法的創業者，以及從前的我，感到文化這種東西虛無縹緲，等心有餘力再說，甚至認為文化會自動形成。

然而，公司能有的一切成就，背後其實與文化有關。當你的團隊還很小，還有辦法形塑文化，就要開始認真思考這件事。公司文化的定形速度很快，A 影響 B，B 又影響 C——有時是在無形間發生。對於自己正在推廣的信念、作法與慣例，你必須極度小心。如果沒讓公司最初的一批人養成正確的文化，接下來再怎麼呼籲都不會有用。

如果你讓不良的文化生根，要改就難了，市場現實與競爭的壓力，不會給你那麼多時間。原本的文化出問題，有可能讓建立新文化難如登天。舉例來說，如果你的員工害怕辦公室政治的秋後算帳，你大概很難建立里德的那種第一原理文化。其他的例子包括如果你的文化容忍語言暴力（通常是「高績效」的公司成員講話不得體），你大概很難和製作《規模大師》節目的WaitWhat公司一樣，建立眾人齊心協力的文化。簡單來講，如果你的文化是C，你可以改善到B+。然而，C級文化永遠不會成為A級文化。獲得A級公司文化的唯一辦法，就是一開始就打造優秀文化，一路保持下去。

不過，保住文化將涉及第二個相當常見的誤解：許多人還以為文化和十誡一樣，神聖不可侵犯，但公司文化無法靠一聲令下，也不會萬年不變。任何與人有關的事都一樣，文化永遠會演變，由團隊裡的傳承者不斷形塑。此外，隨著公司不斷成長，文化必然會產生變化，只不過若能透過制度，刻意建立文化，就能保有穩固的根基。

建立文化時，將有出錯與失誤的時刻。事實上，文化的成長與演變，部分源自承認與修正一路上的問題。亡羊補牢能讓人與人之間的關係更加緊密，加強團結的程度。

我在職涯的早期，還以為公司文化有辦法急轉彎──鎮上來了新警長，下達新命令，就能扭轉每一件事。然而，文化無法那樣強制執行。不論你處於公司的建立階段，或是轉型期，文化是循序漸進的過程。

有關於文化的另一件事，就是我們必須理解，我們工作全是為了達成使命，而文化將決定眾人會以什麼樣的方式，一起達成那個使命。換句話說，文化屬於公司的每一個人，建立與改善文化，人人有責。文化是大家要一起努力的事，永遠處於進行式，沒有終點。

文化是公司做的每一件事的根基，包括雇用人才、擬定與執行策略、建立顧客互動等等。也因此我在《閃電擴張》一書中，舉出許多能晚一點再解決的創業挑戰，就連「商業模式」或「營運財務模式」這麼極端的挑戰也一樣，但我特別強調文化永遠是現在就必須建立。

「必也正名乎」

餐廳業者**丹尼．梅爾**談到：「羅馬美食是我這輩子的大發現。」丹尼的父母在旅行社工作，「我小時候每隔一兩年，就有機會去歐洲一趟。那些童年之旅驚喜連連，而驚喜又永遠與發現有關。我開始認為這種發現感和食物本身一樣，讓人獲得滋養。」

此外，讓丹尼驚喜的不只是羅馬的食物，羅馬餐廳的**氛圍**也很重要。「我在羅馬時發現，餐廳本身能讓一頓飯改頭換面：義式餐廳的土磚地板、格紋桌布、圓頂磚造天花板，桌上提燈的溫馨光線。桌子與桌子貼得很近，比我在美國聖路易（St. Louis）看過的桌距都窄。在羅馬的義式餐廳不論坐在哪，你都能感受到周圍的每一個人傳來的熱鬧氣息。」

丹尼開設第一間餐廳「聯合廣場餐館」（Union Square Cafe）時，完全清楚自己想營造什麼樣的氛圍。「我想打造出我自己會最喜歡的餐廳。」什麼樣的餐廳是很棒的餐廳，丹尼的想法與眾不同。他認為最重要的不是食物本身，而是用餐的體驗。

「我知道我想獲得什麼樣的待遇，被接待的體驗才重要。」丹尼指出：「我知道在餐廳得到不好的待遇是什麼感受。我從用餐經驗中學到該做的事，也學到不該做的事。聯合廣場餐館就像大雜燴，混合了一切的設計元素、美食元素、美酒元素、價值元素，以及最重要的是，我最愛的餐廳要有賓至如歸的氣氛。」

丹尼把**感受**當成指導原則，而不是食物。在早期創業的瘋狂階段，該如何對待客人的理念，引領著丹尼做出所有的決定。「除了該如何熱情招待，其他事我一無所知。」丹尼回想時臉上露出大大的笑容。「我雇用的第一位出納，他連自己的支票簿收支都搞不定。我雇用的第一位服務人員，在我們開幕的那天晚上，居然試著用開瓶器開香檳，太危險了。」

然而，丹尼憑著對客人的同理心，彌補了聯合廣場餐館剛開業時的不足。

「吧台無法出酒，廚房出不了餐點，但管他的……我從一開始就能知道客人的感受，找出討客人開心的方法。不論是透過美食、美酒、咖啡因或記住他們最喜歡坐哪一桌，不管需要做什麼，我很願意也有能力找出如何能讓客人離開時，不論他們進門時是什麼心情，都能更開心一點。那是餐廳能做得長久的要素。」

脫離早期的手忙腳亂後，丹尼每一天都在餐廳裡讓自己的願景成真。沒多久，聯合廣場餐館就成為紐約人最喜愛的創新用餐地點，榮登當時極巨影響力的查加餐廳調查（Zagat）榜首，也出現在各大美食評論家的必訪清單。每個人都希望丹尼開第二家家餐廳，人人樂見其成，除了丹尼本人。

丹尼見過自己的父親兩度讓事業成長，擴張擴張擴張——然後就破產了。丹尼對於成長有著極深的疑慮，足足等了十年，才開第二間餐廳「格雷莫西小酒館」（Gramercy Tavern）。丹尼和自己說好：「如果能滿足三個條件，就開第二間餐廳：一、第二間要比第一間還優秀；二、第一間餐廳連帶變得更好；三、在開新餐廳的過程中，我反而要能過著更平衡的生活。」

如果你曾經讓事業擴張成兩倍，甚至是增加團隊人數，你一聽就知道，事情不會如丹尼所願。只要你和丹尼一樣讓事情乘以二，不論是從一百萬變二百萬，或只是從一變成二，你的痛苦指數會一直上升。

「我開了格雷莫西小酒館，開幕第一年就惡評如潮。聯合廣場餐館有史以來第一次掉出查加排行榜，我的生活一團混亂。我給自己定的三個條件，我做到零個，不要說一個，而是零個。真的很糟，非常非常不容易，我不曉得怎麼樣才能分身有術。」

開設格雷莫西小酒館，違反了丹尼原本的觀念。他害怕如果擴張，所有的餐廳會一起完蛋，而這下子看起來，他害怕的事要成真了。丹尼在一天內，兩度發現事業出問題。他的出納帶來第一個預兆，只不過跟財務無關。

「我注意到他桌上有兩把鑰匙，一把是黃色的笑臉，那種你在一九七〇年代常看到的笑臉圖。另一把則是黃色的皺眉臉。我問：『那是怎麼一回事？』」

「唔，我想你知道的。」出納回答。

「我說：『不，我不知道，你在說什麼？』」

「他說：『笑臉是聯合廣場餐館，皺眉是格雷莫西小酒館。』」

「我問：『為什麼？』他回答：『因為格雷莫西感覺不像你的餐廳。』」

另一件讓丹尼心中警鈴大作的事，則是聯合廣場餐館某位死忠的老客人，下午到格雷莫西用餐後，好好向丹尼抱怨了一番。那位客人告訴丹尼，她點的鮭魚煮過頭了（這聽起來像是在抱怨小事，但客人會期待米其林餐廳每次去都令人驚豔）。更糟糕的是，沒有任何服務人員留意到她皺著眉頭，努力小口小口硬吞那塊過熟的魚，只問她要不要打包。「聯合廣場的人員永遠會注意到這種事！」那位客人告訴丹尼：「他們會問我要不要重煮一份，還會免費招待我別的東西，但是在格雷莫西，沒有任何服務人員注意到餐點有問題。這是怎麼一回事？」

「就是在那一天，」丹尼談到：「我除了終於狠下心開除餐廳經理，還替我極度看重的事，想出一個名字。我稱之為『有智慧的殷勤款待』（enlightened hospitality）。」

「有智慧的殷勤款待」是丹尼行之有年的作法，但光是簡單**想出一個名字**，就讓丹尼有辦法向人數正在成長的員工，傳達那樣的概念。「我的領導風格基本上是：『看好了：

如果我這麼做，我期待你也這麼做。』我都是身教，不曾有過言教。」

丹尼立刻與團隊分享新工具。「我們在格雷莫西召開全員大會。我說：『與其讓你們猜我重視什麼，不如我現在直接告訴大家。』我以前從來沒那樣做過。我都會親自在餐廳坐鎮，但不曾教過員工。」

丹尼告訴大家：「接下來，我要傳授你們這輩子最好的秘訣。其實就兩個元素，那就是四十九%的表現與五十一%的好客。你們的評分標準就是那樣。你們的薪水就是這樣來的。你拿到多少小費，就是看那兩件事。」

丹尼接著拋出震撼彈，公布他的關鍵指導原則：「在我們這間店，顧客第二。」

各位剛才要是有仔細閱讀這則故事，你大概會覺得，剛才那句話是不是寫錯了。在場的員工也確認有沒有聽錯。丹尼剛才**真的**是在說，食物鏈最頂端的人不是顧客？這簡直是餐廳業的異端邪說。丹尼解釋：「在這間餐廳，從今天起，員工第一。」

一開始，有幾位員工還以為，「員工第一」的意思是「丹尼能為我們做什麼？」為了澄清這個誤解，丹尼反覆強調：「照顧你們不是我的責任。你們的責任是照顧彼此。」丹尼有理由將這種職場文化放擺第一，他知道如果能打造出正確的文化，顧客獲得的服務將更勝以往。

此外，丹尼獎勵「文化傳遞者」。那樣的員工展現出最受重視的特質。丹尼甚至讓員工貼「抓到了」(Caught Doing Right) 便條紙。預先在便條紙上，印好員工有責做到的四大核心價值：**優秀**、**好客**、**進取**、**正直**。每當有員工「抓到」同事表現出核心價值，就在便條紙上圈出是哪一項，寫下當事人的名字，貼在大家都看得見的地方——「團隊因此爭著體貼他人」。

貼心對利潤有好處嗎？如果以成長的角度來看，聯合廣場餐飲集團（Union Square Hospitality Group）最終拓展為旗下有二十個生意興榮的餐廳品牌，其中包括備受喜愛、快速成長的 Shake Shack 快速慢食（fast-casual）連鎖店。Shake Shack 二〇一五年上市，在二〇二〇年疫情來襲前，拓展為二百七十五間分店。或許更重要的是，每一間餐廳都做到丹尼「有智慧的殷勤款待」願景，成績好到紐約排名前十的餐廳，一度有一半都是聯合廣場餐飲集團的餐廳。

此外，一切始於丹尼開始宣揚他的文化理念。「自從我有點是私下和團隊談我們的文化後，這點改變一切。」丹尼指出：「每次我們開新餐廳，一下子就會名列紐約人最喜歡的餐廳。這點讓我了解到你**真的**可能擁有擴張文化。」

文化宣言

帕雅爾・卡達奇婭在成為 ClassPass 的執行長之前，甚至在她還沒上幼兒園的時候，她就是舞者。「我三歲就開始跳舞。我父母在一九七〇年代移民到美國，而跳舞是印度文化非常重要的一環。印度大部分的女孩，甚至是在今天的美國，她們從很小的時候，就會花很多時間跳舞。我最早的回憶是星期六早上醒來，跑到朋友家，和十個女孩一起跳舞，學習印度民族舞。跳舞讓我深深與自己的文化連結，連結我的祖先。」

帕雅爾五歲的時候，家人開始叫她表演。「每次參加家庭活動，就會有人說：『帕雅爾，你能跳支舞嗎？能不能表演一下？我從很小的時候，就像是踏上了迷你的巡演之旅。』」跳舞培養出帕雅爾的責任感（要記得帶表演服和錄音帶），還讓她感受到自我。「我記得在我小的時候，我非常文靜，但跳舞讓我活潑起來。我透過舞蹈，與這個世界分享我內心的某些東西。」

帕雅爾一直在跳舞。從上小學一直到拿到哈佛MBA，甚至在成為管理顧問後，依舊不曾拋下對傳統印度舞蹈的熱愛。「舞蹈對我來講，絕對是一生的事。我得努力想辦法才能繼續跳舞。我們長大後很難跳下去，因為有其他的事要做，有其他的責任。我們很難把人生中熱愛的事，那些讓我們認識自己、帶來自信的事，當成生活的重心。」

帕雅爾渴望創辦ClassPass的願景，來自她一生對於印度舞蹈的熱愛。她希望讓每個人，找到不會感覺像被迫的健身習慣。帕雅爾認為，你不該因為理論上健身很好，所以逼自己去上運動課程；而是運動的體驗本身讓你想要動。「我永遠都說，我創辦ClassPas是因為希望其他人的人生能和我一樣，擁有舞蹈帶來的東西。」

這個願景最終帶來一千二百萬美元的A輪募資，ClassPass在幾個月間快速成長，規模翻倍。

目前為止一切都很順利，但帕雅爾發現，新來的員工似乎不像她那麼熱愛舞蹈；ClassPass 背後的「為什麼」，未能深植於公司的文化。部分原因出在他們驚人的成長速度。「我們的空間完全不夠，人擠爆，甚至塞在走廊上。鄰居抱怨：『你們能不能不要在走廊上講電話？』我們的員工會在電梯裡接電話。」

帕雅爾一度停下來思考：**我的天啊，這裡的每個人都知道我們的願景和使命嗎？**她回想：「好多員工是一下子被找進來，我感到接下來必須修正路線。」

帕雅爾發現自己不曾真正解釋 ClassPass 的使命。「我情感上、理智上都清楚 ClassPass 的『為什麼』，我在日常生活中身體力行，但那不代表團隊和我一樣。」帕雅爾指出：「這很重要，你必須讓團隊了解公司的創業目標，讓他們懂這間公司為什麼存在。」

帕雅爾因此寫下詳加解釋的宣言，內容基本上是在說：**這是我相信的事；這是為什麼 ClassPass 存在；這是我們試圖創造的未來**。那份宣言強調帕雅爾喻為五大支柱的 ClassPass 價值觀，包括**成長**、**效率**、**正面**、**熱情與培力**。帕雅爾透過文字說出自己的人生哲學。

不是每個人都會接受你的宣言。強而有力的願景通常會引發不同的聲音，而那其實正好，因為你會希望開啟對話，談為什麼這個願景很重要。唯有人們能理解你的願景，也相信你的願景，他們才可能堅持到底。帕雅爾逐漸了解，願景不是公司能妥協的環節，而是公司文化的基石。

新創公司通常在某方面類似於文化運動。你試著讓其他人加入與相信這間公司，努力扶持這間公司。**說出你是誰、你代表著什麼意義，是在讓人們知道他們是在加入什麼。那不只是一份工作，而是一個信仰體系。**

秀出來

某些時刻是公司史的高光時刻，永遠被紀念。除了代表著里程碑，也代表著關鍵的學習。對 Instagram 的**凱文・斯特羅姆**來講，前美國副總統高爾（Al Gore）參觀他們的辦公室，就是那樣的一天。

「高爾是第一位參觀我們辦公室的重要名人。」凱文表示：「他是我很敬佩的人。」Instagram 近日剛被臉書收購，搬進臉書的總部。「我們當時還沒把新辦公室布置出 Instagram 的精神，沒有任何風格，看起來只是一般的共同工作空間。高爾打量四周後問：『啊……這就是 Instagram？』我回答：『對，這就是 Instagram。』」

那是凱文第一次真正抬頭**看見**他們的辦公室，他當下立刻判定，必須改造整個空間的外貌與氣質。Instagram 取得自己的空間後，重新布置辦公室，反映出公司的性格與故事，例如會議室的命名，全都是用「#FromWhereIStand」（我的所在地）等經典的ＩＧ主題標籤。

「一切的一切，豐富了你的文化體驗。」凱文表示：「我們一旦開始量身打造自己的空間，員工的快樂程度大增，原因除了他們正在活出自身的價值觀，活出品牌精神，也是因為客人來訪時，不再像看瘋子一樣看著我。那是很好的副作用。」

打造實體環境是強化公司文化的關鍵環節。雷德曾是 PayPal 五名資深高層的一員，PayPal 的每一間會議室都有主題，以主要國家的貨幣命名。在雷德擔任董事的 Airbnb，每一間會議室的設計、名稱與裝潢，都來自 Airbnb 令人驚豔的出租房屋。

親自雇用共同創辦人（整整五百人！）

安尼爾・布斯里（Aneel Bhusri）剛出社會時，沒有太多公司文化方面的經驗，但他走進一間好公司時，他感覺得出來：安尼爾商學院畢業後，在第一份工作上班的第一天，就知道自己去對地方。那間公司的名字是 PeopleSoft。

安尼爾注意到自己一進公司的門，每一個人是如何善待他。「大家立刻關心我，教我事情要怎麼做。」他回想。

就連老闆大衛・杜菲德（David Duffield）也熱烈歡迎新人。大衛是 PeopleSoft 的創辦人，日後將與安尼爾一同成立 Workday **公司**。「我上班的第一天，大衛帶我去喝酒，我心想：**哇，執行長邀我喝啤酒！我當時二十六歲，我不清楚執行長為什麼那麼做，但我想替這個人工作。**」

大衛雇用剛從商學院畢業的安尼爾時，沒替他設想好特定的職位。大衛不清楚安尼爾具備哪些可以派上用場的技能，但他知道安尼爾很適合 PeopleSoft。

安尼爾的確很適合，很快就升到最高職位。PeopleSoft 被甲骨文（Oracle）惡意併購後，安尼爾與大衛離開，成立 Workday。

兩人希望利用科技的進展，以雲端方式管理人資與會計。以當時的公司管理潮流來講，這屬於逆勢的前衛方法。安尼爾與大衛將需要強大的團隊才能辦到。安尼爾開始執行先前的 PeopleSoft 歲月教他的事——打造優秀公司的關鍵是營造正確的文化，加上聚集一群正確的人。

這個信念讓安尼爾決定，他將親自面試公司的第一批員工。創辦人或執行長親自面試公司的頭十個或二十個員工，不是什麼不尋常的事，但安尼爾沒止於那種數字……一直到第五百號員工都是他招進公司的。

對於公司快速成長的執行長而言，那種數字的面試很不可思議，而且第五百號員工還沒算進**落選者**，也就是說安尼爾實際面試的人數，至少還要再多加個數十人（或是數百人？）。然而，安尼爾與大衛願意投入時間，因為他們清楚雇用的第一批人，不僅僅是員工，還是「文化共同打造者」（cultural co-founder）。公司文化將由他們定調，他們的行為與價值觀將深植於公司，而且他們還會吸引其他人才——或是趕跑其他人。最早的員工因此決定著文化的成敗，也決定著公司的生死。

那麼安尼爾在面試的時候，他看重哪些事？當然，在最早的篩選階段，依舊會評估技能與經驗。然而，到了安尼爾與大衛也參與面試的階段時，他們要的是較為無形的特質。安尼爾指出：「到了那個面試階段，我們完全是看那個人能否融入我們的文化。」

文化契合度是不好拿捏的概念。不同企業有不同的理想，A公司的「滿分十分」，將是B公司的「零分」。有的公司尋找獨立思考者，有的公司則想找聽話的員工。有的公司獎勵直率，有的公司喜歡八面玲瓏，但不論你的公司究竟重視什麼樣的特質，是由你這位公司創辦人負責篩選。

早期的創辦人經常犯的一種錯，就是面試時以文化**契合度**為標準，想找和公司目前的文化百分之百一樣的員工，而沒去思考文化**成長**，意思是這個員工未來將能協助你推動文化，在原本的基礎上添磚加瓦。把文化成長當成文化契合度來理解，能使你專注於基本倡議，例如加強公司文化的多元性與包容性。

此外，你最需要留意的特質，將是那些難以衡量或教不了的特質。「技術能力有辦法教，但人們相信什麼、不相信什麼，那是無法訓練的。」卓越職場顧問公司（Great Place to Work）的執行長麥克·布希（Michael Bush）表示：「對於工作的重要性，他們必須和你看法一致。他們如何看待客戶，讓客戶滿意是什麼意思，你們雙方的觀念必須一致。此外，該如何處理意見分歧，你們也得有共識。」

那麼如何才能有效雇用？最接近公式的作法，將是明講你希望打造出什麼樣的公司，詳細列出身為你的員工必須具備的特質，接著針對那些特質，設計出明確的面試問題。

以安尼爾為例，他已經想好自己要打造哪種公司，也知道自己希望公司有什麼樣的氣氛：友善與開放——也就是他第一天在PeopleSoft上班感受到的事。擁有這種特質的企業，有辦法好好服務客戶。安尼爾知道要達成這個目標的話，理想的應徵者將必須具備團隊合作的精神。他逐漸摸索出一套篩選出那種特質的作法。「你得找出他們究竟是把自己擺第一，或是他們具有團隊精神。第一步是請應徵者談自己的成就。如果他們回答『我們的團隊做過這個那個』，你知道這個人是合適的人選。」

大衛與安尼爾深信，雇用「會說我們的人」，不僅有助於公司文化，還會直接影響那個人如何服務顧客。

大衛與安尼爾想的沒錯。Workday在過去十年，客戶滿意度向來超過九十五%，近日更是到達九十八%。雖然不好做到，原因講起來很簡單。如同安尼爾的結論：「我們雇用優秀的員工，而優秀的員工能照顧好顧客。」

你雇用什麼樣的人，就會變成什麼樣的公司：成分要弄對

領導者能從波本威士忌那學到很多東西，這件事**喬伊斯．奈瑟禮**（Joyce Nethery）最清楚。喬伊斯在擔任首席釀酒師之前，原本是化學工程師。她明白就和商業與人生中的許多事一樣，你會釀出什麼樣的波本酒，要看你釀的時候放了什麼。

喬伊斯的家族在肯塔基州，經營「從土地到酒杯」的傑普塔克里德酒廠（Jeptha Creed Distillery），一家人小心翼翼管理支撐世界級產品的完整生態系統。「我們自己種玉米，親自播種，灌溉，孕育，接著我蒸餾，我們製造出美好的產品。」

喬伊斯家的波本酒製作流程，始於在自家土地上種植玉米。喬伊斯解釋：「波本酒的定義是五十一%以上的玉米，也因此我們自行栽種『血腥屠夫』（Bloody Butcher）這種優良的原生種玉米。」不過，波本的成分不只有玉米，喬伊斯仔細思考每一種原料將如何交互作用。「我們加進黑麥，增添些許的辣味。小麥這種穀物則會讓口感較為柔和與滑順。」

水也很重要，不是什麼水都可以釀酒。喬伊斯家取地方溪流經過石灰岩過濾的無鐵質水源。那波本威士忌的酒桶呢？他們使用「經過烘烤試煉的酒桶——你嘗到的微微堅果味，就是來自那樣的烘烤過程。」

波本威士忌會在那樣的酒桶裡熟成兩、三年，直到適合裝瓶，不過喬伊斯知道，除了天上降下的運氣，她最初挑選的釀酒原料，最終也將決定會不會釀出成功的波本威士忌。

你如果創辦了一間公司，那麼你也是首席釀酒師，負責挑選正確的原料組合，帶領公司走向高成長，只不過你挑選的關鍵原料，不是酒坊的穀物，而是構成公司文化精神的員工。

如何才能巧妙抓到平衡，找到能力出眾的多元人才，剛好適合「混」在一起？答案永遠要看你想建立哪一種公司——以及公司最終的規模。不過，你初期雇用的人選，已經決定公司的命運。你必須明確說出你的文化精神看重的人格特質，想辦法在面試中**挖掘**那樣的特質。不同的創辦人有不同的答案……

雅莉安娜・哈芬登認為，「**和而不同**」(compassionate directness) 是她的公司 Thrive Global 最重要的文化價值觀，定義是「有能力進行不好開口的對話，有辦法抱持不同的意見，包括反駁各階主管與高層。你對某件事感到沮喪或有怨言時，要能夠說出來」。雅莉安娜面試時，請應徵者提供例子，說明他們近日與同事或主管有過的困難對話。這一題是為了了解應徵者會如何處理不滿。「因為世上沒有你二十四小時都會開心的工作地點，不存在那樣的伊甸園。」

Google 前執行長**艾力克・施密特**認為，**堅持＋好奇心**＝成功。「未來能否成功，堅持是最重要的預測指標。」施密特表示：「也因此我們 Google 尋找堅持這項特質。第二點則是**好奇心**——你在乎什麼事？堅持加好奇心是員工能否在知識經濟成功的良好預測指標。」

Shake Shack 的**丹尼・梅爾**尋找員工時最重視的特質，不出意料是**和善**，畢竟他想建立的文化是「有智慧的殷勤款待」，不過光是和善還不夠。丹尼想找的人，還必須有**好奇心**，而且要有很強的**職業操守**，展現**同理心**，能**自省**，最後一點是要**正直**。丹尼的團隊主管每次面試的時候，心中都會想著這六大文化理想（當然，烹飪或服務客人的技術能力也不可或缺）。「這令人沮喪，因為有時有的人能力很強，但是和你的文化格格不入。」梅爾表示：「此外，有的人則是有德無才，他們實在是做不來這份工作。」

比爾・蓋茲看重**他自己沒有的深度知識**。比爾談到他在領導微軟的早期歲月，不夠尊重這方面的能力。當時他的眼裡只有工程師，看不上其他人。「這方面的智慧十分專門——我並不理解。」比爾坦承：「我心想：**嘿，銷售我能學。需要去讀商學院嗎？我不認為有這個必要**。我不夠尊重優秀管理。」

意識到自身的知識哪裡不足，對成長中的公司而言尤其重要。你將需要管理兩種關鍵轉換，一種是從通才到專家，二是從貢獻者、經理人，變成高階主管。在早期的時候，你需要的員工要能捲起袖子、處理當天必須處理的任何事。理想的團隊成員是能完成事情

（貢獻者）的萬事通（通才）。然而，當公司規模變大，你將需要納入更多的專才（他們只擅長一件事，但把那件事做得非常、非常好）、經理人（他們能增加貢獻者的生產力）與經驗豐富的高階主管（他們能帶領大型團隊）。這方面的詳細介紹，可以參閱我的《閃電擴張》一書中，「從通才到專才」與「從貢獻者、經理人，變成高階主管」兩個段落。

＊＊＊

雇用正確人選固然重要，想好「不要」雇用誰也同樣重要。亞當．格蘭特（Adam Grant）是心理學家與華頓商學院（Wharton School）教授，他廣泛書寫企業文化，談到：「創辦人試著建立文化時，首先要知道『讓正確的人加入你很好，但更關鍵的是別讓錯誤的人加入』。每一位創辦人在招人的時候都該問：『我絕對不願意讓這間組織出現哪些特質？』」

執行長與顧問瑪格麗特．赫弗南（Margaret Heffernan）建議：**如果有人說不出誰幫過他，不要雇用這個人**。方法很簡單，詢問應徵者在他們的職涯中，誰給過他們最大的幫助。「如果他們想不出任何人，那是很不好的預兆。」

瑪格麗特回想，有一次她在企業論壇分享這個心得後，「下一位講者是某某科技長，台下的聽眾問：『在你的職涯中，誰協助過你？』結果那位科技長一個人都想不起來，大家面面相覷，尷尬萬分。」

臉書的馬克．祖克柏（Mark Zuckerberg）也提供過**不能雇用的建議：除非在平行宇宙，你會願意替這個人工作，要不然不要聘請這個人**。「我的意思不是你該把自己的工作讓給他們。」祖克柏補充說明：「只是想像一下，如果今天情況反過來，是你在求職，你覺得這個人可以跟嗎？」

企業創辦人有一句口頭禪：小心那些不曾學會和管弦樂團合奏的獨奏者。缺乏團隊精神可能有害，對尚在早期階段的公司來講，這點尤其重要。PayPal 剛成立的時候，雖然想找可以獨當一面的厲害人才，雷德與其他高階主管，依舊加進與團隊運動有關的面試題，了解每一位應徵者如何看待團隊合作、彼此協助，以及大家一起行動。

最後一個**不要雇用**的人選建議，再次來自雅莉安娜：**你累的時候，不要面試或雇用別人**。「我每次雇錯人，都可以回溯到當時我很累。人在累的時候，不僅認知能力會下降，無法做出正確決定，還會下意識想要湊合。」雅莉安娜指出：「也因此今日我的 Thrive 公司，吸取我過去犯錯的經驗，規定所有人在累的時候，不准面試員工。」

雷德的分析時間：早期一起打江山的人，將成為你的「文化共同打造者」

我是一個超愛捷徑的人，曾經寫一整本書（《閃電擴張》）談速度的重要性。此外，公司成長駭客幾乎也可說是各位手上這本書的基本精神。不過，碰上某些人事物的時候，我依舊會鼓勵創業者謹慎一點比較好，即便速度會慢下來也一樣。其中一項就是公司早期的徵才。

原因如下：如果你正在成立公司，你雇用的第一批人，他們不只是團隊成員而已，還是你的文化共同打造者。他們具備的技術與能力，不僅決定了你的公司能做什麼，還決定了你的公司將是什麼樣的公司。你公司的基因——公司的文化——將由第一批員工決定。

你必須建立強大的文化，讓員工清楚知道真正重要的事，明白該如何做事，才有辦法擴張一間優秀的公司。強大的文化不一定是「好」文化；此時的強度是指文化影響員工行為的程度有多深，有可能是好的影響，也可能是壞的影響。然而，如果你建立的是強大的糟糕文化，我懷疑如果換作是你，你會不會想替這樣的公司工作。

早期雇錯人會讓你元氣大傷；我在阿波羅融合（Apollo Fusion）工作的朋友麥可．卡西迪（Mike Cassidy）告訴我：「公司的前十五名員工，只要有一個雇錯，對公司來講很致命。」他的這條原則通常放諸四海皆準。

然而，你的文化共同打造者，不只是頭十五位員工。究竟是多少人，要看你的公司與產業。你也可能在日後引進文化共同打造者，例如在展開重要的新計畫、設立新辦事處的時刻等等。不論是何時加入，皆由你這位創辦人做出正確的抉擇。

這句話是什麼意思？如果說最早的員工將決定公司的成敗，那麼你這個創辦人應該和每一位符合資格的應徵者坐下來談，判斷他們是否適合你要打造的文化。或是你必須設計一套強大的制度，確認文化契合度。

公司早期找進來的人，不但會確立文化規範，還會確保規範將不斷傳承。文化將以「同化」與「同類相吸」兩種方式自我延續。此外，早期的員工將影響你日後雇用與不雇用哪種類型的人。他們會影響顧客忠誠度，還會決定你們如何一起做決定、你又會優先做出哪些決定。

每個人入職後將吸收與延續公司文化，開始適應，但適應是雙向的。每一個進公司的人，他們個人的獨特貢獻，將替公司文化增色，改善公司文化，文化因此會持續演變。

不過，文化還會以「同類相吸」的方式自我延續。當你雇用一個人，你其實也雇用了他們的人脈。公司招新人的時候，他們會推薦朋友。你需要合作廠商的時候，他們會開啟大門。千萬不能低估最初的那批人帶來的強大連結。最初的人員如果沒找對，或是不夠多元，日後要再修正就難了。

認知多樣性：解開魔術方塊

以上講了很多該做與不該做的事，也談到各種問題與技巧，講如何在人選身上找出正確的特質，感覺上目標是找出理想員工，接著複製那個過程，直到你有一支由理想的複製人組成的大軍。然而，即便真有可能做到那種事，也不利於文化。

你的目標不是雇用一群外表或思考方式差不多的人。**如果你的公司主要都是某種特定類型的人，你們的集體盲點將造成你們以管窺天。**

莎莉・克勞切克了解這點，她在創辦 Ellevest 的過程中因此特別小心，刻意打破與女性和金錢有關的頑強偏見。

莎莉指出：「我在華爾街打滾多年。這個產業自稱採取菁英制，但長期以來在景氣循環中，帶給股東不佳的報酬率。」然而，我們理論上卻該相信，「九十%的交易員都該讓白人男性當，因為白人男性就是比較強。八十六%的金融顧問也都該讓白人男性當，因為他們就是比較厲害。所以說，理論上我們把工作交給了一群菁英——喔，金融危機是例外，那是例外。」

莎莉身處打造多元工作文化的前線。不只是性別與種族要多元那麼簡單，還包括認知多樣性（cognitive diversity）。你需要從不同的角度切入，取得相輔相成的資訊，帶來更深的洞見。

莎莉深信認知多樣性很重要的部分原因，源自她在最缺乏認知多樣性的文化中工作。不過事實上，她對抗單一文化的從眾性經驗，一路可以追溯到更久以前，從她在南卡羅萊納州的查爾斯頓讀女校就開始了，當時的她是怪人。莎莉回想：「我戴著矯正視力和牙齒的眼鏡和牙套。我不確定我有沒有穿矯正鞋，但在我心中，我感到我有穿。」莎莉可以清楚回想，每天獨自吃午餐是什麼感覺。「在那種環境下過日子，你得穿上盔甲，上戰場戰鬥。日後的我說：『不管華爾街的人對我做什麼，都不會比我七年級的日子更糟。』」

莎莉希望 Ellevest 的文化，要與華爾街同質性太強的單一文化正好相反，也要不同於女校的單一文化。莎莉的第一步，因此是尋找「盡量和我百分之百不同」的共同創辦人。照理來講，莎莉會聘請另一位女性，畢竟她的產品瞄準女性，使命又是矯正金融世界的性別不平等，但莎莉找了男性查理．克羅爾（Charlie Kroll）。查理有科技業的背景，可以輔助莎莉的金融經驗。此外，查理的工作風格與性格，和莎莉南轅北轍。莎莉談到兩人很少有看法一致的時刻，而這正是莎莉想要的。

莎莉希望確保 Ellevest 還會以其他方式具備包容性。她設立制度，大力支持多元的種族、族群與性別。莎莉指出：「我們公司今日三分之二是女性，四十%非白人，工程團隊一半是女性。」每當公司不符合多元標準，就會暫時凍結人事，重新平衡公司人員。

這種作法與更廣的多元性有關——事情不僅涉及性別與族群，人生百態與所有的性格面向都要考慮進去，包括年齡、身高、語言、性向、宗教、背景、教育、人格類型，還得考慮外向與內向；有的人很開放，有的人則一絲不苟。「此外，如果你有 X 個樂觀主義者——那麼你該有多少悲觀主義者？」莎莉表示：「這幾乎像是在解魔術方塊。」

凱特琳娜．菲克是科技創業者與 Yes VC 的共同創辦人，她認為選人的任務始於第一天。「如果你的創始團隊有女性，如果公司裡有非裔美國人，如果團隊有拉丁裔的成員，那麼自然而然就會那樣繼續發展下去。」多元人士一般會引進更多的多元人士，整個過程將偏向有機。如果企業是數年後，才試著「嫁接」多元方案，一般比較難成功。凱特琳娜解釋：「那是因為文化早已形成，而文化一旦成形，就很難改變。」

此外，你無法指派公司的一個人「負責多元」，就以為盡到多元的努力了。**雪莉．亞尚博**（Shellye Archambeau）表示：「不只是我們雇用的人，還包括我們做生意的對象、我們的供應商是誰。」雪莉是軟體公司 MetricStream 的前負責人，也是矽谷第一位女性黑人執行長。「我們瞄準什麼樣的市場？我們的辦公室設在哪？這些事全都有關。」所以不能把多元當成有速成解決辦法的挑戰，可以立刻在「問題已解決」那一欄打勾。真正的多元是持續不斷的長期努力，尋找人才時放寬範圍將是關鍵。

羅伯特．F．史密斯是 Vista 私募股權公司的執行長，他不是很在意一般的履歷會放的東西，例如你念過哪間學校、在哪間公司工作過等等。他重視的是性向、能力與人格類型，而這種作法通常會吸引來自各種背景的人士。

Vista 自稱在雇用新人時，找的是「高績效初階人才」(high-performance entry level，簡稱 HIPEL）。HIPEL 進來後，將接受 Vista 的性向測驗，得出性格側寫，找出他們的耐心或自信程度等等。公司依據測驗顯示的性格特質，而不是由學歷或經濟背景，決定員工應該進入 Vista 旗下的哪一個部門，以及該如何培養他們。「我們擁有過去二十年以上的數據，我們有很多例子，我們知道哪種類型的員工會有什麼樣的表現。」羅伯特表示：「我們有辦法說：『相較於銷售或研發，你或許比較適合進服務團隊。你為什麼不試試？』我們基本上是在翻轉功能性團隊的人員組成，除了考量職能，也考量性向，目的是成為高績效的商業組織。」

羅伯特的公司仰賴性向測驗後，雇用人選的多元程度飆升五成。不過羅伯特指出，這種作法需要你願意冒險一試。「大部分的人沒有這樣的勇氣，你一般會雇用你熟悉的類型。」

關於多元，最後要注意的一點是，如果你希望擁有各式各樣的觀點，那就不要讓你的公司侷限在某個地理位置。在新冠肺炎疫情的推波助瀾下，愈來愈流行遠距或分散在各地辦公。數位貨幣公司 Xapo 的執行長**文斯・卡薩雷斯**認為，這股潮流或許有助於認知多樣性。

Xapo 公司的規模不大，員工僅三百人左右，但分散在全球六十二個地方。也就是說，公司的關鍵成員不僅來自不同背景，還身處不同的地方文化與生活方式。眾家企業若要真正在全球擴張，一定得具備這樣的地理與文化多元性，不僅觸及和自己相像的顧客，還能連結廣大的全球市場。

雷德的「設計你的文化」理論

打造聰明到能夠演化的文化

科技公司（其實所有的大型企業，全都愈來愈像科技公司）必須讓文化充滿「第一原理」的思考者。這種人才不會盲目聽從命令，墨守成規，而會不斷思考：「怎麼樣對公司最好？」或「不能換個方式做嗎？」

顧客第二

如果你能打造出正確的「員工第一」的文化，員工是彼此的模範，拿出一流的表現，顧客自然會獲得愈來愈好的產品與服務。

想辦法呈現你的文化

你的願景、價值觀，甚至是公司傳承的獨特事物，這些事定義公司文化的程度，將超出你的想像。不要假設每個人都知道你腦中和心中在想什麼，你要從第一天就自豪地大聲說出來。

把早期的員工視為公司的共同創辦人

早期員工將替你的公司定調。一開始就要定義對你的文化來講，哪些性格特質最重要（以及所有你不想要的特質）。面試的時候依據那些特質，找出適合你的公司文化的人才。

解開認知多樣性的魔術方塊

要是少了認知多樣性，你將錯過機會，不斷延續錯誤的觀念，並在異口同聲之中失去方向。

第五章 有時要拚成長速度，有時要停看聽

今天是托莉．伯奇的新事業開幕日——她碰上大好的機會，有幸能在「紐約時裝週」（New York Fashion Week）期間，在新店首度展示全新的服飾產品。托莉把一切都準備好了，她在鬧區找到還付得起租金的地方（在很邊緣的地帶）。架上滿滿的衣服全是她親手設計的，數量龐大。親友全都過來道喜，媒體朋友也來助陣。最重要的是當天早上開幕的時候，已經有顧客上門。萬事皆備，只欠……店門還沒送過來。

事情是這樣的，托莉設計了美麗的大門，找人專門訂製，漆上亮橘色的商標顏色，但店裡裝潢好、即將開幕之際，「門依舊一直沒送來」。托莉指出：「外頭一片冰天雪地，當時可是**二月**。」

托莉可以按下暫停鍵，晚一點再開幕，直到她能以心目中富麗堂皇的入口（與合理的室內溫度）迎接顧客。然而，托莉和大部分的創業者一樣是行動派。她知道機會稍縱即逝，紐約時裝週是引發關注的好時機——要是遲疑，機會不再來。

托莉因此全速前進，在沒有門的情況下，照樣「開門」營業，一炮而紅。「太不可思議了，」托莉回想：「顧客瘋狂搶衣服，好像我們是免費贈送一樣。後來有人乾脆不排

試衣間，當場換起衣服。我們在開幕當天就賣出大部分的庫存，我們感覺自己要發了。」

這是典型的創業故事：你祈求上蒼保佑，抱著希望推出產品，但各種大大小小的問題還在等你處理：公司開始營業了，但沒人負責接電話；網站上線了，但只靠一台很快就過載的可憐伺服器。

為什麼不多等一下，到更多事都到齊了再說？因為對新創公司來講，速度最重要。新創公司是在跟時間賽跑，要搶在競爭者之前贏得顧客，打造出商業模式——或是要搶在錢用完之前。當然，如果你資金雄厚，又沒有競爭者，你可以慢慢來。然而，以絕大多數創業者的情況來講，一間慢吞吞的新創公司是自尋死路。

雷德談消費者網路事業的名言，在矽谷廣為流傳：「如果你第一版的產品沒讓你感到尷尬，那代表產品上市的速度太慢。」這句格言是在談速度的重要性。你推出產品，聆聽顧客的意見，加快走過學習曲線的腳步。

然而，速度和毛躁是兩回事。快速行動很重要，但同樣重要的是，你需要知道該按兵不動的準確時間，也清楚為什麼要這麼做。要注意的是，有耐心的意思不是慢慢來，而是抓準正確的時機。

以托莉的例子來講，二〇〇四年的時裝週是揭曉服飾產品的**大好時機**，她一舉成名。不過，故事還不只這樣而已。托莉最初擬定成立時尚企業的計畫時，她懷抱的不是典型的創業夢，而是打算雙管齊下，一條線走盈利，一條線走非營利。托莉指出：「我是為了成立基金會才開公司。我的商業計畫就是那樣。」托莉一開始就打算賺錢回饋社會。

講得更明確一點，托莉想成立非營利機構，支持女性經營小型事業，但她試著替她的店與即將成立的基金會募資時，「大家都笑我，教我永遠別把『生意』與『社會責任』放在同一句話。」

托莉對於自己雙管齊下的點子，兩邊同樣有熱情，也同樣有信心，但聽見投資人永遠都講同樣的話之後改變策略。托莉打算提供物美價廉的服飾，出眾、隨性但充滿時尚感，而且直接賣給消費者。這部分她全速前進，基金會的事則擱置——暫時先放下。

然而，托莉永遠沒忘掉最初的整體目標，她只不過是在等待正確時機。那樣的決心是所有耐心策略的關鍵。在二〇〇九年時，也就是著名的「無門日」過去五年後，托莉悄悄成立基金會。十年後，美國銀行（Bank of America）投入一億美元到這個基金會的「資金計畫」（Capital Program），協助女性創業者取得合理的貸款。基金會與讓托莉成為億萬富翁的事業，一起形成良性循環。

本章會談為什麼取得平衡很重要，一頭是雄心壯志、急速成長，一頭是按兵不動，耐心觀察。這可能與你募集的資本額有關（以及你選擇用誰提供的資金），也與早期的成長機會、你追求的夥伴關係有關。此外，這會影響你如何架構組織與培養文化。

維持快慢之間的平衡不容易：衝太快有風險，但對於新創公司來講，慢慢來更危險，有可能耗光成長所需的資源。有時冒著超高的風險，以最快速度行動很重要，競爭激烈的話尤其如此。

如果要理解這裡談的有耐心，你可以想像一隻很大的大藍鷺。那種高貴優雅的鳥兒，有著長長的腿，匕首狀的鳥喙，站在沼澤裡一動也不動，時間長到幾乎與背後的風景融為一體，看上去懶洋洋的，直到……大藍鷺看見魚，快狠準吞下肚。

＊＊＊

各位如果不熟悉托莉的時尚品牌，她的風格結合了現代與典雅，業界稱為「學院時尚風」，不過托莉沒有郊區的鄉村俱樂部背景，她的童年更像是「《頑童流浪記》碰上時尚教父安迪．沃荷（Andy Warhol）」。

「大家都以為我有怎樣怎樣的成長背景，實情正好相反。」托莉表示：「我在周圍渺無人煙的農場上長大，有三個哥哥。爸媽成天在外奔波，讓小孩自己長大。」話雖如此，「爸媽會帶各式各樣的客人到家裡吃飯，我們永遠搞不清楚那些人是誰，有可能是水電工，有可能是詩人，有可能是藝術家。他們是大千世界的縮影。我們永遠很好奇，想要了解世上的各種人。」

托莉小時候對時尚不感興趣。她回想：「我很男孩子氣，直到高三的畢業舞會才穿上裙子。」事實上，托莉可說是誤打誤撞進入時尚界。她大學畢業時，不曉得這輩子要做什麼，**唯一**知道的是她想找到一份工作，只要能待在紐約就好，做什麼都沒關係。托莉因此打電話給不認識的設計師（這對一個「極度害羞」的人來講很不容易），那位設計師說，只要托莉下星期就到職，他願意給她一份工作。就這樣，托莉星期五畢業，週末搬到紐約，星期一就開始上班。

托莉接下來替其他設計師工作多年，在家當了一陣子的全職媽媽後，想出創業的計畫。托莉的計畫很不尋常，放進許多超前於時代的點子，例如直接透過零售店與網站，販售服飾給消費者（當時大部分的設計品牌會先從百貨公司起家）。不過，托莉的計畫相對而言也是「有耐心的計畫」。她的目標很保守，只希望在五年內開三間店。這種展店速度其實是合理的規劃，只不過托莉在開業的第一年，就出現意想不到的機會。主持人歐普拉發現了托莉的衣服，在節目上介紹。托莉拋棄三間店的計畫，改開十七間。

國際機會也很快就向托莉招手。托莉再次刻意採取有耐心的作法，進入中國市場時尤其謹慎。「我們永遠不想大張旗鼓。」托莉指出：「我們永遠想了解我們的市場，希望尊重與了解文化。這方面我們非常小心，到新國家展店時，我們會和當地的市場人士合夥。」不過，托莉一旦準備好大舉擴張就會行動，今日在中國有三十間分店。

托莉在這幾年的急速成長過程中，憑直覺決定何時該大步前進、何時則該放慢腳步。有時這代表把成長機會拒於門外，或至少得從長計議。

以outlet店為例，大型折扣店近年來大行其道，銷售額大增。「outlet的生意就像毒品。」托莉指出：「靠outlet賺快錢很容易，但不是長久之計。outlet會大幅削弱你的公司。」托莉只有在正確的時間與地點才開outlet，步調要能保護價格與品牌形象。

「在我們的產業，每個人都需要outlet事業，但我感到那算不上商業策略。」托莉解釋：「我們在做outlet生意時必須很小心。我們保護我們的原價銷售，但也以我心目中的方式運用outlet。我的想法不同於很多人。」

此外，托莉也密切關注大型百貨公司如何對待她的品牌，不只一次完全撤出某大型百貨。對大部分的設計師品牌來講，這是想也想不到的極端操作。托莉表示：「當你的公司沒獲得應有的待遇——正確的分類、正確的櫃位，以及你還沒打算那麼做，百貨公司就促銷（你的產品），沒有商量的餘地，那麼撤櫃也是沒辦法的事。」

托莉這方面的作法令外界感到困惑——品牌的長期發展優先，短期營收居次。托莉帶著笑意解釋：「我昨天和一位記者吃午餐，那位記者說：『你在保護自家品牌這方面很有名，投資者一定氣到跳腳。』」

事實上，托莉的投資者對她的決策感到欣喜。這間未上市的公司，年銷售超過十五億美元，你很難不認可托莉的戰績。此外，托莉認為自己平衡式的成長作法，在女老闆身上較為常見。「我認識的商場女性擁有長期的視野。」托莉談到：「女性傾向於思考自己做的每一件事，將如何影響五年、十年後的生意。」托莉認為女性直覺知道何時該有耐心——什麼時候則該快速前進。

留意跡象

二〇一七年五月，樂花．卡姆魯（Lehua Kamalu）坐進傳統的玻里尼西亞雙殼獨木舟，從大溪地出發，前往夏威夷。風險很高。這是樂花頭一次以獨立領航員的身分出航，帶領船員踏上史詩級的旅程，橫越二千五百英里的海域。樂花指出那艘獨木舟「和我的祖先坐的船一模一樣」，沒有備用引擎，沒有電力，沒有煤油，船上沒有電腦，也沒有現代設備，甚至連羅盤都沒有。

樂花是「玻里尼西亞航海協會」（Polynesian Voyaging Society）第一位女性領航員。每次協會出海時，不僅走危機四伏的航線，還重現祖先經歷過的事，傳承古老的智慧。樂花這次的航線首度成功時，推翻了數個世紀以來的假設：人們原本以為要是缺乏現代設備的輔助，不可能走這條線從大溪地到夏威夷。

航程的第一週很順利，但接著就碰上無風帶——真的一點風也沒有。無風帶是赤道平靜無波的區域，一片死寂，偶爾穿插無法預測的暴風雨。樂花的船抵達那裡後，完全靜止的天地萬物令人焦躁，海風與海流消失無蹤，天空被雲吞噬。樂花談到：「身處赤道無風帶時，很容易失去信心。」別忘了，船上沒有引擎，而且他們只帶了有限的食物補給。船員仰賴海風與海流的帶動，才能維持在航線上。此時耐性派上用場，「但不是懶洋洋的那種耐性，」樂花解釋：「而是提高警覺，隨時觀察。」

船員尋找跡象，依據洋流、風向、一絲陽光、月亮、星辰，判斷自身的所在地，大致猜測接下來會發生的事。「我們在無風帶的第二天，」樂花回憶：「雲層太厚，陽光根本穿不透，四周一片漆黑，你見不到海浪，但感受得到。每當海浪衝擊獨木舟的船壁，我感受到力道，那股有節奏的碰撞。」

接下來五天，海浪繼續拍打，依舊伸手不見五指，眾人只能「等著瞧」。樂花解釋：「領航員的工作是盡全力望向未來，以保護你的船員與船隻，想辦法待在正確的航道。」樂花尋找稍縱即逝的線索：「訊號一出現，我們必須準備好行動。」

在一片昏暗的第五天，陽光終於短暫穿透雲層，閃過一陣強烈的紅光，樂花形容有如見到「巨龍之眼」。那是她苦候多時的訊號，瞬間得知太陽目前的位置與下沉的方向。知道落日的軌跡後，就能計算所在地，得出完成航程需要知道的每一件事。

「我得以仔細判斷整個地平線上的一切，風、海洋、波浪，它們與太陽的連動。」樂花表示：「船上所有人興奮起來，我們每一個人都在等這個訊號。」船員調整航線，瞄準夏威夷的方位，朝大島東側前進。「這下子我有信心，跡象持續顯示我處於正確航道。我們先前被困在不確定的海域裡，只能耐心等待，但加速前進的時候到了。」

樂花的故事是完美的領導隱喻。優秀的船長與執行長都懂這個道理：你無法在航程的每一分鐘都快速移動。**若要到達遠方，就必須辨識四周永遠在變化的環境**。你得以靜制動，但意思不是什麼都不做，坐著枯等，而是蓄勢待發，隨時準備好踩油門。

突破點一出現，你出閘門的速度要快，甚至應該用衝的，替你的點子製造龐大的早期動能，不讓任何人有機會搶先。

達到脫離速度

如果衝出閘門的速度夠快，你不僅有可能跑在競爭者前面，而是直接讓他們望塵莫及。PayPal 的共同創辦人**彼得．提爾**（Peter Thiel）抱持的正是那樣的哲學。

彼得在矽谷是爭議人物，他提出令人跌破眼鏡的政治主張，談話屢屢引發軒然大波，但不可否認的是，他在創業與投資兩方面創下豐功偉業，而他的成功源自極端的「搶占先機法」。

彼得不認為人有辦法**打敗**競爭對手，你應該完全**逃離**競爭，方法是進入沒有天然競爭者的新興領域，或是拿出決斷力，速度快到讓對手追不上。

在 PayPal 的早期歲月，彼得知道要逃離競爭的話，必須盡量衝高用戶數，而且速度要快。他因此進行代價高昂的實驗。大部分的公司在尋找新顧客的時候，作法是挪出預算打廣告，但 PayPal 採取更直接的方法，乾脆付錢給顧客。PayPal 的原用戶只要把服務推薦給朋友，就能賺十美元的（線上）現金，成本由公司吸收。彼得不想要天女散花大放送，但他感到 PayPal 要快速起跑的話，這是最好也最可靠的策略。

彼得那麼做有道理。首先，以這種方式給用戶錢，剛好示範了 PayPal 的用途：輕鬆轉錢。第二點是這種作法看似成本很高，但相較於幾乎是每一間消費者網路公司都在用的廣告方式，其實遠遠較為便宜，以更直接的方式得到客戶。

「我們必須以最快的速度擴張。」彼得表示：「如果不這麼做，有可能被別人擊敗，無法到達脫離速度（escape velocity，譯注：物體能脫離重力影響的最小速度）。」PayPal 日後不再介紹新用戶就送現金後，照樣持續成長，但當下彼得無法確認是否會如此。「你必須拚命全速前進，才能快速成長，不過好處是你可以獲得逃離黑洞的脫離速度，不必困在超級競爭裡。」

PayPal 此時甚至還沒有完整的商業模式。彼得表示：「我認為我們有兩條路可走，看是先擴張，或是先找出商業模式。」彼得選擇先擴張，晚點再煩惱商業模式。

彼得讓 PayPal 的用戶數暴增的同時，公司的成本也暴增。「我們燒錢的速度是一個月超過一千萬美元。」彼得指出：「相當令人心驚膽顫。」

然而，不少企業也選擇晚點再獲利，有時甚至推遲數年。有近二十年的時間，亞馬遜無視於華爾街投資者的不滿，在一個又一個的零售部門，不斷攻城掠地，擊敗對手。

儘管PayPal開頭便一馬當先，沒有停下來喘口氣的時刻，**脫離速度不是某個固定的速度，永遠是相對競爭者而言**。速度最快的競爭者，決定了你踩油門的力道得有多大。PayPal當時的重要對手是eBay，eBay也要推出新的線上支付系統。

對上速度通常較慢的巨人時，靈活的新創公司具有優勢。雷德（PayPal創辦時的董事，日後擔任營運長）解釋：「事實上，你最危險的對手，很少會是eBay這種龐然大物。大公司不喜歡貿然衝進一個領域，承擔和你一樣的風險。（當時的）PayPal要是犯錯，也不過就是引發幾千個用戶不滿。然而，如果是eBay出現失誤，憤怒的用戶將達數百萬，引發政府監管人員關注。」

此外，雷德表示即便eBay願意冒險，「他們為什麼要為了等同於線上收銀機的東西，投注那麼多的創意精力？畢竟eBay已經打造出完整的商店——eBay是電子商務的全球市集。所以說，就算有一間小公司挾持了結帳櫃檯，那又怎樣？也因此我們為了eBay的新支付系統而緊張不已，但情勢不是太壞，eBay的版本一年多後才推出。」

在那一年多的時間，PayPal持續成長，鞏固龐大的客層。彼得明白，即便一開始處於競爭激烈的局勢，一段時間後，脫離速度能帶你一路甩開挑戰者。

然而，你怎麼知道已經到達脫離速度？彼得有一條公式。

彼得說：「我以前會在PayPal的白板上寫下這個方程式。」他今日依舊能不假思索背出：「$u_t = u_0e^{xt}$，u_0是最初的用戶，u_t是時間t的用戶，e^{xt}是指數成長因子。如果你讓

x變大，指數上升的速度也會變快。」

懂了嗎？不懂也沒關係。簡單來講，PayPal的「x」很大，用戶基數每日可成長七%，隨之而來的成長是用戶／營收持續翻倍，成長圖呈現曲棍球桿的走勢，一飛沖天。PayPal最初有二十四名用戶，接著很快就變成一千；一個月後變一萬三，接著又過了一個月左右，成長至十萬。PayPal問世三個月後，擁有百萬用戶。

「有一句愛因斯坦的名言，可能是張冠李戴。」彼得指出：「但反正大意是複利是宇宙最強大的力量。」（註：沒有證據顯示，愛因斯坦的確說過這句話，八成是穿鑿附會，但依舊很有道理。）

彼得預測送錢給早期加入的用戶，可以讓PayPal從開頭便享有複利的力量，而他說得沒錯，「PayPal走過一段極度瘋狂的旅程。」

人們低估了複利成長的法則，矽谷因此令人感到有很多一夕成功的故事。「這就是為什麼投資者會在一間小小的公司身上，狂砸幾億美元。」雷德指出：「只要你的新創公司能抵達脫離速度，只要是懂複利成長力量的人士，就會持續提供你資金。」

此外，只要人們持續提供資金，你就能持續成長。然而值得注意的是，維持脫離速度（最初讓你取得大量資本的那股力量），有可能需要你用令人擔憂的速度燒錢。

PayPal最終在線上支付部門占據龍頭寶座，而且是以曲速瞬間達成。eBay體積較大，速度較慢，毫無招架的餘地，不再試圖與PayPal競爭，乾脆在二○○二年，以令人咋舌的十五億美元價格，買下 PayPal。或許更能說明 PayPal 有多成功的數字是在本書寫成的時間，PayPal 的市值為二千四百七十億美元。

決斷、決斷、決斷

艾力克．施密特發現大事不妙。他在昇陽電腦（Sun Microsystems）順風順水十四年後，決定「改變的時間到了，該到其他公司擔任執行長」。網路軟體龍頭網威（Novell）請他領導公司。書面資料看起來，這間公司再完美不過，「我和平日一樣放鬆，沒做足夠的盡職調查。」

「我進公司的第一天就掉進現實。同仁呈上來的公司季度營收，不同於我在面試時聽到的數字。到了同一個禮拜的星期三，也就是我進公司的第三天，公司陷入真正的危機。」事情很快就一發不可收拾。「到了夏天，我們稱之為『最糟的一個月』，每一件事分崩離析。我還記得我在那個月，一度告訴同仁：『我只想離開這裡，保住名聲。』當你碰上那種挑戰，你學到什麼是真正重要的事。」

艾力克在危機之中，開始學習完全不同的另一件事，他跑去駕駛小飛機。這件事聽起來無關緊要，卻有深遠的影響。當時朋友告訴艾力克：「你需要讓腦袋抽離公司的事，而人在開飛機的時候，只能專心開，其他什麼事都顧不上。」

「那是史上最好的建議。」艾力克回想：「因為飛行教的是一遍又一遍迅速做出決定：**決斷、決斷、決斷**。比較理想的作法是你做出決定，然後接受結果。」

艾力克回想：「那樣的紀律協助我撐過在網威的艱困時刻，那是貨真價實的起死回生大挑戰。」不過事後回頭來看，這種當機立斷的習慣，接著也讓艾力克順利領導Google。

至少基於兩點原因，快速做決定是Google出現爆炸性成長的關鍵。首先，日新月異的線上搜尋生態系統中，Google的腳步因此能快過對手。**第二點則比較少人知道——快速決定能促進創新。官僚體制是創意最大的殺手**。「大部分的大型企業雇的律師太多，決策者卻太少，權責不清，接著事情就陷入膠著狀態。」

艾力克為了避免窒礙難行，在Google早期的例行作法中，加進迅速做決定。「我們採取的模式是星期一開員工會議，星期三開業務會議，星期五開產品會議。」艾力克表示：「這種會議安排方式，為的是讓每一個人知道，決定是在哪一場會議做的。今日的Google即便已經到達目前的企業規模，幾乎每一件事都迅速做出決定，那源自早期的決策。」

十六點五億美元的YouTube購併案是絕佳的例子。艾力克回想：「我們大約花了十天，就做出買下YouTube的決定，這個深深影響Google的決定，很不可思議，但我們準備好了。大家目標一致，我們想做這件事。」

蘇珊．沃西基也對那次的速度印象深刻。蘇珊是 YouTube 目前的執行長，不過先前在購併時，她是老 Google 人，原本在研發 Google 的新專案「Google Video」，與 YouTube 直接競爭。

「YouTube 比我們晚幾個月問世，但急速成長，一下子就超越我們。」蘇珊回想：「我們明白自己輸了。我們起初非常興奮，我們發現這個很棒的研發領域，可以打造產品，但沒過多久就發現：**哇，我們技不如人**。」

「以我來講，很重要的判斷依據是我追蹤影片的上傳數量，了解在 YouTube 或 Google Video 放影片的人新增多少，結果 YouTube 狠狠甩開我們。即便我們做出改變，依舊太遲。我感到那是決定性的一刻。我知道我們將很難趕上。」

「YouTube 當時則發現，他們需要遠遠更多的投資。他們有著非常龐大的資本需求，也因此只有兩條路可走。第一條路是多爭取到非常大筆的投資，不過我不認為市場當時真正理解 YouTube 代表的重要意義。YouTube 的另一條路則是找到買主。」

「YouTube 因此很快就明白需要賣掉公司，開始四處尋找買主。我知道對影片的未來來說，這是很重大的機會。我和薩拉．卡曼加（Salar Kamangar）大力鼓吹買下 YouTube。薩拉後來早我一步擔任 YouTube 的執行長。我們和 Google 的創辦人謝爾蓋與賴利談了一下。我提出模型。我大約是在十五分鐘內擠出那個模型，解釋為什麼未來潛力無窮——不僅是觀看數驚人，對營收來講也前景可期。我們時間不多。」

艾力克先前不同意以六億美元買下 YouTube。當時他就聽說，要是繼續等下去，收購的金額會更高，但依舊認為 YouTube 不值那個價。接著傳來風聲，YouTube 在和 Yahoo 談賣公司的事。

這下子艾力克準備好要談。

艾力克和 YouTube 的創辦人圍坐在桌旁，地點是丹尼斯家庭餐廳（Denny's）。還有什麼地方會比那裡更適合談十億美元的交易？

艾力克談到：「其實我們在丹尼斯餐廳見面，原因是我們很確定選在那裡的話，不會被任何人撞見——我們不想要走漏消息。」

幾天內，雙方就談妥價格。YouTube 團隊受邀到 Google 的董事會，董事會投票，接著 YouTube 就成為 Google 的一員。幸好艾力克以最快的速度處理。「我事後得知我們見面幾天後，他們也和 Yahoo 見面——地點是同一間丹尼斯餐廳！」

「我們用十六點五億美元的天價買下 YouTube。」蘇珊回憶，「也因此我們得到的第一條指令是『別搞砸了』。」

幾年後，這句話再度派上用場。蘇珊必須再度以閃電般的速度，做出高賭注的決定：目前已經在 Google 待超過十年的她，要不要接掌 YouTube？

「當時的情況是賴利直接問我。」蘇珊表示：「我記得他說：『你覺得 YouTube 怎麼樣？』賴利沒說：『喔，我把這份工作交給你。』我事先什麼都沒準備。我不知道那天要談 YouTube 的事，我只是即席說出我對 YouTube 的想法，我說我很感興趣。兩星期後，我成為 YouTube 的執行長。」

從艾力克與蘇珊的故事聽得出來，以及其實企業史也有這種故事，Google 大部分的策略決定，簡單來講就是快速行動。這或許是 Google 的策略最不為人所知的面向。這就是為什麼 Google 收購小公司，而不是搶霸主地位。「我們公司裡有很多工程師，」艾力克解釋：「但你想一想，一個是讓我們的工程師花一年的時間，打造出相同的產品，一個是砸錢收購。再來是假設我們很快就能變現。也因此選項 A 是『我們自己打造，把它做對（do it right）。』選項 B 是『買下那間公司，現在就做（do it now）。』而你永遠該選擇『現在就做』。」

一夕成功的隔天早上

賽琳娜．塔帕可瓦納（Selina Tobaccowala）寫下顛覆產業的輝煌歷史。Ticketmaster 售票網、SurveyMonkey、Gixo 健身 APP 等她領導過的新創公司，各自顛覆不同領域。

在更早之前，在一九九〇年代初，賽琳娜則是窩在史丹佛宿舍的電腦前，寫下Evite的程式。這個電子邀請網站顛覆了人們如何安排社交活動。

雷德的分析時間：擴張法則

成功站穩腳步並放大規模的新創公司，自然持續處於擴張狀態。公司最初把全部的心力放在單一產品上，但遲早都得走向旗下有多種產品、多條產品線，甚至是多個事業單位。我在《閃電擴張》一書中稱為「從單一焦點到多線並進」。

也因此對任何一間新創公司來講，關鍵問題是找出該如何分配資源給現有的成功產品，以及他們希望拓展的垂直市場或新市場。此外，也得決定擴張時要專心做哪個領域。

此時可以採取簡單的「七十、二十、十法則」，也就是七十%的資源放在主力產品，二十%放在與主力產品相關的擴張，十%是風險極高的新創賭注。

至於應用那條公式的方式，甚至是在多少程度上，那是否是可靠的法則，也或者只是某種經驗談，要依據你本身的狀況靈活運用。

例如你可以決定：「我們有六個人，我們讓一、兩個人，在公司的基本產品之外，挪出十%到二十%的時間實驗。」

你選定明確的擴張領域時，可以問幾個關鍵問題：我想實驗什麼事？再來則是問：

我認為有哪些事與我目前的事業相關，或是它們是潛在的新創賭注，如果成功可以大幅擴張產品與服務？你可以思考的另一種關鍵問題是：我想搶在對手之前做到什麼？

此外，你可以用五花八門的方式問這些問題，甚至可以問：如果另一間公司試圖與我們競爭，他們會採取什麼手法？

你在考慮可能的二十與十的時候，還能換個方式問前述的問題：產業還發生什麼事？例如技術平台是否出現變化？平台可能走向雲端、AI、無所不在的感測器、物聯網、無人機等等。你可以依據相關線索，思考該把多少資源投入公式裡的二十與十。

帶動策略成長的方法不只一種，但問一問以上的問題，應用「七十、二十、十法則」，就更能以具備生產力的方式引導成長。

賽琳娜和共同創辦人阿爾．利布（Al Lieb），只是隱約知道 Evite 受歡迎的情形。他們不曾想過，這個網站一下子就成為線上邀請的主流平台。在一次令人欣喜的小插曲，賽琳娜得知 Evite 有可能就此永遠改變網路生活。

賽琳娜回想：「我這個人笨手笨腳，有一次不小心被桌下的電腦線絆倒。」那是一下子就會被忘掉的日常小事，但接下來發生的事改變了一切。「幾乎是我一踢到線，電話就響了，陌生人質問我：『Evite 怎麼了？』」

賽琳娜剛才不小心讓自己的電腦斷線，連帶也讓正在使用 Evite 網站的顧客斷線。賽琳娜這才發現，好多人都在使用他們的服務。「我們立刻把線插回去，查看數據庫，結果嚇了一大跳，這個產品不知不覺中成長了。」事情是這樣的，Evite自帶病毒係數（viral coefficient）——人們發送線上邀請後，收到邀請的人發現有這種服務後，也可能寄發邀請給其他人，反覆口耳相傳。Evite已經在賽琳娜不知情的情況下（直到她踢到線），成為不可或缺的服務。

對新創公司來講，顧客抱怨服務中斷可能是好現象，因為這代表你真的有顧客，而且他們在意你的服務，在意到會抱怨，但水能載舟亦能覆舟，狂熱的早期用戶有可能一下子愛上你，也一下子拋棄你。賽琳娜接到那通抱怨電話後，跟其他的企業高層一樣負起責任（即便她才剛到可以喝酒的法定年齡）。一旦用戶的生活中不能沒有你的服務，你已經是成熟的企業——你任重道遠。

賽琳娜表示：「我們當時沒思考過，這個事業能否做大。」也就是說，她沒想過基本的問題，例如：**要如何建立多餘硬體**（hardware redundancy）**或資料庫備份**？「我們的網站好幾次突然當掉，只能飛快地邊做邊學。」

創業者經常會做「一夕成功」的美夢，但沒事先想好，成功的隔天早上會發生的事。爆紅通常會帶來的事，就是你一覺醒來發現失火了，冒出一堆問題。以非營利教育機構Code.org的共同創辦人哈迪．帕托維（Hadi Partovi）為例，他在二〇〇七年推出「iLike」這個找音樂的APP時，低估能在早期成為臉書應用程式的威力。當時臉書的月活躍用戶僅兩千多萬人。

「我們原本打算靠兩台伺服器提供服務就好，先測試一下水溫。」哈迪表示：「但上線的第一個小時，就發現不夠用，立刻加倍，接著又加倍，然後再次加倍。」沒過多久，哈迪就必須讓三十台左右的伺服器同時上陣，才夠應付。

哈迪說：「我們判斷到了週末的尾聲，伺服器又會不夠用。」於是他和合夥人租下搬家卡車，開始四處打電話詢問：**我們能不能開車到你們的數據中心，借一下機器？**兩位合夥人在那個週末，忙著拆箱與架設伺服器，好讓 iLike 持續運轉。

類似的故事一再發生：某個新科技產品一下子紅了，團隊手忙腳亂，不知該如何是好，讓人不禁要問：**矽谷難道沒人聽說過「應變計畫」這種東西嗎？**

那個問題的答案是**誰有空擬定應變計畫？**如果要搶先進入新市場，而且第一個閃電擴張，你將必須抓住每一個成長機會——即便偶爾會焦頭爛額，也得硬著頭皮做。

讓火燒

你的公司快速成長時，永遠會起火，碰上存貨不足、伺服器當掉、接不完的客服電話。你不一定會知道應該先滅哪裡的火，而**如果你試著一次滅完所有的火，只會疲於奔命。**

創業者因此必須學習先擺著，甚至就算是熊熊烈火，有時也得讓它燒。

訣竅在於知道那些火不能**放著**不管——火勢有可能一下子擴散，吞噬你的公司；某些火帶來的損失，你則承受得住，即便愈燒愈旺也一樣。放手讓火燒需要膽量，也需要保持警戒，以及大量的練習。

賽琳娜．塔帕可瓦納很幸運，她進駐熱門的小網站 SurveyMonkey 時，已經滅過很多火（始於在 Evite 踢到電腦線）。SurveyMonkey 的創辦人萊恩．芬立（Ryan Finley）打造出大受歡迎的線上調查工具，而且儘管極度缺乏企業一般會需要的每一件事，照樣讓 SurveyMonkey 得以擴張。「他在完全沒有外來資金的情況下建立事業。」賽琳娜指出：「公司基本上只有兩名開發人員與十名客服，就那樣而已。」

SurveyMonkey 的高層面試賽琳娜，邀請她加入公司。賽琳娜發現僅僅三個人，就包辦公司所有的程式。「這對一間營收如此龐大的公司來講，**太驚人了**。」但賽琳娜也知道意思就是說，這間公司試圖擴張時，八成很快就會碰上大麻煩。或許更令人擔心的事，SurveyMonkey 沒有系統備份，萬一哪裡壞了或出問題，公司所有的寶貴問卷數據——SurveyMonkey 賴以為生的一切——將消失得無影無蹤。

賽琳娜加入後，SurveyMonkey 的團隊評估損失數據的可能性，判斷這是不能放著不管的火。賽琳娜表示，解決那樣的問題「永遠讓人躍躍欲試」，因為你必須平衡緊急事務（建立備份系統）與非緊急事務。

如果有人看著可能毀掉公司的災難，摩拳擦掌想解決，你知道你碰上經驗豐富的滅火專家了。賽琳娜一旦掌控火勢後，一步步解決冗長的問題清單。SurveyMonkey和所有快速成長的新創公司一樣，缺乏行銷計畫，也沒有針對國際用戶的策略，而且程式亂成一團，每一次要客製化都令人頭疼。賽琳娜立刻雇用工程師、行銷人員、UI設計師、翻譯人員，組成專家團隊，解決一路上的成長阻礙。

我們很容易感到賽琳娜進SurveyMonkey的時候，公司的狀態可說是一團亂或管理不當，不過那樣的看法深深誤解了企業如何擴張。每一間成功的新創公司永遠處於急診的檢傷分類狀態，不斷判斷湧進的問題的嚴重程度與處理順序。當快速成長的企業把策略成長的重要性，擺在長期穩定性之前，一般會累積起大量的弱點。

有時你得走捷徑，快速打造某種東西（產品、團隊、辦公室），而那樣的東西日後將得重新打造，弄得更堅固。你的團隊可能很難接受這種概念，但如同賽琳娜所言：「你將得在短期拋棄某些資源，只要你能在做的當下，向負責那件事的人們解釋，他們會理解的。」當你讓火燒，一定要讓團隊明白，你看見問題了，你是故意忽視。如果團隊能接受，這是好跡象，代表你雇到正確的人：出現問題時，他們能辨識問題，接著冷靜處理，而且他們了解哪些火關鍵到需要立刻關注，哪些火則可以暫時燒一下。

快速成長的意思是燒錢，做好這方面的打算

矽谷在一九九八年紅到發紫。各行各業全在開網路公司，資金大量湧入。二十八歲的瑪麗安．納菲西，當時剛和朋友兼前室友瓦夏．勞（Varsha Rao），一起創辦線上化妝品公司Eve，不過兩人有一個小細節尚未敲定：她們需要取得「Eve.com」這個網域名稱。也就是說，她們得說服目前持有這個域名的人轉售給她們。瑪麗安打電話給對方，展開協商過程。

只有一個問題：Eve.com的域名主人是同名的夏娃．羅傑斯（Eve Rogers），她只有五歲。

「一個五歲的小女孩接起電話，我心想：**天啊，我要跟她說什麼？**」瑪麗安回想：「夏娃的媽媽用分機聽我們講話，我確定她邊聽邊狂笑。這個故事以後可以講笑話：有一個加州的創業笨蛋打電話過來。**我在旁邊等著看她被我五歲的女兒折磨。**」

雷德的分析時間：你怎麼知道哪些火要讓它燒？

我們從小到大被耳提面命，要避免惹上麻煩，出了事要解決。然而，要想成功創業

的話，其實得放任某些火燒，而且有時火勢頗兇猛。你的待辦清單上要做的事，永遠會超過你一天能做的事——合夥人與顧客提出的要求，將多過你能應付的程度。很多事現在就能毀了你的公司。你得做出**正確**的抉擇，決定哪些火可以先不管、要讓那些火燒多久。這件事將決定公司的成敗。

對於快速成長的企業來講，客服尤其會引發刺耳的警報聲，此時的原則是：「在不會放慢速度的前提下，提供你能提供的一切服務。」而有時這意味著**完全不提供客服**。

在PayPal的初期階段，我們的用戶開始暴增。他們通常有滔滔不絕的抱怨，但我們的客服部門一共就三個人，我們因此很快就有回不完的顧客電子郵件。我們沒回的信件數量，一度多到每星期都增加一萬封（而且不斷暴增）。

顧客得不到回應，自然很不高興。沒過多久，我們所有的電話就二十四小時響個不停，假日也不放過我們，所以我們怎麼做？我們關掉辦公桌上所有的電話鈴聲，開始用手機談事情。

我知道那種作法很糟，我們當然應該以顧客為本，聆聽顧客，但問題是除了目前的顧客，我們也得考量未來的顧客。如果我們把所有的注意力，全都放在目前的顧客，我們未來可能不會有任何顧客。所以我們讓抱怨繼續出現，直到有餘力解決問題。我們後來飛到奧馬哈（Omaha）成立客服中心，兩個月內就讓有二百人的客服部門開始運轉。問題解決了——在適合解決問題的時間解決，我不會提早任何一分鐘。

我面臨這種選擇時，首先會評估可能性：**發生這個災難的可能性上升或下降？還有**就是：**如果真的發生了，實際的損失會是什麼？**此外，我也會評估：**這有辦法事後再修正嗎？**

如果第二個問題的答案是「致命傷害」，一旦燒過頭，公司極有可能關門大吉，此時也不要驚慌。很多新創公司在早期都面臨過那樣的危機。LinkedIn營運好幾年後，才有備份資料庫。也因此這種時候要考慮機率：**這件事發生的機率是零點一%，或甚至才零點零一%？**如果是那種機率，大概可以等上三或六個月再解決。

然而，如果發生的機率每天都是一%，那麼日子累積起來，機率很快就會到達十五%。也就是說，你的新公司很可能在三十天內就倒閉。所以發生災難的機率一到達那種程度，我的反應會是：「好吧，我們現在就來解決。」那是不容忽視的問題。

瑪麗安最後把這場相當不尋常的協商，交給領投人比爾．葛洛斯（Bill Gross）。

「比爾接電話，和夏娃的母親協商購買域名的事。」瑪麗安回想：「交換條件包括提供公司股份、讓夏娃擔任董事、以及一年可以到加州玩好幾趟。」

沒錯：讓五歲大的孩子擔任董事。

「夏娃沒真的出席董事會，」瑪麗安解釋：「但她的確有來玩。」夏娃造訪時，公司負擔她去迪士尼樂園的全部費用。為了向五歲大的人買域名，瑪麗安最後花了超過五萬美元（瑪麗安說事後回想起來，在協商免費的迪士尼之旅時，她應該親自上陣才對。）

新創公司每天都會發生意想不到的事，而且很多都得付出代價。你將面臨各種從沒想過要列進預算的支出。有時是有快樂結局的嚇一跳——但即便是瑪麗安的這種例子，依舊會讓你多掏錢。

瑪麗安取得域名開始營運後，訂單湧入的速度超出預期，她於是做了任何腦袋清醒的創業者會做的事：趁著市場正熱，盡量募資。瑪麗安頭一年就取得二千六百萬美元的資金。

「我們以極快的速度擴張公司，六個月內從沒有員工變一百二十人。」瑪麗安提到：「我們能搶在每一個人之前募到那麼多資金，實在是太好了，我們因此能占據龍頭地位。」瑪麗安解釋：「在我們之後，又冒出五家有創投資本撐腰的美容公司。」

瑪麗安拚命工作，她是業界的領先者，後面有一堆新的競爭者在追趕。「我每天工作到晚上十點，一星期工作七天」，拚命灑鈔票。瑪麗安解釋：「我們開始在電視上打廣告。」也在電台上打廣告，還有路邊的看板。「那完全是在搶地盤。」

瑪麗安手中滿是資金，超過她當初預估會需要的量，接著……網路泡沫崩盤，股市狂瀉，企業界的氣氛一夕改變。我們當時人在矽谷親眼目睹，真的是豬羊變色，每天都有公司倒閉。

「當時有一個網站專門記錄倒閉的公司，每個人每天都上去看。《華爾街日報》在報導，《紐約時報》（*The New York Times*）在報導，所以在一個二十九歲的年輕人眼中，整個世界基本上在內爆，網路基本上玩完了。」

「網路玩完了」聽起來像是什麼聳動的標題，但當時的人真的那樣認為。大家都在想：快逃啊。瑪麗安逃了。她立刻採取行動，在緊要關頭賣掉公司。「我讓我的投資人全身而退，他們全都賺到錢，我也賺到錢。在那場雲霄飛車之旅中，我最後鬆了一大口氣，實在是累壞了。」

由於瑪麗安大幅領先對手，即便當時景氣不妙，依舊成功吸引到出高價的買主。這則故事點出的事，包括瑪麗安募集超過她以為會需要的資金，接著運用那筆錢快速成長，從而逃過一劫，沒落入其他許多新創公司的命運。

瑪麗安與在她之前的眾多前輩都學到，不論是雇用員工、行銷或開發產品，與擴張有關的每一件事都需要用到錢。快速成長的前提是你得有打仗的糧草——不只得有資金，還得有專業知識與後援。此外，你幾乎不可能知道會需要多少錢，但八成非常非常多。如果你試圖快速成長的話，更是少不了錢。

「雷德的原則」因此是募集超過你以為需要的資金（他在上一本書《閃電擴張》的原則八「超額募資」中談過這點），理由是創業唯一能確定的事，就是你**絕對**會碰上意想不到的問題與支出。

網路泡沫化的那陣子，有一群創業者募到龐大的資金、花錢不手軟，接著一敗塗地。瑪麗安雖然那次幾乎全身而退，依舊學到一課。「整個網路世界崩盤時，人們情有可原有很多怒氣，痛恨有那麼多錢可燒的年輕創業者。他們看到這些人失敗時，心裡在想：『謝天謝地，這些傢伙總算是得到教訓。』你基本上從天之驕子，變成人人避之唯恐不及，這種事絕對會讓你學會謙虛。」

「我事後和一位年齡大我很多的銀行家見面。他告訴我：『從現在起，你人生最大的問題，就是你會變得太保守。我敢說你的詛咒會是你將永遠過分謹慎。』」

那個詛咒是真的。瑪麗安二度創業時，不想冒太多險。這次她想開創今日所謂的「生活風格事業」（lifestyle business），也就是可預測、相當安全的事業，有穩定的營收流，足以讓老闆輕鬆過生活就好。不冒很大的險，不要大起大落。至少那是瑪麗安當時的打算。

「我告訴自己：『這次先不要接觸創投，我已經知道創業要怎麼做。』我因此沒挑選共同創辦人，也沒引進創投資金。一開始我只想著，或許這次來建立永續的生活風格事業，一間現金流事業。」

瑪麗安因此向熟人圈募資。她口中的「我的天使朋友」夠信任她，贊助二百萬美元。瑪麗安用那筆錢成立網路文具店 Minted。

Minted 最初的構想是販售各種客製卡片、文具與居家裝飾品，瑪麗安除了請人設計所有的產品，還順便做了一點大膽的小嘗試：她邀請默默無聞的藝術家提交設計，參加線上競賽。任何人都能參加，所有人都能投票。獲勝的作品會被製成 Minted 的產品，與文具產業的頂尖品牌同台較量。

二〇〇八年的時候，瑪麗安準備好向這個世界，推出她有點非主流的文具產品。「我開始營業，」瑪麗安說：「接著整整有一個月，一樣東西都沒賣出去。」瑪麗安很氣餒，似乎「沒人想要我們幾乎花完二百五十萬美元後推出的品牌文具產品」。

然而，源自瑪麗安舉辦的設計競賽產品，卻開始慢慢賣出去。沒過多久，她「便以那種方式外包六十種原創設計」。瑪麗安「順便做的小事」突然變成**主角**。

瑪麗安無意間發現群眾外包的力量——大量聚集的一般人，將能做原本專屬於專業人士的工作。其中隱藏的意涵很清楚：由於科技創造出新機會，幾乎每一個人都能成為文具設計師，而如果他們的設計夠好，就能出頭，獲得曝光與追隨者。瑪麗安指出：「這才是你真的能打造與釋放給大眾的菁英制。」

只有一個小問題：瑪麗安原本募到的二百五十萬資金，現在大約只剩十萬能用來推銷群眾外包設計。瑪麗安原本打算開創的生活風格事業沒成功，這下子她剩下的資金，又不夠支持 B 計畫。在新創公司的世界，意想不到的機會（開心版的冒出想不到的問題，但同樣要燒錢）出現的時機，有可能晚於你希望或計畫會出現的時刻，而你需要抓住機會的資金。

瑪麗安因此心不甘情不願，考慮回頭找創投。不只是因為機會來了，也是因為出於責任感。瑪麗安顧及她的天使朋友慷慨解囊，最後一定要讓他們能把錢拿回去。瑪麗安簡報她的眾包設計概念，取得另一輪的資金。她的募資時機又一次再幸運不過。某個投資圈的朋友出聲提醒，市場正在變得不穩定。瑪麗安因此在二〇〇八年八月以最快速度募資。兩星期後，雷曼兄弟（Lehman Brothers）就倒了，市場如自由落體一般直直往下墜。瑪麗安要是再多等幾個月才募資，甚至是晚個幾星期，不會有人掏錢給這個大膽的小型群眾外包實驗。這也是為什麼隨時隨地只要能取得資金，你就該收下——你永遠不會知道資源何時會枯竭。

瑪麗安最終替 Minted 向創投募得八千九百萬美元。公司今日的營收達九位數，旗下三百五十位員工，出貨給全球七千萬個家庭。

瑪麗安回憶從前時表示，如果一切能夠重來，她會以更快的速度，募更多的資金。「事情永遠比你想得昂貴。」瑪麗安說：「而且你證明自己的時間，也永遠比想像中長。」

瑪麗安的經驗法則是不論手上有多少錢，「你要當成只有一半，因為還得算進所有的失敗與改良成本。永遠都有優秀的創業者敗在這點。我認識很多人，他們有很棒的點子，方向也正確，偏偏資金不足，功敗垂成。」

你清楚自己是誰——也清楚出資者打算要你當什麼樣的人

資金無疑能推動火速成長，但一定要注意：**不是所有的錢都一樣**。投資者必須知道，何時該對成長展望不佳的新創公司說「不」，而創業者也該知道，何時該拒絕不合適的投資者。

此外，最好在你需要錢之前，就決定好界線在哪裡。**芮娜・卡里歐比**（Rana el Kaliouby）是Affectiva公司的共同創辦人。這間情緒人工智慧龍頭提供的軟體，可以判讀面部表情，顯示你的感受。如同芮娜所言，在健康照護、教育、行車安全等各種領域，臉部辨識技術有大量的潛在應用。「然而，我並不天真。」芮娜指出：「這種技術要是落在錯誤的人手裡，將被嚴重濫用。」例如有可能用於歧視或侵犯隱私。

Affectiva的創辦人因此早期便決定，他們唯一願意涉足的產業，絕對需要取得明確同意、當事人清楚相關數據的蒐集與使用方式。「我們從麻省理工學院（MIT）獨立出來時，我和共同創辦人羅莎琳・畢凱教授（Rosalind Picard）坐在她家的廚房桌子旁討論：『好，我們知道這項技術能運用在很多、很多地方。我們的界線要畫在哪？』」

兩人設想了許多黑暗的可能性。芮娜回想：「舉例來說，保全與監視會是讓我們這間公司財源滾滾的大型領域，但我們決定不進入那一塊。」

「接著我們受到考驗。」

創業者原本就會碰上形形色色的挑戰，但資金吃緊的時候，考驗特別大。芮娜的團隊就曾碰過這種試煉。

「二〇一一年的時候，我們再過一兩個月，就得終止營運，沒錢了。此時某情報機構的創投單位找上我們。他們說：『我們會提供四千萬美元的資金。』對當時的我們來講，那是很大一筆錢。『但條件是你們的公司要轉向，改做安全、監視與測謊領域。』」

芮娜承認那個決定不好做，談到：「如果我們拿那筆錢，公司就能撐下去。」但另一方面，公司將得違反核心原則，摧毀自己當初存在的理由。「我們必須堅守立場。」

她們最後拒絕那筆錢。

雖然多花了一點時間，Affectiva 最終從其他投資者那裡募得更多資金。那些出資者相信她們公司的願景，也支持公司的核心價值觀。

「我是真心認為，清楚自己的核心價值觀很重要。我們是這個領域的領導者，我們有責任教育大眾各種用途的區別，因為我常講科技沒有善惡之分，對吧？人類史上任何的科技都是中立的，一切要看我們決定如何使用。」

「這件事成為我們的傳家故事。」芮娜表示：「故事的主旨是有策略的耐性——我們知道自己是誰，我們知道自己代表的意義。」

雷德的分析時間：多找一點資金——但也不是隨便誰的錢都拿

我一般偏好閃電擴張或飛速成長，事實證明這種方式可以帶給點子爆炸性的動能。我認為即便面對著不確定性，把速度擺在效率前面，進行閃電擴張，追求快速成長，將是未來打造重要科技公司的方法。當你試著打下贏者全拿的市場，正確策略將是搶先擴張至臨界規模，取得長期的競爭優勢，讓所有的對手幾乎不可能趕上你。

閃電擴張需要作戰資源，而且你需要快速取得，才能搶先對手。你的速度必須快，這就是為什麼我幾乎每次都會鼓勵創業者募資，而且金額要超過他們認為有必要的程度。

我明白閃電擴張的概念會讓有些人很焦慮。把速度擺在效率之前，讓人感到風險很大，也的確是這樣沒錯！然而，我們很容易小心過頭。保守對待募資與支出的金額，同樣也有風險。你可能以為盡量有效運用資金，才是回報投資者最好的方式，其實不是。你回報投資者的方法是打造出成功的公司，而如果競爭者比你會灑錢，你很難做到。

有的新創公司喜歡燒自己的錢就好，不對外募資。有的公司的確這樣也行，例如自動化行銷平台 Mailchimp。但我會說即便是 Mailchimp 這樣的成功新創公司，要是能獲得投資的助力，成長速度會更快。此外，如果開頭感到不安，可以晚一點再接受投資。用創投的術語來講，也就是 B 輪投資、C 輪投資、D 輪投資。把愈來愈多的投資，注入已經成功的新創公司，將使你不僅能稱霸單一市場，還能拓展到其他市場。

Mailchimp 以罕見的方式攻占市場，同時擁有好運、毅力與技術。然而，要是他們當初能找到**正確的創投夥伴**，我相信他們可以省下大量的時間，以遠遠更快的速度擴張。

請注意，我剛才強調要找到「正確的夥伴」，因為正確夥伴是方程式中的重要因子。正確的夥伴不好找。我在給創業者建議時，永遠會告訴他們，絕大多數的創投者（達四分之三），提供的其實是負面的價值與資金。另外還有極少數的一群創投者則不好不壞，而大約僅十％的人提供有益的價值與資金。有時你真的需要錢，但依舊該慎選創投夥伴。

你可以把投資者視為公司日後階段的財務共同創辦人，他們是提供策略與融資的夥伴。當然，他們扮演不同的角色。你依舊是創辦人，你還是執行長，依舊由你主持公司。然而，你與投資者的關係應該要是夥伴關係，而不懂你的夥伴將是最大的絆腳石。所以說，你必須找到合拍的投資人，適合你的產品，也適合你的工作風格，而這也是為什麼我會建議創辦人在尋求資金時，可以在不同的時期，接受不同的投資者。

雷德的「讓事業成長」理論

坐著，但隨時準備好一馬當先

當你踏上創業之旅，你需要意識到周遭的情況隨時在變。路要走得長遠的話，有時你必須拿出有策略的耐心，不過意思不是呆坐著，而是嚴陣以待，觀察向前衝的時機。你有時甚至必須事先培養能力，才可能利用未來出現的機會。

決斷、決斷、決斷

當機立斷是爆炸性成長的關鍵。忙中的確會有錯，但你會犯的最大錯誤，不會是以夠快的速度做決定。時間是決勝的關鍵。

讓火燒

你的公司快速擴張時，注意力一定要放在前進。如果你把大部分的時間用在滅火，你很難有所進展。有的火不能放著不管，但其他的火最好讓它燒。

資金永遠不嫌多

機會有時會在最意想不到的地方冒出來，而你必須有資金支持你的新方向。一定要預留充分的準備金給 B 計畫，讓自己有足夠的實驗基金。

慎選創投夥伴

把投資人基本上視為日後階段的共同創辦人——這個夥伴了解你，也了解你替公司設下的願景。

第六章　學著忘掉知道的事

故事始於一雙手工鞋。奧勒岡大學的學生菲爾．奈特（Phil Knight），跟著名人堂徑賽教練比爾．鮑爾曼（Bill Bowerman）練跑步，而跟著比爾教練的意思，就是你會穿到他異想天開的各種自製運動鞋。「教練永遠在實驗五花八門的鞋子。」菲爾回想當年：「他認為減輕鞋子的重量很重要。」

「在那個年代，所有厲害的跑者都穿 Adidas 或 Puma，但我目瞪口呆看著奧蒂斯．戴維斯（Otis Davis）穿著比爾教練的鞋，在太平洋海岸聯盟冠軍賽（Pacific Coast Conference Championship）的四百公尺賽事中奪冠——在奧蒂斯穿著上場前，我負責實驗那雙鞋。」菲爾訝異那雙輕量級的手工鞋，居然能助知名跑者一臂之力。不過他也訝異，那場勝利在業餘的運動人士之間引發轟動，人人都想要那雙鞋，「那次的事種下了種子」。

比爾和菲爾各掏五百塊，在一九六四年共同成立 Nike，原名「藍帶體育用品公司」（Blue Ribbon Sports）。兩個人完全只專注於一件事：製作超高性能的運動鞋。「我們的想法是這個世界需要更好的跑步鞋。」至於建立品牌？打廣告？菲爾完全不在乎這一類的事。「我這輩子從來不認為自己有『銷售人格』。」他的致勝方程式是打造能贏得比賽的運動鞋，剩下的自然水到渠成。

起初的確是那樣沒錯。在史蒂夫・普方坦（Steve Prefontaine）等一流跑者的背書下，全國的田徑賽教練和跑者，搶著要 Nike 的輕量運動鞋——那些鞋子專為速度打造，不以外型取勝。「我們沒太去管鞋子長什麼樣子。」菲爾說道：「我們認為只要能跑出好成績，有優秀的運動員穿著那些鞋子，就會賣得出去。」

事情繼續如他們所願，但一段時間後這種策略不再靈驗。**我們今日所知的引領文化、人人跟隨的時尚 Nike，其實要到 Nike 快被市場淘汰才出現**。高性能的運動裝備後來被另一股趨勢取代——**潮牌**的運動裝備。Nike 在這場競賽中遠遠落後。套用菲爾的話來講：「在一九八〇年代，Reebok 這個新起之秀讓我們傷透腦筋。」

Reebok 出品的魔鬼氈高筒鞋，迎合有氧健身操這個新興的運動風潮。喜愛時尚的女性依舊穿著套裝，但這下子腳踩有氧運動鞋去上班。運動服飾突然變成街頭服飾。

菲爾在過去近二十年間，靠著做他知道怎麼做的事，打造出獨霸市場的事業：設計、測試，接著把高性能的運動裝備賣給運動員。然而，周遭世界的遊戲規則變了，菲爾必須忘掉他認定的每一條致勝公式。

有一季銷售特別低迷後，「我們說：『或許真的該試試看打廣告。』」菲爾回想：「所以我們走進一間辦公室，裡面有四個人和一張折疊桌，其中兩人叫大衛・甘迺迪（David

Kennedy）與丹．韋登（Dan Wieden）。」

沒錯，就是Wieden+Kennedy廣告公司（丹和大衛的姓氏相加，簡稱W+K）的創辦人。大衛和丹將就此成為廣告界的傳奇，率領數千員工，全球各地都有辦事處，但菲爾找上他們時，他們還只是很有雄心壯志的小公司。丹和大衛願意挑戰菲爾的程度，不亞於菲爾打算挑戰他們的程度。

菲爾形容當時的情景：「我走進丹的辦公室，先發制人：『我就明講了：我痛恨廣告。』丹說：『哇，真是振奮人心的開場白。』」

雙方因此從第一原理著手。W+K團隊的作法是：「我們必須了解客戶，了解產品。我們必須知道客戶是做什麼的、他們代表什麼，呈現出他們真正的樣貌。」雙方展開了解後才發現，菲爾其實不討厭廣告，他討厭的是**無聊的**廣告。

菲爾和W+K廣告公司合作後，開始明白Nike重視的事不僅能用來打造產品線，還能塑造品牌。Nike具備不服輸的精神，平日與一流的運動員合作，還堅持品質，絕不妥協。菲爾認為就是因為建立了這樣的品牌，最終讓Nike的銷量大增三、四倍。沒品牌是辦不到的。

菲爾走進那間只有一張小桌子的迷你辦公室時，踏出了舒適圈，不過他依舊高度專注於Nike的本質。W+K廣告公司依據Nike不服輸的精神，搭配披頭四的音樂，給觀眾看具有代表性的運動員，簡單好記的廣告台詞，以及超有型的鞋子。Nike的首支廣告「革命」（Revolution）如今已成為業界傳奇。沒錯，廣告的最後，接著形塑文化的經典廣告詞：「Just Do It.」

Nike 那幾年也在設計方面下足工夫，這對菲爾來講又是一個新領域。設計師馬克・帕克（Mark Parker）接下重責大任（他最終成為執行長），推出各式各樣的鞋款，包括開闢「交叉訓練鞋」（cross-training shoes）這種新領域的鞋子、一九八二年問世的 Air Force 籃球鞋，還有就是一九八五年的經典 Air Jordan：那不只是一雙鞋，幾乎等同一個設計平台。

「一切加在一起後，我們在幾年間成為品牌。」菲爾說道：「我們就此真正起飛。」

菲爾願意放棄過去二十多年間辛苦累積的專業，協助 Nike 轉換跑道，從一間製鞋公司變品牌。菲爾清楚運動鞋的市場在一九八〇年代初，經歷了一場重大轉變。如果他和 Nike 不與時俱進，就會被淘汰。每一間快速成長的創新組織領袖，全都會面臨這樣的轉變，而且通常會一而再、再而三碰上。光是摸索出一件事要怎麼做還不夠。如果要讓組織真正大幅擴張，就得把自己當成白紙，重頭學起。

歸零是很大的挑戰，因為人類的天性是不管如今還行不行得通，我們會緊抓著先前的成功策略不放。上了年紀、有點成績後，更是容易守舊。所以你必須不斷質疑（通常還得拋掉）上一個產品、上一份工作，以及過去一年帶來的假設。在組織或產業快速成長的時刻，有一句老話特別適合用在這裡：「以前行得通的，以後不一定行得通。」學著拋下過去知道的事是隱藏版的擴張心法。

勇闖不熟悉的領域

典型的好萊塢故事告訴我們，從前從前有一個年輕人認真向上，雖然在傳達室打雜，他努力工作，跑遍各處室。長官偶然注意到這小子還不錯，願意提拔他，他就此一路往上爬……

不過，**巴瑞・迪勒**（Barry Diller）的故事不盡相同。巴瑞最初**的確**在傳達室工作，地點是威廉莫里斯娛樂經紀公司（William Morris Agency）。然而，按照巴瑞的講法，當傳達室裡的每一個人忙著「巴結經紀人」，他卻躲到檔案室看資料。那裡的檔案櫃裝著完整的娛樂圈歷史，「就這樣，我三年間依序從A到Z，讀完這個產業的事……檔案室是我的學校。」

巴瑞讀完資料後，準備好應用所學，離開經紀公司。朋友介紹了一份工作，某位事業正在上升期的ABC電視高層，願意雇用巴瑞當助理。巴瑞不是很想影印與接電話，但還是接下那份工作，理由是：「我向來認為只要是你感興趣的事，就能帶來最寬廣的道路，而電視是一條相當大的大道。」

巴瑞的新東家不是業界的龍頭老大，不過這對他來講反而是好事。「ABC在電視網的世界排行老三，很敢衝，只要能活下去，幾乎任何事都肯試。」巴瑞回想：「那有如一間隨你拿的糖果店。既然你想爭取任務，那就去吧。」

巴瑞抓住推銷大點子的機會。

「當時所有的電視節目，不論是喜劇或劇情片，全部做成連續劇的形式。」巴瑞解釋：「而且都把劇情的時間點設在現在。節目有可能一播就是七年，但露西（Lucy）永遠住在同一間公寓，不會搬家。劇情永遠是中間那一段的事，沒有開頭，沒有結局。我心想：**為什麼我們不在電視上，講那種有開頭、有中間、有結局的故事，跟電影一樣？**」

巴瑞於是提出當年很前衛的「本週電影」（Movie of the Week），一種專為電視拍攝的電影。電視台的同仁大聲抗議**這根本不是電視**。反對者說：**我們電視不會這樣搞**。然而，巴瑞先前在威廉莫里斯的檔案室裡，讀過橫跨七十五年的娛樂史，他知道電視節目也曾經採取電影說故事的方法，例如數十年前的《九十分鐘劇場》（*Playhouse 90*）與《一號片場》（*Studio One*）。

巴瑞據理力爭，最後獲勝。也或者該說ＡＢＣ的高層受不了他一直吵，讓他自生自滅。「如果真有人認為行得通，怎麼可能把這種好差事，交給一個二十三歲的小伙子？」巴瑞談到：「每個人都認為會失敗，正好可以讓這個自認滿腔熱血的菜鳥閉嘴。」

「電視電影」（TV movie）就此誕生，也就此成為電視界的固定製作，艾美獎（Emmy）甚至因此成立新獎項。ＡＢＣ最雋永的相關製作包括《決鬥》（*Duel*），導演是初出茅廬的史蒂芬·史匹柏（Steven Spielberg），以及催人淚下的經典《挑戰不可能》（*Brian's*

Song）。

不過，巴瑞提出的形式很快就碰上極限。他試著把小說改編成適合小螢幕，但不論故事線怎麼安排，總是不太對勁。「兩小時也講不完故事，更別提九十分鐘了，需要更多呼吸的空間。」巴瑞發揮創意，找到解決辦法——**順帶**又找到新形式。他稱之為「適合電視的小說」，也就是今日的迷你影集。這種集數有限的電視劇，一連播放八至十個晚上，講述無法一晚就演完的史詩級故事。這種類型的節目吸引到大批觀眾，大家每晚擠到電視機前準時收看。ＡＢＣ成為大贏家，製作出《幕府將軍》（*Shogun*）、《富人，窮人》（*Rich Man, Poor Man*），以及用八集講述奴隸制度、打破所有美國電視收視紀錄的《根》（*Roots*）。

矽谷最成功的創業，很多都像巴瑞在ＡＢＣ初試啼聲的故事。巴瑞替電視製作電影的點子，違反了傳統的作法，所有人都覺得會失敗，但事實證明巴瑞有眼光，他看見別人沒看見的事。**其他人看不見的原因，在於不願意放下自己所知的事**。

巴瑞不一樣，他輕鬆做到，**兩度**重新打造電視節目的公式，而且接下來他還會再次成功。好萊塢的派拉蒙影業（Paramount）原本搖搖欲墜，但巴瑞接手後度過輝煌的十年。他批准製作一系列定義時代的經典電影，包括《少棒闖天下》（*The Bad News Bears*）、《週末夜狂熱》（*Saturday Night Fever*）、《火爆浪子》（*Grease*）、《法櫃奇兵》（*Raiders of the*

Lost Ark）、《閃舞》（*Flashdance*）、《渾身是勁》（*Footloose*）、《你整我，我整你》（*Trading Places*）與《捍衛戰士》（*Top Gun*）。巴瑞創下史無前例的佳績後，渴望新挑戰，再度回到電視圈。

巴瑞因此在一九八八年，在一群面無表情的放映室高層面前，播放最新的前衛情境喜劇。

「當你和一群人一起觀賞影片，」巴瑞描述當時的情況，「而你又參與了製作，其他人則是第一次看，你會不停大笑——一部分是因為你感到自豪，一部分則幾乎是在看有誰敢不跟著笑。」

這次除了巴瑞，沒有任何人笑。

巴瑞已經預定十三集的新節目，但在場的每一個人，全都斬釘截鐵表示新節目完蛋了，這是燙手山芋。此起彼落的聲音講著：「這播不了」、「有辦法取消嗎？」

巴瑞當時是剛成立的福斯電視網（Fox Television Network）執行長。在一個長期由三大電視台壟斷的世界，福斯是「老四」。巴瑞知道自家剛起步的電視網如果要有任何機會站穩腳步，就得給觀眾與眾不同的選項：給他們一個打破規則的黃金檔節目。巴瑞給現場主管看的東西，完全不同於典型的電視網情劇喜劇。劇裡的兒子玩世不恭，媽媽一頭藍髮，懶惰的老爸不修邊幅，甜甜圈成癮。

喔，對了，還是卡通。

沒錯，那部戲是《辛普森家庭》（*The Simpsons*）。巴瑞的「大災難」最終成為電視史上最成功的電視劇。今日在電視上播出成人主題的動畫劇，感覺稀鬆平常，但當時可說是石破天驚——而這也是為什麼巴瑞受到吸引。

「我這輩子唯一感興趣的事，就是沒做過的事。」用自己的方式做事的創業者也經常會這樣講。《辛普森家庭》能吸引到巴瑞，不只是因為巴瑞認為，這個節目將能讓他的電視網殺出重圍，也是因為他對於創新的計畫感到興奮。一把巴瑞丟進不熟悉的領域，他將被迫學習、適應與實驗，而每次他端出最好的作品，正好也是因為他做了這些事。「我非常早就學到，」巴瑞表示：「當你一無所知，你會有最好的表現。」

巴瑞是「無限學習者」（infinite learner）的典範。他位於曲線極端的那一頭。不過，所有想在世上留下印記的人士，一定得抱持這種基本的心態——拋棄上一個產品、上一份工作或去年一年帶給你的假設。

如果以雷德的第一本書《第一次工作就該懂》談到的架構來分析，巴瑞可說是示範了「永遠處於 beta 狀態」，包括以新的心態面對每一件事，尋求新挑戰與新的學習機會；以及永遠不要自認已經摸透新遊戲。

拋開知道的事

巴瑞從電視圈轉戰電影，接著又回到電視，穩居媒體教主的寶座，但如今他……感到無聊了。

「我管理電影與電視公司十八年，這輩子不想再看到劇本。」

巴瑞思考人生的下一步時，妻子黛安．馮．芙絲汀寶提到新成立的QVC電視購物網。「我以前從來沒見過那種東西。」巴瑞指出：「那是電話、電視與電腦的早期交會。螢幕是互動的，目的不是敘事，很神奇。」

所以……巴瑞買下QVC。一九九二年的時候，網路幾乎可說是尚不存在，而巴瑞對於互動螢幕的概念感到著迷。他看出這東西能讓媒體產業注入活水，更別提零售業會受到的影響。此外，巴瑞有辦法跳下去做這件事，原因是他準備好拋下先前學到的電視製作方法。這次不講故事——讓觀眾來主導的時間到了。

QVC成為企圖心旺盛的試驗場地。巴瑞成立日後的InterActiveCorp（IAC）營運中心，展開一連串涉足各領域的購併，以迅雷不及掩耳的速度，買下各種類型的公司。

巴瑞收購的第一間公司是Ticketmaster。Ticketmaster很快就成為頂尖的演唱會與表演節目的線上票務中心。接下來，巴瑞收購Expedia.com，進軍線上旅遊，再來是買下

Match.com、Tinder與OKCupid，進入網路約會的領域。他接著又買下影片網Vimeo、Ask.com、《野獸日報》（*The Daily Beast*）、College Humor、Dictionary.com，以及Angie's List服務評價網。幾乎不管你搜尋什麼，搜尋結果八成會跑出巴瑞旗下的事業。ＩＡＣ很快就成為罕見的網路集團。

旗下事業如此五花八門，巴瑞除了對每個主題所知有限，更是沒有太多的相關產業經驗。然而，巴瑞視這樣的無知狀態為資產。「知道的愈多，反而愈不好。」巴瑞沒自以為是，他花時間與力氣了解複雜的議題。如同Netflix的里德·海斯汀本人與里德打造的團隊，巴瑞是典型的「第一原理」思考者。

事實上，巴瑞別無選擇，只能以這種方式處理每一次的新挑戰——他的大腦就是這樣運轉的。巴瑞說道：「我的腦筋轉得比較慢，缺乏想像力。」他遇到不了解的事情時，「我得分解到最小的元素才能懂，但我感到興致盎然——一層一層抽絲剝繭，找出事物的本質。」

巴瑞每弄懂一個新事業，就準備好讓那個事業獨立，尋找下一個挑戰。ＩＡＣ在短短一年間，就分出去家庭購物電視網（Home Shopping Network）、Ticketmaster、LendingTree.com。雖然ＩＡＣ被當成媒體集團，從某種角度來看，ＩＡＣ的功能其實比較接近企業育成中心——點子孵化後，巴瑞便失去興趣。ＩＡＣ這個產業大雜燴，隨時配合巴瑞想學習新知、拋棄舊概念的渴望。

巴瑞能以如此成功的方式，從一個領域跳到另一個領域，不僅是因為他有能力歸零與學習新知，也因為他直覺就懂得放下自己知道的事，而且每次進入新事業時，他以外來者的身分帶來新鮮觀點。

比爾．蓋茲早年在微軟時，深信自己什麼問題都能解決。不論工程、人資或銷售問題，「我會全力鑽研那個問題。」「我認為道理都是互通的，你會A，就能會B。不管是否真有這麼一回事，我自認在所有的領域，全都自學成才。」

比爾永遠自認是無限學習者，輕鬆就能跨領域。他的確辦到了，多年間處理軟體、工程與管理大企業帶來的問題。然而，比爾成立蓋茲夫婦基金會時（Bill & Melinda Gates Foundation），碰上出乎意料的挑戰。

比爾和妻子梅琳達（Melinda）讀到令人訝異的文章，竟然有數百萬的孩子因為可以避免的疾病死去。比爾因此讓旗下的基金會，聚焦於需要取得療法的疾病。比爾回想自己當初發出豪語：「我們來解決那件事。」這並非傲慢的宣言，只不過比爾樂觀相信，科技幾乎可以克服萬難（只要背後有足夠的財力）。比爾知道許多疾病已經出現重大的科技進展，他準備擴大規模，增加受惠人數。「我心想：OK，**這個我擅長。我們來建立團隊，完成這件事。**」

比爾擁有創業者的行動派性格，但他很快就發現在行動前，有很多必須學的事，包括相關的科學知識、政府扮演的角色、各國的文化差異，甚至是如何運送補給的實務問題。看似是小事的物流問題，居然成為首要的障礙。

「我還以為只缺醫學上的重大突破。一旦研發出新疫苗或創新的藥物，一切就搞定了。」比爾解釋：「很可惜，國家是健康照護系統的主體，而許多國家的配送機制十分糟糕。」

比爾一路跌跌撞撞，才發現基本的日常事務也得由他們親自解決，例如支援重大創新的物流。「我承認有一兩年的時間，我心想：**天啊，物流這種事，難道不該由別人出馬搞定？**」比爾談到：「我最終改變想法，不能等別人來解決。如果發明出更多的新疫苗，但民眾根本打不到，有跟沒有差不多。」

比爾和基金會碰上陡峭的學習曲線。「了解如何在貧窮國家做事，讓東西能運出去，那不是微軟的長處。微軟擅長的是雇用聰明的工程師。」

此外，比爾投入製藥事業的產品與營運。「我試著找出佼佼者，看誰是藥物設計與市場進入的好手，吸引製藥業的人才，因為我們實務上必須成為一間製藥公司，而且還得超越所有的藥廠，製造出更多成功的藥品。」

此外，比爾必須研究既有的模式：哪些國家在對抗疾病方面表現良好，原因是什麼？「我深入研究哥斯大黎加與斯里蘭卡等歷史上的範本，也研究幾個非洲國家的當代例子。」比爾表示：「對我們來講，關鍵是說出英雄的故事與不同制度的作法。」

在所有的議題中，比爾口中的「運送問題」或許最令人感到費解。為什麼有的地區能有效運送疫苗與藥物，其他地區卻辦不到？

比爾得知事情通常與政府有關。「富國的政府，即便只是中收入國家，今日的辦事效率也很不錯。」比爾說：「我們有點視為理所當然，認為完善的自來水系統、電力系統、教育制度、司法制度，全是應該的。」

「然而，如果是極度貧窮的國家，工資不會按時發放，就連救命的疫苗有時都分配不到經費，甚至被偷。你會訝異運作不良的政府能離譜到什麼程度。」

比爾如果要處理這個龐大的問題，就得學著和政府打交道——也或者該說是**忘掉**以前和政府交手的經驗。在比爾領導微軟的歲月，政府比較接近對手，而不是盟友。

然而比爾如今知道，他和基金會必須想辦法讓救命的藥物能送達：「你要讓政府扮演好自己的角色，還是你要試圖繞過政府？」比爾表示：「我們最終發現必須讓政府站出來，那是唯一的長期解決辦法。」

比爾指出，與不同的政府打交道「涉及重大的學習曲線」。每個國家遭遇的問題不一樣。至於該如何解決，各國的態度也不同。有的國家歡迎協助，有的則不那麼歡迎。舉例來說，衣索比亞的總理希望改善國內的健康服務，「也因此支援衣索比亞的醫療制度，甚至是改善他們的農業制度，我們都能以合作的方式進行。」比爾談到：「衣索比亞成為我們的範例。」

然而，奈及利亞就完全不是那麼一回事。全球一半的小兒麻痺症，一度都在奈及利亞，主要原因是疫苗無法穩定送達，該國動盪不安的北部地區尤其嚴重。在這種情況下，基金會採取的方法是繞過政府，支援二十萬義工，一共替四千五百萬名孩童注射疫苗，改善小兒麻痺症。奈及利亞已經創下三年未有新病例的記錄，不過基金會依舊持續努力結盟，確保需要的民眾能打到疫苗。

不過，就連最困難的挑戰，也能有長期的好處。

「生物科學帶來研發疫苗的新法，那方面極度順利。」比爾報告：「即便有的奇蹟尚未出現，目前還缺ＨＩＶ疫苗與結核疫苗，我們將在接下來的十到十五年間成功，也因此值得努力讓疫苗問世時有辦法送達。物流系統不僅是為了送達今日已經有的疫苗，接下來的疫苗也能連帶受惠。」

比爾如今把長期的觀點擺在心上。他知道要花很長的時間，才能打造出正確的制度與建立關係，但辛苦沒有白費：在過去二十年間，兒童死亡率下降五成，從每年會死一千萬人，降至僅五百多萬。在基金會的努力下，原本會有**四百五十萬**的孩童，五歲前就會死於完全可預防的疾病，但如今他們安然無恙。這是慈善工作的最高成就。

免去一切的規定

一九四三年，正當二戰打到如火如荼之際，任何的科學突破或技術創新，皆有可能扭轉戰爭情勢——交戰雙方的勝負只在一瞬間。德軍近日剛打造出「梅塞施密特 Me 262」（Messerschmitt Me 262），預計將成為史上第一台投入實戰的噴射戰鬥機，替德國帶來作戰優勢。美軍必須設法回應，而且動作要快。

然而，美國當時的噴射引擎技術落後德國，不過接下來出現一個機會：英國政府願意免費提供「德哈維蘭 H-1B 小鬼」（de Havilland H-1B Goblin）的引擎設計圖，唯一的問題是美國人必須自行製造飛機。

美國空軍把這個任務交給航太製造商洛克希德馬丁（Lockheed Martin），但洛克希德已經產線全滿，沒有多餘的廠房空間，也挪不出工程師，坐困愁城。儘管如此，洛克希德的工程長凱利．詹森（Kelly Johnson）主動請纓。「詹森一直要求建立飛機實驗部門。」熱衷航空史的 GitHub 公司工程長尼克．閔斯（Nick Means）說明：「基本上，洛克希德的董事會把這個計畫交給詹森，只是為了讓他閉嘴，知難而退。」

雷德的分析時間：從「無所不知」到「無所不學」

傳奇領袖把他們的公司或點子，從零擴張到無限大。我們為了向這群人致意，把本書的英文名字與我們的Podcast節目，命名為「規模大師」（Masters of Scale），不過這個名字會造成誤解。「大師」聽起來像是我們已經無所不知，掌握一切方法，但其實我們還在持續學習每一件事。永遠要不斷求知，永遠處於進行式。

我時常會提醒自己，人很容易記得成功，忘掉失敗，因為成功會讓你自豪，你開心能夠掌握到竅門。此時你會假設你學到的這件事，這個工具，將一直有用下去，可以持續應用，而這將導致你一遍又一遍做一樣的事——即便早已世易時移。

同樣的工具、同樣的知識、同樣的手法，自然**不會**一直有用下去。如果你試圖解決的問題變了，市場產生變化，對手不一樣了，產業出現改變，你也變了，原本的方法自然會失效。

企業家因此必須經常思考：**我無法再仰賴哪些過去學到的事**？**有哪些事必須重來或重新學習**？你以為事情是那樣，如今卻得全盤推翻，重頭來過，偏偏拋掉過去帶來成功的知識或專長，又是再困難不過的事。

舉個例子來講，如果我用先前創辦LinkedIn的方法，在今天試著成立新的消費者網路公司，我會失敗，畢竟行動技術不一樣了，病毒式傳播不一樣了，找工作的生態系統不一樣了，人們使用的平台不一樣了，一切全都不一樣了。

不論你下一次要進行的創業是什麼，道理也一樣，想成功就得換一套劇本。你的基本思考邏輯必須是：「聽著，我知道遊戲正在變，而既然遊戲變了，我以前學到的事，自然只有一部分還適用。」我建議所有的創業者都必須擁有學習心態。擬定獲勝的策略前，先要找出新的遊戲規則。你得「無所不學」，不能自以為「無所不知」。

詹森對於該如何打造出這次的飛機，心中已經有相當明確的計畫。首先，他們必須拋開過去的每一個假設，不去管飛機理論上該如何製造。

詹森在洛克希德閒置的空地上搭棚子，緊臨惡臭的塑膠工廠（這個計畫因此被稱為「臭鼬工廠」〔Skunk Works〕）。帳篷內，一小群精挑細選出來的工程師、製圖員與裝配工，開始用模型引擎組裝模型飛機。「他們手上連實物引擎都沒有。」尼克談到：「但他們依舊想開始造飛機。」

這是嶄新的工作方式。「一般來講，製造飛機時，」尼克解釋：「你需要畫很多圖，做大量的吻合度測試，但詹森基本上免去所有的規定，宣布讓工程師與製造人員隨機應變，自由生產零件。」

設計師、工程師、製造人員之間緊密的回饋迴圈，讓點子能在幾小時內就從鉛筆草稿圖變成有形的零件。花在畫藍圖的時間減少，把更多的時間用在打造零件、蒐集數據，依據結果再來一遍。有了那樣的彈性，加上飛快的行動速度，一群人在短短一百四十三天內就打造出原形，對噴射機來講是不可思議的速度。

如果飛機無法飛上天，不論下了多少籌備與製造的工夫，顯然沒意義。幸好這次的飛機能飛——而且速度很快。詹森的臭鼬工廠製造出來的 P-80 流星戰鬥機（P-80 Shooting Star），是美國第一架水平飛行時速達五百英里的飛機。這架原型機不曾在二戰上場，不過後續的 F-80 打過韓戰，T-33 也被廣泛當成訓練機。美國空軍生產出八千多台飛機，而 T-33 一直服役到一九九七年。詹森的團隊用一百四十三天研發出來的設計，最後服役超過五十四年。

這個計畫有太多**理論上**不會成功的原因。首先是詹森「免去所有的規定」。航太工程師一般不做這種事，但臭鼬工廠沒時間執行多年期計畫，也沒有做任何假設的餘裕，必須立刻解決手中的急迫問題，也因此他們做實驗。

今日的所有企業都該採取類似的作法，因為即便你思前想後，擁有最詳實的商業計畫，你的計畫八成是依據假設而來。產品或服務一上市，立刻就會知道假設有誤。從某個角度來講，你可以把事業當成一場實驗，而**實驗要成功的話，你必須願意拋下原本信以為真的事，或至少要存疑**。

學習實驗（與實驗學習）

艾瑞克・萊斯（Eric Ries）是長期證券交易所（Long-Term Stock Exchange）的創辦人，著有經典的《精實創業》（*The Lean Startup*）一書，不過他二十五歲的時候，也共同創立過沒沒無聞、尚未證明自己的IMVU公司，替社群網站平台製作3D虛擬人物。IMVU一開始就有再精彩不過的商業計畫——這點艾瑞克相當清楚，因為是他寫的。「那份五十頁的文件提出史上最無懈可擊的論點。」艾瑞克形容：「數據取自美國的人口普查，有著種種詳盡的分析。你讀了絕對會感動落淚。」

只有一個小問題：必須感動到會購買產品的**顧客**，沒讀到那份商業計畫。此外，顧客也沒做出艾瑞克預測他們會做的事。

艾瑞克在產品推出前，在無數的漫漫長夜寫程式，試著盡善盡美。產品上線的前夕，他依舊在擔心有哪裡會出問題，例如下載軟體的人太多，伺服器會當掉。

艾瑞克的軟體沒讓任何電腦當掉，因為沒有任何人下載。

「我們連一份產品都沒賣出去。」艾瑞克坦承：「甚至連免費試用的人都沒有！」不過，這個當時令人感到天要塌下來的重大打擊，讓艾瑞克看清很關鍵的事，替他日後的招牌理論奠定基礎：他的公司依據極度失真的假設打造產品，白白浪費六個月寫程式。

這次的事讓艾瑞克問了一個問題：**如何能早一點知道假設有誤？**

艾瑞克和團隊還沒從打擊中恢復過來時，他們利用易用性測試抽絲剝繭，找到出問題的地方，接著讓策略轉向，最後終於走對路，製作出受歡迎的虛擬頭像，公司開始擴張。不過，艾瑞克忘不了那不眠不休的六個月。他最無法釋懷的，不是產品沒抓對方向，而是中間浪費掉多少時間與心力。

很多人還以為，要做好一件事的話，一定得慢慢來，關起門來仔細推敲，盡善盡美後才呈現在世人眼前。畢竟俗話說得好，你只有一次機會帶來第一印象。

這種論點在人文領域或許行得通，滿懷哀愁的詩人獨自在閣樓裡，推敲逗點該擺在哪裡最合適，但對新創公司來講呢？

那絕非上策。

問題出在你**以為**你知道——你自認知道顧客要什麼，你自認知道在真實的世界什麼事行得通、什麼行不通，但你以為的事通常只是未經驗證的假設，而解決的辦法是以最快速度測試那些假設。

方法是你**必須願意和外界分享尚不完美的作品，快速取得回饋，不但在非常早期就要分享，之後也要持續分享**。艾瑞克稱之為「最簡可行產品」(Minimum Viable Product，簡稱MVP），也就是用產品最基本、最沒修飾的版本去測試假設。

「MVP」這個好記的縮寫術語在當時是新詞彙，不過艾瑞克立刻指出，他這個「在測試中學習」（test-and-learn）的理論，其實源自幾世紀以來的科學方法。「我們其實沒提出什麼嶄新的觀點。」他表示：「只不過是把舊道理應用在商業上。」

值得一提的是，艾瑞克的方法不僅是在談學習，也與你如何**回應**自己學到的事有關，你要「不斷疊代精進」（perfection through iteration）。道理和科學方法一樣，你必須評估實驗結果，思考**結果是否支持我的假設？或是需要調整？**在商業的世界，這樣的調整可大可小，有可能只需要新增一個功能，也可能整個策略都必須轉向（對了，「轉向」（pivot）這個今日很常見的詞彙，也是艾瑞克帶動的。本書第八章〈轉向的藝術〉會再談這件事。）。

艾瑞克立刻在IMVU公司實踐理論。他帶領的工程師開始更頻繁地交付程式，更新用戶手中的產品，有時甚至一天更新好幾次，接著團隊會研究數據，了解用戶如何回應更新。很快的，從「假設」到「實驗」再到「結果」的距離愈縮愈短，艾瑞克的公司開始擴張，不過艾瑞克依舊煩惱一件事。

「我們以這種相當不尋常的方式做事，顯然奏效了，但沒人知道**為什麼**。」艾瑞克回想：「我們的員工瘋了，投資人也瘋了。」艾瑞克知道他必須想辦法說出個所以然，完整解釋新方法背後的原理。他開始深入研究相關概念（利用科學實驗法推出新產品與新事業），從「新創公司的創辦人」，搖身一變成為「運動領袖」。

從管理理論家到軍事策略家，再到豐田（Toyota）的「精實生產」（lean manufacturing，找出流程中每個步驟中的浪費，加以去除），艾瑞克旁徵博引，把相關概念應用在軟體開發，有如科學家觀察藥物對某個物種的效果後，把心得應用在其他物種。

艾瑞克在研究的中途離開IMVU，擔任其他新創公司的顧問。此外，他開始匿名寫部落格文章，後來成為出書的基礎，而且時機再完美不過。二〇〇八年金融危機過後，創業者必須在缺乏大量資本的前提下，或是不耗費數年的研發時間，就讓公司起飛。艾瑞克的《精實創業》因此大賣一百多萬本，不過更重要的是這本書成為新型做事法的指南。

矽谷最重要的實驗法支持者是馬克．祖克柏。他的早期座右銘「快速行動，打破成規」（Move fast break things）奠定了臉書的成功基礎。臉書即便今日規模龐大，依舊隨時實驗，只不過座右銘改成「快速行動，基礎穩固」（Move fast with stable infrastructure）。如同馬克所言：「臉書在任何時刻都不只一種版本在跑，而是大概有一萬種。公司裡所有的工程師，基本上可以自行決定想測試什麼。」

雷德的分析時間：準備好尷尬！

我常說：「如果你首度釋出產品後沒感到尷尬，代表你太晚推出了。」為什麼這麼說？因為你需要以最快的速度，用真正的顧客測試真正的產品。基本上，有了產品**骨架**的那個瞬間就該推出。不過，盡快推出不是為了快而快，而是為了取得顧客數據——趁還有時間**利用**數據改善產品。接下來，你重新打造產品，再次測試，製造回饋迴圈，隨時改良，不光修正個兩三次。

不必擔心軟體產品不夠完美，這不會影響公司的成敗。真正的決勝關鍵是速度——你能以多快的速度，打造出用戶真心喜愛的東西。也因此你要學著在釋出不完美的產品時，忍耐隨之而來的小小尷尬。

這些年來，有的人把我的理論當成藉口，偷工減料、魯莽行事，或是沒有明確計畫便貿然進行。然而請注意我說的是「如果你沒替產品感到尷尬」，而不是「如果你沒替產品感到羞愧不已」或「如果你沒因為產品被起訴」。

如果你的產品引發訴訟，用戶離你而去，或是狂燒錢卻沒有任何明確的效果，你八成的確太早推出產品。大規模實驗確實會有風險，但你無疑也會獲得寶貴的學習與改善機會。

結論是趁早展示你的東西，盡量抓住亮相的機會，最重要的是別閉門造車，不要試著憑一己之力就讓產品完美。你將不僅是在浪費自己的時間，也是在讓機會流逝。這部分可以參考《閃電擴張》。我在書中「違反直覺的閃電擴張原則」中的第四條「推出不完美的產品」，談過這個主題。

也就是說，工程師可以推出特製的實驗版臉書——不會向整個社群推出，而是或許讓一萬用戶用一用，或是看需要讓多少人試用，才能完整測試某個體驗。接下來，工程師幾乎可以立即得知實驗結果：**大家接受這個版本的程度有多高？他們分享哪些事，方法是什麼？**馬克表示，有了這些數據後，「工程師會向經理回報：『嘿，我打造出這個東西，結果如下。我們要進一步探索嗎？換句話說，你將不需要和經理爭論你的點子好不好，你有證據。』」

馬克表示，即便實驗結果**不**理想，依舊能帶來寶貴的學習心得，加進「我們長期累積的完整心得集」。

不是所有的公司或產品都適合採取「在測試中學習法」。即便受眾有限，推出不完美的產品版本，有時依舊不是明智之舉，甚至不安全。有的創業者認為對外推出有瑕疵的東西，實在是不可取的作法，例如Spanx的莎拉．布雷克里便認為，「你只有一次機會」帶給顧客第一印象，最好不要用次等的產品毀掉第一印象。莎拉說的沒錯！在網路的世界，你有多次給用戶印象的機會，但零售管道只有一次機會。

許多人無法接受還不完美就交出去的概念。讀書的時候，學期報告必須反覆修到完美無缺，才能交給老師，但成為實驗者需要我們忘掉在學校學到的事。

Hint 的創辦人凱拉．高汀做出大膽的決定，她將不在水果風味的瓶裝水裡加糖或防腐劑。凱拉知道這樣一來，飲料的保存期限會很短，但她依舊想知道，民眾是否會喜歡這種產品的味道，也因此即便她還在尋找可以延長保存期限的天然原料，她開始販售不完美的 Hint 版本。

「我和其他的創業者聊天，很多人一直猶豫進場時機，認為要先讓產品完美，才能推到市場上。」凱拉表示：「如果在打造飛機的過程中，你認為不能飛，感到很不安，那就麻煩了。」

當然，這裡的意思不是你該推出劣質或不能用的產品。「我告訴創業者：『如果你感到你的產品不完美，但**已經還不錯**，你又想知道市場會不會接受，那就在幾間店試賣看看。』」凱拉說：「反正就先推出，隨時可以改良。」

即時學習

還記得**梅蘭妮．柏金斯**嗎？她在十五歲首度創業，在家鄉澳洲伯斯的小型服飾店寄售手工圍巾。本書第二章提過，當時的經驗讓她得知，即便很害怕一件事，依舊可能成功。

此外，她也就此知道自己有能力經營事業，不必替別人工作。梅蘭妮表示：「我在很年輕的時候就學到這兩件事，人生方向深受影響。」

從販售厚重圍巾，一直到創辦與經營有五千萬用戶的全球設計平台 Canva，中間是梅蘭妮口中大量的「即時學習」（just-in-time learning）。梅蘭妮和合夥人克里夫．歐布雷特最初決定推出設計工具時，先小規模試行。梅蘭妮解釋：「我們刻意選擇學校畢業紀念冊這個利基市場，因為起初我們的資源與經驗，不足以進軍整個市場。」兩人在用戶測試、蒐集回饋與客服等方面學到很多事。此外，隨著兩人成立的第一間公司 Fusion Books 吸引到熱情的用戶，他們也開始學到另一件事：如何擴張新創公司。

梅蘭妮回顧那段時期：「我感到在新創公司學到的每一件事，全是即時學到——有時則是你需要知道，但事情發生後才恍然大悟。」

梅蘭妮想要打造出穩定可靠、品質絕倫的新型全球設計平台，而她也知道必須取得創投資金，才可能擴張到全球與雇用科技人才，然而募資不是她感興趣的事，也並不擅長：「我抱持學習的心態去找錢。老實講，我別無選擇。」

「即便我們是新創公司，我們對新創公司或創投所知不多。我不了解當有人承諾『我將提供資金』，意思不是在整個公司剩下的生命週期，他們都會提供資金。真正的意思是：『你將需要進行更大輪的募資，而我會有興趣擔任天使投資人。』」

梅蘭妮尋找願意聊一聊的創投。矽谷創投家比爾．泰（Bill Tai）到澳洲參加研討會時，兩人一見如故；比爾邀請梅蘭妮下次造訪舊金山灣區時，可以再見個面。比爾每年都會在灣區舉辦不尋常的年度大會，邀請各地的創業者與創投家一起風箏衝浪，「所以我當然得學風箏衝浪。」梅蘭妮談到：「我這輩子沒有任何風箏衝浪的經驗，好可怕。我穿著那種包住全身的泳衣，海水好冰，而且附近顯然有鯊魚。」

「然而風箏衝浪沒有白學。我受邀參加那次的創業大會，獲得在早上報告的機會——我的人生經驗中最恐怖的一次。我在那次的過程中，見到一群非常優秀的人。我心裡七上八下，在場都是我見過最頂尖的投資人與創業者，好可怕，那是我們公司有史以來第一次提案，但幫助很大，我們獲得大量的意見回饋。」

梅蘭妮再次即時學習。她的首度出擊沒擊出全壘打，後續又花了不少時間，才替Canva找到投資人。梅蘭妮學到把每一次的提案當成學習的機會，下一次會更好。「每次我們提案，在簡報的尾聲，投資人會有某幾個疑問，也因此如果我們搶先解釋，到了簡報的尾聲就不會有人提問，只會說他們願意投資。我們猜會那樣，結果也的確如此。」

即時學習就像那樣：你提出點子，不論反應是好是壞，用心聽大家的看法。接下來是行動，疊代，再次嘗試。梅蘭妮的公司每次提案被拒絕，他們的知識儲備就會增加。他們持續改善投影片，學到哪些投資人最可能聽他們說話、哪種類型的顧問最能增強投資人的信心。更重要的是，他們更加清楚自己是什麼樣的公司。在某幾場簡報，「我們的思考風格是以使命與目標為依歸，與偏向疊代式的精實創業法，有著不小的差距。」梅蘭妮發現在場的投資人「永遠不會加入我們的思考方式，因為我們一直以來極度偏向長期思考，而且未來也將持續這麼做」。

梅蘭妮和合夥人展開創業之旅時，還不知道需要知道的每一件事，不過這樣其實也好，因為當你有了想當成公司基礎的點子，不可能有餘裕花上二十年，替有一天想做的事做好準備。如果是那樣，等你終於準備好要出發，早就有人搶先。

你需要邊做邊學，不停過關斬將。要是幸運，你將即時找到問題的解答。

突然變執行長

托比・盧克（Tobi Lütke）熱愛兩件事：單板滑雪與寫程式。他結合這兩樣興趣，成立販售滑雪板的網路商店Snowdevil，但想不到大家搶他的電子商務軟體，多過搶滑雪板。幾經波折後（詳情見第八章），托比和共同創辦人看見更大的商機，從原本的運動用品店，搖身一變成為電子商務平台Shopify。不過，隨著公司開始成長，原本負責業務的共同創辦人離去，因為新方向偏離了他當初加入的初衷。

托比手足無措，他自認不是做生意的料。事實上，他感到公司的業務環節是黑盒子，與他身為技術人員的職責截然不同。「我覺得生意人是異世界的人。」托比表示：「我是說，我不知道他們做些什麼。真正做事的人是工程師，對吧？至少當時我是那樣想的。」

接下來兩年，托比替剛誕生的公司尋找執行長。最後天使投資人把他拉到一旁，告訴他大概不會有人像他一樣那麼在乎 Shopify。

工程師托比，因此成為執行長托比。問題解決了。他現在只需要學如何當執行長就夠了。

「我開始當執行長的方法，和我開始做任何事一樣。」托比表示：「我心想：OK，**我不曉得這會是什麼樣子，成分不明，形狀不清楚，所以先找幾本書來了解。**」托比讀的第一本書是安迪．葛羅夫（Andy Grove）的《英代爾管理之道》（*High Output Management*）。「安迪告訴我，建立事業聽起來很像工程挑戰。那句話讓我燃起希望。我試著分割我碰到的每一個問題，切成更小的問題——我就是那樣設計軟體。接下來，一次執行一個步驟。」

對工程師出身的執行長來講，這樣的領導速成課程並不罕見。Dopbox 創辦人德魯．休斯頓也有類似的故事。德魯二十一歲離開 MIT，創辦線上 SAT 準備課程事業。德魯決定自己也需要上準備課程，了解如何經營公司——他自學成才，主要靠閱讀。

德魯不假思索地列出自學時讀的書，包括克雷．克里斯汀生（Clay Christensen）與凱倫‧狄倫（Karen Dillon）的《創新的用途理論》（*Competing Against Luck*）；彼得‧杜拉克（Peter Drucker）的《杜拉克談高效能的五個習慣》（*The Effective Executive*）；本‧霍羅維茲的《什麼才是經營最難的事？》（*The Hard Thing about Hard Things*）；《成為賈伯斯》（*Becoming Steve Jobs*），微軟的故事《衝勁》（*The Hard Drive*，中文書名暫譯）；潔西卡‧李文斯頓（Jessica Livingston）的《科技ＣＥＯ的創新 x 創業學》（*Founders at Work*）；以及剛才提過的葛羅夫著作（德魯表示：「那大概是我最喜歡的管理學書籍。」）。

德魯不是單純拋出聽起來厲害的書名。隨便問一本書，他都能說出讀書心得，還以親身的經驗為例，解釋他如何在公司的擴張過程中，應用從書中學到的事。

「我向來感到系統化地訓練自己，效果非常好。」德魯說道：「因為沒有人會替你做這件事。」德魯對自己的工程知識，以及如何把產品推到市場上，相當有自信，但「銷售、行銷、公司融資或人事管理，我就一無所知了，而且我沒有太多時間學」。

每一位創業者都懂那種感受。德魯碰上學習該如何經營公司的挑戰，他的辦法是和臨時抱佛腳的ＳＡＴ考生一樣，在考試前夕惡補。「我會上 Amazon，搜尋『銷售行銷策略』一類的關鍵詞。」德魯解釋：「接著買下評分最高的幾本，逼自己讀完。」德魯如果碰上可能會特別實用的書，還會在頁面空白處寫筆記，像教科書一樣鑽研。他的這個習慣一直保持到今天，也讓公司的其他主管這麼做。他和領導團隊會在每季的團建，以及一年兩次的大型團建，挑一本書來讀。

雷德的「學習」理論

無所不學，而不是自認無所不知

當你嘗試以前沒做過的事，你通常處於極度無知的狀態。創業者在這種狀況下的優勢是快速走過學習曲線。

不斷放下過去知道的事

成功帶來的印象比失敗深刻，也因此當你找出某個有用的方法，或是你在特定領域成功過，人性會讓你「一招走天下」。無限學習者則知道，如果站在原地不動，或是一直做過去成功的事，這個世界會拋下你。

沿路汲取智慧

企業領袖與創業者在抵達目的地前，通常會走過曲折的道路。他們在每一站吸收有用的心得，增進對於世界的理解。

自學領導

創業者知道如何成立新公司，但通常不懂實務上該如何經營。不過，有很多方法可以學。你可以閱讀或請教導師。你也可以找有經驗的投資人擔任合夥人，他們過去和其他的執行長合作過，一起走過創業過程。

實驗是為了學習，你要學著實驗

用戶或顧客究竟要什麼，你的假設永遠不會百分之百正確。如果想打造出能擴張的東西，最快的辦法就是以最快的速度，用真實的客人測試真實的產品。

第七章 觀其行，而不是聽其言

當時Google剛問世，還要很久以後，Google文件、Google地圖和Gmail才會出現在全球的螢幕上。Google的創始團隊近日推出羽翼未豐的搜尋引擎，一心一意想做到「卓越的搜尋」，但問題是他們不清楚卓越的搜尋究竟長什麼樣子。

Google的首頁異常簡單，只有一個搜尋欄和兩個按鈕，其中一個按鈕寫著「好手氣」，非常不同於Yahoo等令人眼花撩亂的入口網站。Google的搜尋引擎頁面相當反主流，沒廣告，看不到新聞標題，只放相當符合需求的搜尋結果。然而，頁面應該列出多少條搜尋結果？又該如何呈現？

共同創辦人賴利．佩吉希望，Google的設計依據將是客觀數據，而不是主觀的設計感。他因此要求旗下的工程師，打造出所謂的「實驗架構」（experiment framework）。**梅麗莎．梅爾**是Google搜尋團隊的關鍵工程師，由她執行最早的實驗，目標是判斷用戶搜尋問題後，網頁該給用戶看多少筆搜尋結果。

梅麗莎的第一步是做用戶問卷調查，問大家想看到每頁有多少筆搜尋結果。二十筆？二十五筆？答案是三十筆。用戶的心聲很明確：每頁放的搜尋結果愈多愈好，至少他們是**那樣講**的。

然而，接下來的測試發生出乎意料的事。Google 放出不同版本的搜尋結果頁面，觀察使用者實際做的事。每個版本其實一模一樣，唯一不同的地方，只有列出的搜尋結果數。接下來，團隊開始計算：使用者點進多少筆結果？多少筆後，使用者就會退出搜尋網站？

答案是顯然在真實生活中，少即是多。

神奇數字是每頁十筆搜尋結果，而不是問卷數據顯示的三十筆。「我們看著每位使用者點進的第一頁搜尋結果。」梅麗莎指出：「看十筆到二十筆的用戶銳減，看二十五筆的鳳毛麟角，看三十筆的人最少。」

為什麼用戶以為的事，和他們實際做的事差那麼多？答案是增加每頁的搜尋結果數有代價，而且用戶極度在意那個代價，即便他們甚至沒意識到那件事：**速度**。如果每頁呈現二十筆或三十筆結果，速度會比每頁十筆慢。那個時間差小到幾乎注意不到，卻有無法否認的影響。

「在時間這件事情上，很多人通常『說一套，做一套』。」梅麗莎表示：「人們連零點一秒都不想多等，尤其是前十筆結果中，通常已經有想要的答案。」

這個發現對 Google 產生重大的影響，形塑了 Google 的方向。這次的事除了讓 Google 知道「使用者希望每頁有多少筆搜尋結果」這個明確問題的答案，也得知速度很重要。此外，Google 還學到如何真正理解使用者講的話。如果你需要了解難以得知的內在感受與心情，意見調查是好方法。然而，如果你想了解使用者實際上會做的事，你得看著他們做。

＊＊＊

本章會談和你的顧客一起研發產品或公司——深入了解顧客要什麼，接著微調你的產品，滿足他們的需求。

許多領袖學到，了解用戶的方法是聽他們說話，例如做意見調查；舉辦用戶的焦點小組訪談；以及閱讀用戶的評語、他們在社交網站上發表的文章、他們寄來的信。這一類的技巧全都會讓你更靠近使用者，協助你理解產品帶給他們的感受，覓得成長機會。

然而，聽使用者說的話，也可能讓你誤入歧途。

梅麗莎在那次的搜尋結果實驗中，學到所有優秀的產品經理與創業者都知道的一件事：顧客自稱想要什麼，以及他們實際上做的事，通常有很大的差距。如果你太照字面的意思執行顧客的建議，將弄巧成拙。只要你想向這個世界推出新產品或新服務，必備的基本能力將是平衡兩種用戶回饋——如果無法確定，那就觀察使用者做的事，別管他們說了什麼。

預測未來的問題

臉書也發生過類似的事。眾所皆知，臉書誕生於哈佛，後來才開放給其他大學的學生，最後對所有的民眾開放。然而，臉書創辦人**馬克．祖克柏**當年要是按照早期用戶說的話做，臉書會是完全不同的故事。

哈佛學生最喜歡臉書的地方，顯然是臉書屬於他們，也因此臉書起初開放給耶魯學生時，馬克回憶：「所有的哈佛學生都在抱怨：『喔，拜託，**那些人也要加入喔？**』耶魯之後，臉書又開放給哥倫比亞大學，這次換耶魯的學生說：『什麼，真的嗎？給那些人用？』」每次臉書拓展到新校園，原本的使用者都會抱怨，但沒人刪掉自己的檔案，也沒人棄用網站；事實上，他們使用的程度反而達到史上新高。馬克表示：「隨著臉書的網絡不斷成長，站穩腳步，人們實際上**喜歡**身為其中的一員。」

臉書增加照片的標記功能時，同樣的情形再度發生。標記功能會讓你的好友群有可能在你不知情的情況下，看到有你的照片。馬克描述這個新功能時：「大部分的人都說：『我不想要那個產品！不行，絕對不行！我不要那種東西。』」然而，用戶再度口是心非，言行不一。馬克的心得是：「人們非常不會預測自己對於新事物的反應。」

各行各業也一再證實馬克的觀察：顧客不一定會做他們說的事。背後的原因有很多。

民眾有時講的是理想情形，而不是他們實際做的事，例如多數的城市居民會告訴你，他們大力支持自己的城市蓋歌劇院，但很少人真的會買票觀賞。此外，顧客行為有時會受特定因素影響，但就連他們自己，也不一定完全理解是怎麼一回事，例如取得搜尋結果的速度。

所以說，**如果你想真正從顧客身上學到東西，不論顧客帶你到哪裡，你得願意跟隨，甚至願意讓他們以自己的方式使用你的產品**，改變你預設的用途。當然，你永遠可以請顧客提供回饋，但有時很重要的一件事，將是別管顧客說什麼，觀察他們做的事就好。

當業界領頭羊之前，先當顧客的跟屁蟲

茱莉亞．哈茲（Julia Hartz）十四歲時，在聖塔克魯茲的醜臉咖啡店（Ugly Mug）擔任咖啡師。她在那間店這輩子第一次和難纏的客人起爭執，而且吵過不只一次。

「我在那間店學到如何製作好喝的拿鐵。」茱莉亞回想：「但有一個女人會在早上五點五十五分，準時出現在店門口，推門進來，開始對我大吼大叫整整十五分鐘，不停抱怨我們的咖啡有多難喝。」那位客人就那樣罵罵咧咧好幾個星期。「直到有一天我突然領悟：她這麼做，其實是因為找不到人講話。整件事與我無關，也跟拿鐵沒關係。」

事情與拿鐵無關。所有你需要知道的客服知識，幾乎已經完全濃縮在這句話，因為

最愛你的顧客，通常要求也最多，而他們的牢騷可以提供改善的線索。

茱莉亞表示：「那是我這輩子學過最重要的一課。」茱莉亞學會如何聆聽，也知道如何聽見言外之意。茱莉亞共同創辦的活動籌辦網站 Eventbrite 能成功，部分要歸功給她知道如何找出用戶**真正的**動機。

其實二〇〇六年的時候，已經很多人在做線上售票這一塊，但茱莉亞和不久後就會共結連理的凱文．哈茲（Kevin Hartz），以及另一位合夥人，三人看見商機，認為可以服務一個被忽視的區塊：小型活動的籌辦者。這群顧客舉辦活動的經費極少，甚至沒有預算，但這樣的人**非常多**。

茱莉亞很早就決定，Eventbrite 要「和最早的用戶攜手合作，一起打造產品」。茱莉亞的早期用戶主要是科技部落客，他們利用 Eventbrite 的平台舉辦聚會。

科技部落客有一個特點——他們是非常有話直說的一群人。「世上最吹毛求疵的產品用戶，大概就是科技部落客，而我們和他們建立起非常緊密的回饋迴圈。」茱莉亞解釋：「我們勇於自討苦吃。」

Eventbrite 樂於發聲的那批最早的顧客，科技部落格 TechCrunch 也是其中一員。很難想像你推出新技術時，有誰會比科技評論家還要挑三揀四。然而，在茱莉亞眼中，TechCrunch 團隊的伶牙俐齒，甚至是尖酸刻薄，反而讓他們成為理想夥伴。

「當你打造的產品瞄準的受眾，自己也在打造產品或寫評論，他們會是最好的回饋提供者。」

在早期的時候，茱莉亞甚至讓 Eventbrite 隨時隨地取得回饋。她和凱文都給出私人的手機號碼，好讓顧客有什麼問題和抱怨，都能立刻打給他們。Eventbrite 靠著迅速取得完整回饋，有辦法從小型活動舉辦者構成的長尾中，創造出營收流，接手競爭者不想做的那一塊。

沒多久，Eventbrite 協助售票的 TechCrunch 聚會，成長為「TechCrunch 顛覆大會」（TechCrunch Disrupt Conference）——那是科技業日曆上的重大活動。Eventbrite 的客層逐年增大，新客戶同樣也有話直說，協助 Eventbrite 進一步改善產品，準備好提供更大型、更複雜的活動。Eventbrite 與客戶共同成長。

不過，茱莉亞和團隊雖然用心聆聽顧客的想法，真正實用的心得來自密切關注顧客用 Eventbrite **做的事**，就連意想不到的新領域也不錯過，例如茱莉亞的團隊因為關注顧客做的事，先是得知 Eventbrite 的平台被用在美東的快速約會，接著又得知用戶提供不尋常的新興活動，例如山羊瑜珈。

茱莉亞解釋：「我們開始留意到在不同地區的不同領域，活動舉辦者自然而然用起我們的平台。我們因此靈機一動。」茱莉亞看出 Eventbrite 有可能擴張，不過首先她需要想辦法了解每一個團體，找出他們的特殊需求與優先順序。

觀察顧客的關鍵是**不要**試著印證你個人的看法，或是你想證明的假設。你要保持開放的態度，讓顧客的行為自己說話。

「一開始的時候，活動舉辦者請我們協助售票，提供可靠的交易機制。」茱莉亞表示：「然而，當我們實際觀察活動舉辦者，了解他們是誰、他們有哪些需求，我們發現 Eventbrite 能替他們做的最重要的事，其實是密切關注市場動態，建立支持平台。」

Eventbrite 深入研究活動籌辦人的心理，發現那可不是什麼快樂園地。茱莉亞指出：「籌備活動是很令人焦慮的過程。」「活動企劃」之所以長年名列全美壓力前五大的工作是有原因的。要擔心的事沒完沒了：**會有人來嗎？票能賣完嗎？我們邀請的名人會出席嗎？場地沒問題嗎？廠商會送貨來嗎？哪些地方會出錯？**

然而，茱莉亞也發現合作過的夥伴中，活動籌辦人創意最豐富，最具開創的精神，查德．柯林斯（Chad Collins）是好例子。查德和女兒拍下父女的樂高作品影片，放在 YouTube 頻道上，一年內就累積幾百支影片與數百萬追蹤者。有一天，查德的女兒隨口講了一句話：「如果能和其他喜歡樂高的人一起玩，一定很有趣。」查德因此利用 Eventbrite 舉辦樂高迷活動，五千張「樂高嘉年華」（Brick Fest Live）的票一開賣便秒殺。

然而，查德沒就此止步。他開始思考還能舉辦其他哪些類型的活動，包括替遊戲迷、發明家與更多人舉辦嘉年華。「查德今日是全職的活動承包商。」茱莉亞坦承：「我有點被查德迷住，程度嚴重到我確定他現在申請了民事保護令，怕被我騷擾，但那是因為他有如 Eventbrite 精神的化身，代表著我們極力想支持的創業者。」

隨著 Eventbrite 最初合作的用戶本身擴張後，Eventbrite 連帶吸引到更大型的新活動，包括大會、高峰會、嘉年華。此外，Eventbrite 持續密切關注顧客，而且不只以數位的方式關注，也留意真實生活中的情形。茱莉亞的團隊觀察到舉辦大型的活動與節目時，入場時通常會造成門口大塞車。Eventbrite 因此投資無線射頻辨識技術（RFID），主辦方可以透過晶片讀卡機，以電子方式掃描入場者的票卷。

然而，茱莉亞的團隊沒有投資技術後，就宣布問題解決了。他們持續觀察新技術的現場使用情形，發現 RFID 晶片讀卡機內建在機動性差的巨大門框裡，反而讓塞車情形更嚴重。Eventbrite 因此做出大膽的舉動：先前他們是百分之百的數位平台，卻勇闖硬體領域，開始**製造產品**：他們生產經過特別設計的小型 RFID 讀取器，可以直接夾在任何現成的出入口。

Eventbrite 打造出原型後，**再**次觀察使用情形。新版的晶片讀取器使用上沒問題，但是從門上拆下、換到另一道門的時候，需要動用板手，然而誰沒事會在後口袋放板手？也因此 Eventbrite 製作出**另一個**版本，裝設變得更方便。問題此時才算終於解決。

如果深入研究顧客會碰上的日常問題，聽起來有夠麻煩，那是實情，不過茱莉亞深信努力不會白費：Eventbrite 每次搶著協助一個客戶解決挑戰後，同樣的解決方案可以提供給其他的活動主辦人——在客戶還不知道自己會遇上問題前，就解決問題。關鍵是找出共通的挑戰。如此一來，你提供的解決方案就能擴大使用人數。

Eventbrite 因為預先幫忙解決問題，從一間很小的新創公司，擴張成在十一國的十四個辦公室有一千位員工。他們靠著跟在顧客後頭，成為市場領導者。

雷德的分析時間：把客戶當偵察兵

你是公司創辦人，你就像戰場上的將軍，四周有很多誘人的進攻目標，但時間與資源極為有限。你需要找出最符合策略的目標，快速瞄準武器。

然而，如果你只留意顧客說的話，沒留意他們做的事，有可能讓子彈飛向錯誤方向。如果顧客一說什麼，你就跑去做，你有可能沒專心顧好核心產品。如果你什麼話都聽，你有可能為了討好所有人，搞到分身乏術，最後沒人滿意。

如果要從顧客**做**的事找線索（而不是他們說的話），最好的方法是把顧客當偵察兵，替你的早期產品推展前線，帶回你能利用的重要情報。接下來，你必須強化解讀資訊的能力，隨時準備好以最快的速度，依據回饋採取行動。

厲害的創業者會去了解與服務一小群人，替未來的客層試水溫。這點很重要的原因在於滿足這批早期顧客的需求，有可能讓產品演變成適合大眾市場。那也是為什麼我會鼓勵創業者，在他們感到適合推出產品之前，就已經要先推出。釋出產品、觀察、回應，一遍又一遍，一遍又一遍。

我會那樣建議，不僅是因為速度會決勝負，也絕對不是要你隨便做一做。那其實是迷你創業團隊與成長中的用戶之間的一支舞。用戶一般是領舞的人，但不一定。有時創辦人必須打斷原本的舞步，讓用戶轉個圈。

最有願景的創辦人能以充滿細節的方式，想像顧客要什麼，不過這樣的創辦人也知道，那幅景象是由他們自己過度活躍的想像力所繪成，必須依據真實的情形，依據顧客回饋，調整想像中的未來。你無法光是向顧客描繪未來，就獲得實用的意見回饋，因為大部分的人不擅長以精確的方式想像未來。

觀察人們做的事——以及不做的事

德魯・休斯頓在 Dropbox 的早期歲月憂心忡忡。他會那麼坐立難安是有原因的：Dropbox 的顧客成群消失，德魯不懂怎麼會那樣。經由朋友推薦加入的用戶，整整有六成放棄使用 Dropbox，而且永不回頭。

「我們壓力很大。」德魯談到：「我們因此上 Craigslist 徵人，只要你肯參加，我們付你半小時四十美元，進行『窮人的易用性測試』。」

他們請受訪者坐在電腦前，接著提供基本的指示：「這封電子郵件裡有加入Dropbox的邀請。請用這個電子郵件地址分享檔案。」

德魯的團隊原本以為，他們將看著每一位使用者完成任務，找出需要改善哪些環節的線索，但碰上始料未及的狀況。

「五位受試者，零個人成功，而且那五個沒成功的人，連邊都沒摸到。」德魯描述當時的情形：「大部分的人甚至不曉得該如何下載。我們嚇了一大跳。我們原本還在開玩笑：『媽喔，這是史上最爛的產品，加上天底下最難做的事。這得找來多聰明的天才，才有辦法完成任務？』」

這場所謂的「窮人的易用性測試」，其實就是我們一般所說的「易用性測試」，德魯的團隊收穫良多。他們發現關於外界是如何使用他們的產品，他們還有很多事要學。團隊更加用心地繼續觀察花錢請來的使用者，接著發現下載產品不是唯一難倒用戶的地方。

「有的人會開始下載我們的軟體，但下載需要花很長的時間，所以他們跑去瀏覽別的東西。等他們回到下載頁面，搞不清楚軟體到底下載到哪裡去了。下載時會發生那樣的小事。」然而，這種「小事」，大大影響了顧客是否會真的開始使用產品。

德魯和團隊進入檢傷分類模式，在「用戶測試」與「產品改善」之間忙來忙去，移除用戶體驗中所有不順暢的地方。多年來，德魯一直把這一課牢記在心：永遠不要假設你的團隊直覺就知道的事，用戶也會覺得簡單。唯一能確認的方式就是觀察用戶。

了解人們如何……作弊

珍．海曼的公司獲得靈感的方式，向來是觀察女性做的事。我們在先前的第三章介紹過，一切始於珍看著妹妹凝視著爆滿的衣櫥，卻哀嚎晚上的派對沒衣服可穿。妹妹的每一件衣服，社群媒體上的朋友早就都看過，全是重複的衣服！接下來，珍從大型百貨公司的總裁那得知，百貨公司的常客是如何「租用」設計師的洋裝。消費者會不剪新衣服的標籤吊牌，穿著參加完活動後，隔週就退還給百貨公司。

珍成立出租洋裝與禮服的服務 Rent the Runway。她假設顧客只會穿著租來的衣服一次，參加畢業舞會、慶典、雞尾酒派對等特殊場合，但顧客很聰明，物盡其用。珍說：「顧客會留著星期六晚上參加派對的雞尾酒洋裝，星期一套上黑色西裝外套後，又穿去上班。」

珍可以懊惱因為顧客不只穿一次，造成額外的衣物磨損（乾洗與運費是出租生意的秘密引擎；Rent the Runway 甚至經營全球最大的乾洗事業）。珍可以更明確地告訴顧客，租一次只能穿一次，或是把額外的租借天數規定得更嚴格。然而，珍沒這麼做。她看見這種「作弊」背後的商機，趁機在顧客的生活中扮演更大的角色。

珍想通了直覺就能懂的事：顧客不只在特殊場合上，想對外表更有自信，他們在平常的日子也想。Rent the Runway 有機會成為顧客日常衣櫥的一部分——這種商機比派對租借大上許多。珍從一次租一件衣服的「單點」商業模式，轉向讓使用者一次租多件衣服輪流穿。「雲端衣櫥」成為Rent the Runway的新基礎。

＊＊＊

帕雅爾・卡達奇婭小時候四處表演傳統印度舞，長大後依舊感到跳舞課是最開心、最能展現自我的時刻。「我跳了一輩子的舞，那是我的核心身分認同。我在MIT念大學時跳舞，我在貝恩（Bain）工作時跳舞。我從來沒放棄。」我們在第四章介紹過，帕雅爾與跳舞之間的深層連結，讓她深信最可靠的健身安排不該像是苦差事，比較像天生就該做的事——甚至是一種逃離人生的喘息時刻。你不該需要逼自己去上課，而是想到就雀躍。

帕雅爾在二〇一一年帶著這樣的信念，成立原本名為「Classtivity」的公司。使用者可以在這個線上中心，報名各式各樣的課程，除了健身，還能參加繪畫班和陶藝課。任何你想學的東西，上面都找得到。帕雅爾的商業模式是透過她的網站報名的班，她會抽成。

然而，顧客只把帕雅爾的網站，當成搜尋課程的地方，很少直接在上面報名。「我們刊登數千種課程，有美麗的網頁設計。」帕雅爾回想：「但一個月下來，大約只有十筆預約，非常慘。」

帕雅爾不是第一個在開幕日完全沒生意的創業者，也不會是最後一個。這種情形九成九是因為你弄錯關鍵的假設。「我在那一刻了解，這種營運方式不會帶來我們希望見到的行為改變。」

很多健身房吸引民眾加入的方法是提供一定堂數的免費課程。帕雅爾心想：**如果我們提供三十天的期限，方便民眾嘗試十種不同的課程呢？**帕雅爾認為，一旦使用者找到自己的「健身召喚」，他們就會願意繼續運動。她因此打包健身課程，推出名為「通行證」(Passport) 的產品。用戶取得那張證之後，想上什麼課都可以。

通行證立刻大受歡迎。使用者甚至在三十天到期後欺騙系統，「偽造」通行證。他們會換一個電子郵件地址，取得新的通行證。

帕雅爾可以抓出這些使用者，但她沒這麼做，而是開始思考：**為什麼他們這麼做**？作弊的用戶扭曲產品的使用規定，反而讓帕雅爾看到新機會：顧客沒找到**單一的**「健身召喚」，而是對好幾種活動都感興趣。帕雅爾指出：「顧客希望星期一上飛輪課，星期四上跳舞，星期六上瑜珈。」帕雅爾發現這件事之後，想出訂閱制的點子，基本上就是讓顧客能隨時更新通行證（而不是偽照新的通行證）。「我們做了意見調查。九十五%的用戶表示，如果能回去喜歡的地方上課，他們會願意再次購買產品。」

通行證讓只想先試試看的健身人士，得以參加健身房聯盟裡五花八門的課程——那是貨真價實的可擴張點子。二〇一三年時，Classtivity 變身為 ClassPass。用戶繳九十九美元的月費，就能上十堂課。ClassPass 立刻大受歡迎，今日遍布全球四十多個城市。

帕雅爾一旦了解，自己的核心顧客是一群喜歡變化的健身愛好者，ClassPass 便開始成長，而且速度很快。

每一種和顧客直接打交道的事業，全都得處理「顧客流失」的問題，用戶會來來去去，公司的領導者有責任找出為什麼顧客會離開。ClassPass 在早期的時候，重要的顧客流失原因是報名了十堂課的人，最後只上六到八堂課。他們沒續約的原因是覺得浪費，花了錢卻沒用到那麼多。ClassPass 為了蒐集數據，找出用戶如果能按照自己的步調，究竟會想上幾堂課，公司在夏日特惠的測試中，推出不限制上課次數的會員制，最後發現大量使用者只想上五堂課，而不是十堂。ClassPass 因此推出價格較低的新版通行證，但用戶也喜歡吃到飽的通行證，這個版本造成轟動，甚至引來模仿的競爭者。帕雅爾知道要和對手競爭的話，他們得保留吃到飽的通行證，但又不能因此被榨光利潤。

帕雅爾沒有選擇的餘地——受歡迎的吃到飽通行證一定得調高價格。漲價對新創公司來講永遠有風險，但帕雅爾感到那是保住吃到飽選項的唯一辦法。

顧客可不那麼想。他們在網路上大聲討論這件事，酸言酸語。

吃到飽的訂閱制二度漲價後，有用戶在推特上寫：「如果你本人是 ClassPass 的受害者，舉起你的手。」

另一名網友也附和：「不需要。我**現在**就取消會員。」大事不妙。

然而，網路上一堆人嚷著要退訂，實際退訂的人卻很少。如果帕雅爾聽從抱怨者的建議，她可能會為了維持低價，減少提供的課程。然而，ClassPass 當初會受歡迎，就是因為課程豐富。帕雅爾持續關注顧客行為——看著他們**做的事**，而不是他們在推特上講什麼。一切塵埃落定後，「我們流失極少數的會員。」

漲價絕對會引發反彈的聲浪，人性就是這樣。沒人**想**為任何事多掏錢，但如果你的願景和商業模式配合得天衣無縫，打造出人們喜愛的東西，用戶八成會不再抗議。帕雅爾在檢討這件事的時候，強調 ClassPass 永遠「不只是靠價格取勝，而是讓人感到想怎麼上課都可以。我們依舊還在持續努力讓產品帶來那種感覺。我感到那是我們肩上的責任，那是我們的核心使命」。

歡迎使用者自由運用

你成功推出改變世界的約會 APP，接下來呢？首先，你可能會發誓，這輩子絕不再幹這種事。Tinder 的「往右滑」影響深遠，但共同創辦人**惠妮．沃爾夫．赫德**清楚，這個 APP 也助長了一些不好的行為，甚至包括騷擾。不過，雖然惠妮發誓永遠不再碰約會APP，她持續思考APP可以如何協助人們以更真誠、更有意義的方式連結。她抱持著這個目標創辦Bumble，透過新的約會APP把主動權交到女性手中（Bumble問世時主要服務異性戀）。這個點子立刻在測試用戶之間引發共鳴，但產品團隊擔心女性可能不願意展開對話。Bumble為了推一把，在配對女性與潛在的約會對象時，只給女性二十四小時發送第一則訊息。如果沒在期限內傳訊息，配對就會作廢。至於男性的話，惠妮的團隊不認為他們需要這種刺激才會回應，男性可以愛等多久，就等多久。

雷德的分析時間：避免群情激憤的辦法

ClassPass不是第一間因為定價而引發眾怒的公司，也絕不會是最後一間。Netflix提高訂閱價格時，顧客也氣壞了，不過大家不是氣新價格本身，而是漲價帶來的感受。「我絕對付得起。」某位退訂的顧客氣沖沖地表示：「我不訂了，是因為原則問題。」

不論你喜不喜歡，快速成長的公司將不免得調高價格。漲價的原因通常是公司最初的定價方式無法持久，卻是吸引顧客上門的唯一辦法。然而，那種商業模式要是持續太久，公司會做不下去。

PayPal就是這方面的例子。我們起初承諾顧客，只要介紹一個朋友加入平台，就能拿到十美元。我們以這樣的方式，有效奠定初期的用戶基礎，但每個月因此燒掉數千萬美元。代價高昂到共同創辦人彼得・提爾為了降低成本，最後不得不完全廢除這個吸引顧客加入的誘因（即便這個點子一開始是他提的）。

不過，我們最終想出辦法保住這個耀眼的吸睛方案，方法是把光芒調暗一點。我們依舊會送用戶和他們的朋友每人十美元，但這次他們得多付出一點，才能拿到錢：用戶必須填寫信用卡號碼，認證銀行帳戶，還得存五十塊到他們的新 PayPal 帳戶。沒人會指控我們不守承諾，但我們一要求用戶必須多做一點才能拿到錢，我們實際必須支付的金額立刻下降。

當你替事業止血，做出這一類的關鍵調整，若是不想引發眾怒，你得非常小心你傳遞訊息的方法。訊息過分簡單時，民眾會想也不想就義憤填膺。他們如果聽到：「PayPal 將不再提供新用戶原本講好的優惠！」，他們將群起而攻之。然而，如果是「PayPal 請新用戶多提供一點資訊，但會繼續提供承諾的優惠」，消息被大做文章的時間就不會過長。

此外，你也得找出在顧客眼中，你的產品究竟是哪一點深具價值，盡一切的努力保住那點，因為真正重要的承諾就只有那件事。價格引發的騷動終究會平息。如果你販售顧客真心喜愛的東西，他們終究會放你一馬。

「就那樣，我們推出產品。」惠妮回憶：「我們完全是出於善意才那樣設定。」但接著女性抗議，大意是：「我們懂為什麼要限我們二十四小時內回應，沒問題，但**男性**卻不必回**我**，這就不公平了。」

「聽到這種意見回饋一次，ＯＫ收到了。」惠妮解釋：「但聽見兩次，那就是趨勢了。我們快速行動。」Bumble 替無意間造成的雙重標準致歉，新增男士也得在二十四小時內回應的規定，並感謝用戶帶來正面的ＡＰＰ調整。

「我和任何有強迫症的創辦人或執行長一樣。」惠妮談到：「在頭兩三年，我醒著的時刻大都在思考產品，不斷琢磨推敲，加以實驗，和用戶聊：**為什麼你使用我們的產品？你從什麼管道聽說我們，明確的時間地點是什麼？**我希望了解用戶在想什麼。」

惠妮因為重視顧客心聲，注意到一件事：「我們發現年輕的男女都一樣，他們會留和約會完全無關的言：『我不是來徵求約會對象，只是想告訴大家，我先生剛找到新工作。』或『我在尋找新生活。』」

在 Bumble 的協助下，女性可以主動出擊，而這樣的互動規則不僅吸引到想找約會對象的用戶，也有人單純想在 Bumble 上交友。

「我們發現用戶可說是另闢蹊徑，把我們的產品用在約會以外的用途。」惠妮表示：「舉例來說，有的用戶會告訴我們：『我在 Bumble 上找到室友』。」

惠妮的用戶走出新路，她得快速跟上。團隊立刻打造出純交友的「Bumble BFF」。

「想不到的是，用戶立刻把ＢＦＦ變成建立人脈的工具。」惠妮表示：「他們沒要找室友，沒要交朋友，沒要上瑜珈課。他們想建立事業，認識工作是徵人的人資。」

「Bumble Bizz」這個用來尋找專業人脈和導師的新 APP 模式，因此在二〇一七年應運而生。

以上的每一個點子，全都源自用戶以惠妮的團隊沒料到的方式運用 APP。團隊靠著聆聽與觀察，找到意想不到的成長機會。

「我們能擴張的原因，完全只是配合用戶的心願，方便他們想怎麼使用產品，就能怎麼用。」惠妮表示：「人類有很強的連結欲望。你不能規定他們要找什麼。你得讓人們自己定義，也因此我們做的事，只不過是試著建立讓人能連結的平台。」

Bumble 擴張到國際上時，惠妮持續密切關注用戶帶來的改造。Bumble 因此得以拓展到不同的文化。Bumble 進一步深入印度時，文化習俗是一大挑戰。

「相較於從前，今日的女性擁有更多力量，她們可以發聲。」惠妮指出：「然而，身處印度文化的女性，甚至不被允許和當地的男性說話。印度女性要使用約會 APP 已是一大問題，更別提由女性**主動邀約**。」

不過，事情迅速產生變化。Bumble 在進軍印度後的頭幾個星期，就有百萬女性「主動出擊」。如同惠妮所言：「Bumble 將在印度如何運作，用戶會帶我們到哪裡，將相當值得關注。」

文化程式碼

一切始於一群新創公司執行長的對話。HubSpot 的共同創辦人兼執行長布萊恩．霍利根（Brian Halligan），加入企業創辦人組成的團體。眾人聚會時會交換故事與建議。布萊恩的共同創辦人兼技術長達梅希．沙阿（Dharmesh Shah）形容：「這群執行長每季見一次面，大家圍坐成圓圈。我都說那是執行長的團體心理治療。」

在 HubSpot 的公司早期階段，某次的聚會帶來重大影響。當時這個客戶關係管理（customer relationship management，CRM）平台剛問市四年，專注於服務其他快速成長的新創公司。那次的聚會主題是文化，但布萊恩沒什麼可補充的。「輪到布萊恩發言時，他基本上告訴大家：『我的公司其實沒花什麼時間在文化上。我們忙著打造產品，把東西賣出去，文化的事改天再說。』」

其他的執行長感到這樣不行，「他們好好訓了布萊恩一頓：『布萊恩，你不懂。文化再重要不過。日子一久，文化將決定公司的命運。如果公司文化出問題，其他的事是白忙一場。』」

布萊恩聽進在場執行長的建議，認為這個任務可以交給達梅希，但這個判斷令達梅希感到……困惑不已，他最初的反應是拒絕。達梅希還記得自己當時的反應：「公司文化這件事，我最沒資格談。我對文化一無所知，還性格內向，不愛社交，怎麼會想到交給我？」

這個天上掉下來的任務，令達梅希感到莫名其妙，「但我是認真負責的共同創辦人，只能硬著頭皮接下：『好吧，我來看看文化是在幹什麼。』」

文化議題遠遠超出達梅希的舒適圈。達梅希是電腦科學家出身，有著電腦科學家的思考模式，他因此採取數據導向的作法，開始問問題，接著分析結果。

達梅希寄問卷給 HubSpot 的全體員工，問他們兩個問題：(一)、「從零分到十分，你有多推薦在 HubSpot 工作？」；(二)、「為什麼你會那樣回答？」

這裡值得留意的是，如果各位有顧客滿意度問卷方面的知識，你一看就知道，第一題是為了計算品牌的淨推薦值（Net Promoter Score，NPS）。業界的共識是人們有多願意推薦一項產品，將是可靠的快樂與忠誠度指標。達梅希心想，何不拿這個問題來了解大家對公司的看法？最後從問卷結果得知很多事。

「我們發現兩件事。第一件事是在 HubSpot 工作快樂似神仙。那很好。二、大家是因為同事的關係，感到在 HubSpot 工作很開心。那也是好事，但有點接近雞生蛋、蛋生雞。」達梅希心想：「我該如何把這個結果，轉換成可以採取行動的事？」

達梅希碰上的情形，和許多新創公司的創辦人與團隊領袖很像。同事永遠和員工的快樂度，至少有一定的關聯。如果你喜歡同事，你的日子通常會很順。也因此要問的問題變成：你究竟是出於什麼原因喜歡那些人？

達梅希為了替 HubSpot 解答那個問題，以一絲不苟的技術人員精神提出公式。他問自己：「如果我要寫一個函數，計算團隊任一成員成功的可能性，那麼這個函數將包括哪些係數？函數的輸入值將是什麼？」

達梅希要蒐集輸入值的話，先得問：「哪些特質讓員工容易在 HubSpot 受歡迎？」

達梅希再度做員工意見調查，發現大家喜歡同事的一點是「謙虛」。「人們喜歡 HubSpot 的其他人不驕傲自大，不自以為是。」

達梅希找出各種特質與輸入值，把結果整理成簡短的投影片，命名為「文化程式碼」（Culture Code）。他選擇「code」這個英文字，「不是 code of ethics（道德守則）的 code，也不是 code of morals（倫理守則）code，而是真的 code。」——決定結果的電腦程式碼（computer code）。

達梅希和布萊恩藉由那份投影片，分享對文化的看法。原本一共十六張投影片，僅供公司內部使用，日後增至一百二十八張，開放外界閱覽，觀看次數超過五百萬。應徵者與合作企業可以參考這份簡報，了解 HubSpot 的文化（請見：CultureCode.com）。

此外，不論你如何得出公司文化的關鍵特質，這個寫下並對外溝通的步驟是重點。為什麼這麼說？部分的原因在於「生生不息」。不斷更新、讓人想了解的公司文化簡報，除了可以強化原本的員工文化，還能吸引到正確的新人才——有的人才原本不知道你們是適合效命的公司，但了解你們的文化後，他們知道那是好地方。文化集會帶來飛輪效應，優秀文化帶來優秀文化，而優秀文化又會帶來理想的工作表現。

不過同樣重要的是，定義你的文化可以對抗文化盲點。「我認識的每一位創業者都會說：『沒錯，我們依據文化雇人。』」達梅希談到：「但我感到：『如果你沒明確寫下你的文化是什麼，你沒資格那樣講。你其實只是在說，我們錄取和自己相像的人。』」

當你依據特質（謙遜、好奇心、合作等等）定義文化，你有一面鏡子，能照出某個人符不符合你們的文化，而不只是「感覺」某個人會適合。**外表或意見**和你不相像的應徵者，因此有辦法認同你的文化，擁有歸屬感；此外，你也能協助徵才的經理避開內心的偏見，篩選出適合公司文化的人才，避免成為一言堂。

達梅希只遺憾沒能早點這麼做。「如果我們能更早就刻意這麼做，就能更早明白多元的價值。公司會累積各式各樣的債務。我們習慣談技術債（technical debt，譯注：先前圖省事、日後補救十分麻煩的技術問題），但文化債也真實存在。當你的文化很單一，每個人都很像，那將是你的組織利息最高的債務，也因此如果能夠重來，我會從第一週就開始談文化。」

達梅希指出：「所有你能下工夫的地方，文化最重要。」我們認同達梅希的看法。「文化將決定公司的長期命運。如果沒培養出正確的文化，其他的努力是白費力氣。」

想觀察人們做的事？那就看數據

每位創業者在創業過程中，總得踏出嚇人的一步：把公司收信匣的帳號密碼，交給自己以外的人。擴張的前提是想辦法以系統化的方法，了解顧客數據，創辦人無法再事事仰賴直覺反應與親身觀察。隨著活動平台 Eventbrite 開始成長，共同創辦人茱莉亞·哈茲不再親自閱讀所有的顧客來信。如今她有工程師和顧客支援團隊，改由團隊監測使用數據與搜尋引擎流量。此外，客服人員也會回報他們收到的電子郵件。那麼茱莉亞的新職責是什麼？她負責不斷想出新方法處理所有的意見回饋。

茱莉亞採取的方法包括開站立會議。在名為「哈茲交心時間」(Hearts to Hartz) 的會議上，召集 Eventbrite 跨部門的員工，找來數據分析師，以及實際與顧客對談的支援團隊。「看著同仁相互連結，眾人的經驗彙整在一起，那很奇妙。」茱莉亞形容：「就好像在部門的互動之中，再加上數據告訴我們的事，『願景』和『對顧客的真實同理心』有了實體。」

各位可以把這樣的組合，想成《星際爭霸戰》(*Star Trek*) 裡的關鍵人物關係：數據是你的史巴克先生 (Spock)，不帶感情，講求邏輯。顧客同理心是你的麥考伊醫生 (McCoy)，熱心助人，有著七情六慾。如果要同時享受到他們帶來的好處，你必須讓兩者結合在一起。

「我感到數據洞見團隊平日**不會**直接和顧客對談，其實是好事。」茱莉亞談到：「因為這樣一來，他們會只看著數據。」數據團隊可以看見用戶真正做的事，而不是他們號稱會去做的事。不過，你必須了解背後的**原因**，數據圖像才會完整。「此時顧客支援團隊派上用場。」茱莉亞解釋：「加進實際建立人際互動的人員後，所有的一切彙整在一起，帶來我們眼前發光發熱的矩陣圖像。」

對任何公司來講，這個矩陣都是必要且可得的工具。當你結合數據與同理心，就能看見更大的圖像，了解顧客想要什麼、需要什麼。你不只能看見當下的情形，連未來也能一併看見。

Eventbrite 等數位平台在了解自家顧客的全貌時，同時重度仰賴數據與情感連結。這點不令人感到奇怪。不過，你可能會訝異珍．海曼的服飾出租事業 Rent the Runway，同樣極度仰賴數據，而且從創辦之初即是如此。

「事實上，工程師、數據科學家與產品經理，就占我們公司八成左右的員工。」珍指出：「我們的商品銷售與行銷人員屈指可數。我雇用的第一個高階職位是數據長，他也是公司創始的前十位員工。我們從創業之初就想著數據。」

「我們一年會從顧客那取得百次以上的數據。」珍解釋：「顧客會告訴我們：**她是否穿了那件衣服？穿了幾次？喜歡嗎？只是 OK 而已嗎？她打算穿去什麼場合？**從我們最初該購買或製造哪些服飾，一直到該如何清潔、如何增加單品的投資報酬率、目前該如何彌補需求差距，我們收到的顧客數據全都能回推成答案。」

在服飾這個領域，消費者的選擇的確主要受情緒驅使，但那不代表數據無法協助企業家進一步了解相關的選擇。「我們對顧客瞭若指掌。」珍表示：「因為顧客不僅說出自己的風格或尺寸偏好，還讓我們得知她們的生活：顧客還沒通知任何親友，就讓我們知道她們懷孕了；顧客告訴我們，她們這星期有商務會議，或是下個週末要去邁阿密，也因此我們知道用戶很多事，也知道自己的庫存。有辦法讓這兩個數據集彼此配合。」

珍的團隊因此「比全球大多數的零售商都還要知道女性想穿什麼」。珍表示：「我們因此除了在向品牌採購時，手中握有力量，還能讓品牌看數據，共同製造新的服飾系列。」

吳季剛（Jason Wu）正是一例。美國第一夫人蜜雪兒．歐巴馬（Michelle Obama）愛上這位年輕設計師的作品後，他一夜成名。Rent the Runway 依據自家所做的數據洞見分析，得知顧客對吳季剛的品牌極感興趣，但也得知吳季剛目前的風格，不完全符合 Rent the Runway 的顧客需求。珍的團隊把分析結果帶到吳季剛面前，雙方一起打造出大受歡迎的新產品線，最初命名為「吳季剛灰」（Jason Wu Grey）。

隨著 Rent the Runway 不斷成長，珍和團隊將持續密切觀察數據，研究顧客做的事，了解情況，把得出的洞見，同時應用在面向顧客的事業與幕後事業，強化與顧客之間的良性循環。

另一方面，何時該把顧客說的話放心上

相較於聽顧客說了什麼，觀察顧客實際上做的事，永遠會讓你得知更多東西。不過，聆聽依舊重要，只不過你得知道該聽些什麼，而世上最懂的聆聽的人，莫過於線上設計市集 Minted 的創辦人兼執行長**瑪麗安・納菲西**。她建立的這間私營企業營收達九位數。

每當瑪麗安對產品或公司的方向產生疑問，她會請顧客加入焦點小組或用戶測試，但不把這件事交給產品開發或行銷人員——她本人親自發問。「我親自召集過很多焦點小組。」瑪麗安談到：「我負責主持，我自己寫腳本。人們參加焦點小組時會嚇一大跳，主持人居然是執行長。」

瑪麗安知道**以第一手的方式**聆聽顧客想法的力量。當人們用自己的話，給出不加修飾的直率回應，瑪麗安能從中獲得靈感。第三方的報告則幾乎不曾有過這樣的效果，也因此即便在 Minted 變成大企業後，瑪麗安依舊直接與顧客連結。瑪麗安覺得了解人們心裡在想什麼，是一件很奇妙的事，因為你得知的事永遠會出乎意料，例如瑪麗安得知，如果把不同類型的設計師文具，訂成相同的價格，將導致顧客拿不定主意的「分析癱瘓」(analysis paralysis)。瑪麗安必須違反直覺，收取不同的價格，只為了讓顧客有辦法決定要買什麼。

雷德的分析時間：何時該忽視你的用戶

擴張有兩種，一種輕鬆，一種困難。等你終於知道路上不好走的路，有可能為時已晚。如果你首度嘗試就推出對的產品，那麼輕輕鬆鬆就能擴張。你打造出用戶喜歡的東西，用戶直覺就想分享。

此時擴張將自然而然發生，用戶主動幫你招來更多用戶。困難的擴張則發生在你的產品只有「半對」，也就是用戶有點喜歡你的產品，他們會用，但不會堅持非你不可，或是不會介紹給別人。

成功的產品通常是第一種，不過我至少能想到一個例外：LinkedIn。我們的早期使用者喜歡我們，他們自稱「開放的連結者」（open networker），縮寫成「LION」（LinkedIn Open Networker），甚至把「LION」當成他們的頭銜。問題出在他們因為一個原因喜歡我們，但我們不是他們想的那樣：用戶希望我們是社交網絡，「每個人都應該能和比爾．蓋茲連結，讓蓋茲和我連在一起。」

然而，那當然是不切實際的期望。這也是為什麼早期用戶中狂熱的那一群，不是讓我們得以擴張的使用者。我們感謝這群用戶，謝謝他們的支持，但說到底，他們想得到我們給不了的東西。

這是雞生蛋、蛋生雞的難題。我們必須擁有龐大的用戶網絡，否則我們替 LinkedIn 設想的神奇功能將無法成真。我們希望讓徵才的人能發出消息：「我想徵求密西西比州比洛克西市（Biloxi）的會計，條件是擁有文科學歷，外加十年工作經驗。」接著按一個鍵就找到應徵者。

此外，那種寶貴的用戶和 LION 不一樣，不會一開始就愛上我們。所以要怎麼辦？我們必須逐一擊破，一次增加一小群用戶。你必須找出一群人，這群人在早期就大量使用你們。他們可能是範圍很小很窄的一群人，但影響力大。你先突破他們，接著加以拓展。

核心用戶愛你是好事，但要等到**其他**人也開始喜歡你，你才會開始擴張——目標是讓其他人也愛你。

此外，如同 Eventbrite 的茱莉亞團隊，瑪麗安因為密切觀察顧客，得知意想不到的需求與優先考量。X 世代購買精美的文具時，其實不太在乎設計師是誰，但千禧世代就很在乎產品是誰的手筆。瑪麗安談到：「千禧世代會問我們：『為什麼你們沒提供藝術家的故事？我需要知道這些人是誰。』」

此外，瑪麗安在了解顧客的過程中，得知現代婚禮不再全部交給女方處理；千禧世代的男方也積極參與決定。「他們除了更加積極參與育兒，」瑪麗安指出：「也更積極扮演丈夫的角色。焦點小組告訴我們，我們的婚禮設計過分偏向女性風格。」

要不是因為瑪麗安親自參加焦點小組，她不會得知那些需要細心注意的事。那些事甚至可能不會被寫進報告，因為超出訂好的研究目的範圍。如同瑪麗安所言：「你甚至不會想到要去問那個問題。」然而，當你有動機完整關注每一個回應，就連超出腳本問題的細節也注意到，你有可能得知大開眼界的事。

羅伯特・帕辛（Robert Pasin）在一九九〇年代的尾聲，擔任 Radio Flyer 的執行長。Radio Flyer 是美國的經典品牌，與公司出產的閃亮紅色玩具拖車同義。然而，這間由羅伯特的義大利移民祖父在一九一八年創辦的公司，正處於緊要關頭。公司的市占率正在流失，輸給用塑膠製造拖車和各式玩具的靈活競爭者。羅伯特思考涉及公司本質的問題：**我們是什麼？我們是製造商，還是設計公司？我們能在哪個領域做到最好？**

羅伯特為了獲得判斷的依據，嘗試了解 Radio Flyer 在民眾心中的**意義**。他做起顧客研究，請民眾描述他們童年時期的 Radio Flyer。不用說，很多人用懷念的口吻聊起家裡那台玩具拖車，其他人則感性地講起 Radio Flyer 的三輪車。

「我們請民眾描述他們的三輪車。」羅伯特回想：「大家會回答：『啊？要形容啊？反正就是亮紅色的，手把的材質是鉻，有一個大大的車鈴……』」只有一個小問題：「Radio Flyer 從來沒生產過三輪車。」

羅伯特發現，民眾偷偷懷念 Radio Flyer **不曾製造的產品**。他可以對這個答案一笑置之，顧客居然幻想出不存在的三輪車，也可以判定整份研究報告應該作廢。然而，羅伯特讓顧客的想像成真。

閃亮的紅色三輪車，很快就成為 Radio Flyer 最暢銷的產品——Radio Flyer 還就此成為三輪車品牌的龍頭。不過更重要的是羅伯特如今明白，顧客印象中的 Radio Flyer 不只是玩具拖車而已。Radio Flyer 是人們對於童年的懷舊之情，令人想起有益身心健康的戶外活動，以及閃閃發亮的小型紅色**車輛**。

雷德的「了解你的顧客，向他們學習」理論

觀其行，而不是聽其言

觀察顧客用你的產品做的事，或是他們試圖做的事，從中獲得啟發。你必須仔細留意顧客做的事，光聽他們說話還不夠。

你認為人們會怎麼做的理論將遭到測試

個人與團體會怎麼做，你的理論將影響你所做每一個決定，包括你的策略、產品設計與獎勵計畫。然而，不要死守你的理論，留意顧客是否指向不同的理論或方向。你有可能因此得知如何讓產品脫穎而出。

跟著走：顧客去哪，你也去哪

你想讓事業成長的話，有可能得放棄掌控。找出顧客是如何以不同於設想中的方式使用產品。顧客怎麼做，你加以配合。

讓史巴克先生與麥考伊醫生攜手合作

顧客數據是超然又合乎邏輯的史巴克先生。顧客情緒是熱情又充滿人性的麥考伊醫生。你要擔起寇克艦長（Captain Kirk）的職責，負責把他們結合在一起，讓兩者同時帶來最大的貢獻。

第八章 轉向的藝術

「Podcast」這個英文新詞在二〇〇四年問世，指的是專為當時的蘋果 iPod 擁有者設計的新型媒體。Podcast 帶來新動力永遠改變了廣播規則的格式，如今所有人都能自行錄製與散布內容，無需理會電台的規則或守門人。Podcast 節目其實**不只**能在 iPod 上播放，也能任找一台電腦聽，但這個相對新型的媒介的新名字，令人朗朗上口，吸引到大量的早期採用者與影音迷。**伊凡．威廉斯**也打算跟上這股潮流。

伊凡先前已經因為成立 Blogger 公司名揚矽谷。這間新創公司提供的先驅服務，方便使用者架設部落格，捕捉到文化的時代精神，但營運方面一直缺乏起色。伊凡在 Blogger 被收購的前夕，孤軍奮戰一年，沒有員工，也沒有薪水，但最終成功把公司賣給 Google，有了圓滿的結局。不過，伊凡也準備好嘗試另一種通訊形式。

伊凡最根本的熱情是連結人們，也或者該說他希望運用科技，連結眾人的思想。伊凡在美國內布拉斯加州的農場長大，從小感到無法融入身邊的人。他是那種愛讀書的孩子，但家鄉的美式足球風氣很盛行。伊凡先是對電腦程式感興趣，接著又對網路布告欄產生興趣。有了網路布告欄，就能連結離小鎮有千里遠的人們。不過，真正開啟伊凡想像力的事，其實是他讀到《連線》雜誌第一期的一篇文章。伊凡回想：「那篇文章談到連結地球上所有的大腦。」這個願景讓伊凡搬到矽谷，創辦 Blogger，而如今 Podcast 的概念又引發他的好奇心。

伊凡心想，既然人們極有興趣靠寫作表達自我，如果能採取口說的方式，大家更是有可能在網路上分享想法。伊凡取得五百萬資金，建立平台，方便 Podcast 族發表想說的話，也方便受眾找到內容。伊凡成立新公司 Odeo，願景是成為 Podcast 龍頭。

然而，正當 Odeo 順利起步，伊凡發現有一間公司也進入這個領域。

而且不是別人，是蘋果。

蘋果在二〇〇五年宣布把 Podcast 整合進旗下的 iTunes 軟體。iTunes 原本就是廣受歡迎的音樂軟體，這下子 iPod 的使用者要聽 Podcast 將非常方便，而蘋果 iPod 的現有使用者群，無疑又代表著絕大多數的潛在 Odeo 受眾，對 Odeo 來講是致命的打擊。

「我們呆住了。」伊凡表示。

伊凡不確定下一步要怎麼走。他召開董事會，詢問：「我們要結束營業嗎？該把資金還回去嗎？」

出乎伊凡的意料，董事問他是否還有其他想做的點子。「我心想：『當然有。我腦中永遠是滿滿的點子。』」此外，伊凡還知道如何徵求更多點子，好讓自己的點子趨於完善。「我去找 Odeo 團隊，問他們：『我不確定我們是否還要做 Podcast。誰有點子？』」

有一個辦法證實能有效想出點子：舉辦駭客松。過程很簡單：你找來所有的員工，挑戰他們在一次馬拉松式的工作期間內，打造出點子。駭客松通常用於解決範圍相當明確的問題，但這次伊凡的團隊試著回答較為根本的問題：**我們接下來要做什麼？**

Odeo 的那場駭客松不僅帶來很多點子，還在史上留名。Odeo 的共同創辦人比茲．史東（Biz Stone）與網站設計師傑克．多西（Jack Dorsey）想出最終獲勝的點子——那個群組訊息產品源自他們平日隨手打造的文字通訊工具。伊凡很快就對這個點子感興趣，因為那讓他想起自己在 Blogger 歲月做過的事。

「我建了可以更新狀態的部落格，分享給 Blogger 團隊。」伊凡說道：「後來我和家人去旅遊。我把一路上最新發生的事，放上那個部落格。那感覺很有趣——你分享一般不會分享的事。」

那些「狀態更新」日後被稱為「推文」。沒錯，那個產品就是**推特**。

伊凡和團隊很快就意識到，推特有更大的潛在用途，他們因此碰上難題：是否是時候完全從 Odeo 轉向，改作推特這個新東西？

實在是太難決定。伊凡在董事會上報告推特的最新發展，也簡報 Odeo 的近況，而看來 Odeo 不會那麼快就消失。Odeo 缺乏成長，但有一批死忠的用戶。這種情形通常會帶給領導者最痛苦的決定。**砍掉失敗的產品，沒什麼好講的，但如果產品沒什麼問題，只**

是好像不會大爆發，將比較難決定直接砍，這比較像是策略上的考量。

「我還記得當時想，有時直接失敗了比較好，你會知道不必留戀。」伊凡談到：「然而 Odeo 沒完全失敗，所以我們繼續疊代，想著或許依舊大有可為。」

團隊在那段期間，在公司內部使用推特，也在親友之間使用。伊凡表示：「光是那樣的人際網絡範圍，我們已經感到是在以新方式連結。」

二〇〇七年四月，推特從 Odeo 獨立出去。Odeo 逐漸走入歷史，推特接替 Odeo 過去的位置。

本章將探索轉向的藝術。按照字面意思來看，轉向是指轉到新方向；在商業的世界，轉向是指偏離原本的計畫，嘗試相關但不同的事物。轉向通常是為了回應大環境或市場情況發生的變化，原因包括冒出新機會或出乎意料的障礙，或是進一步了解產品潛能後所做的決定。小至改造策略，大至公司另起爐灶，轉向有各種形式。

事實上，大部分的創業者在站穩腳步前會多次轉向，而且即便在根基穩固後，通常還得繼續轉向。轉向令人感到風險很高，你得朝著新機會走，而且通常是在情況尚不明朗的時刻。另一個同樣充滿挑戰的地方，在於你得**拋下**某樣東西——你必須放棄原本的點子，但那個點子先前帶給你希望與夢想，而且已經投入時間與金錢。人性不會那麼輕易放手。轉向時，共同創辦人、員工、投資人與用戶全都可能反對，你的領導能力將面臨空前的考驗。

然而，雖然人很難放棄心愛的點子或一度聰明的策略，通常到了某個時候，創業者將不得不放手。關鍵在於判定該轉向的**時間**到了，動員眾人走向新方向——即便有時將得壯士斷腕，砍掉其餘的事業。

你愈仔細觀察成功的新創公司，就愈能發現很多公司起家時，做的是和現在**完全**不同的業務——那些公司在轉向後，才開始做得以擴張的事，變身為今日的成功企業。然而，即便它們做出重大的產品或企業策略改變，成功的轉向大都在某方面，依舊和公司原本的使命相關。伊凡就是這樣的例子。他是連續轉向者。他創辦過的四間新創公司，看似風馬牛不相及，但實際上都源自相同的使命。伊凡成年後的人生，全是在追求那個使命。

重開機

二〇一〇年時，**史都華．巴特菲爾德**感到這輩子很想再創一次業。史都華的第一間公司走過出乎意料的轉變。他和凱特琳娜．菲克一起打造出照片分享服務的先驅 Flickr。令人想不到的是，Flickr 原本是兩人失敗的線上電玩《無盡遊戲》中的一個功能。Flickr 因此成為經典的轉向例子，史都華的下一間公司 Slack 也是類似的情況。

距離史都華和凱特琳娜出售 Flickr，已經有好幾年的時間。史都華想再度推出線上遊戲。這次的遊戲名稱是《Glitch》。史都華告訴自己這次不一樣了，不會再碰上和《無盡遊戲》一樣的挑戰。「就我們的觀點來看，現在我們有了一點錢，人脈變廣，電腦硬體也在過去幾年日益進步。此外，我們現在是經驗更豐富的工程師與設計師，能力變強，所以我們心想：**這次不可能失敗！**」

史都華這次絕對下了更高的血本。他和四十五名員工耗費四年研發遊戲，和數萬名玩家互動，募資一千七百萬美元，最後培養出一小群忠誠的粉絲。

但《Glitch》依舊失敗了。

「《Glitch》深深吸引到一小群極度死忠的玩家，他們一星期玩上二十小時。」史都華表示：「但大部分的人，例如九十七%的註冊玩家，他們玩個五分鐘就會走人。」

史都華和團隊透過一系列的「**如果試試這個呢？**」實驗，持續努力留住新用戶。史都華談到：「我們總是感到這一次改造完，一定能救回這個遊戲。」

史都華在講這個故事時，聲音依舊聽得出尚未完全放下：他到現在都還在問自己，原本還可以多做什麼努力。多數創業者在轉型的關鍵期，內心都有這樣的自問自答。

史都華最後終於明白遊戲已經結束了。「我們絞盡腦汁，想盡辦法救公司，嘗試過最好的十五個點子，而既然前十五個都失敗了，我不認為第十六個點子會管用。」

史都華碰上所有創業旅程中最不容易的時刻——你向自己和團隊承認，**這次**你們將不會一起達成夢想。就這樣，史都華不得不在人生中，再度親手殺掉心愛的產品，和感情很好的團隊說再見。

史都華向員工公布 Glitch 要結束營運的消息時，舉辦了一場感性的全員大會。史都華回想：「我站起來準備發言，連第一句話都還沒說出口，就開始哭。」

「那真的是太難太難了，因為執行長的工作其實通常是想出故事，讓夠多的人相信你能讓某件事成真。你必須說服投資者，你必須說服媒體，你必須說服你想招募的人才，你必須說服顧客。我做了很多事說服人們——我說服他們來替這個計畫工作。大家拋下原本在做的事，辭職來我這領糟糕的薪水，交換變成廢紙的股份。」

史都華冷靜下來後告訴團隊，不得不讓大家離開帶給他多大的罪惡感——他將竭力彌補。Glitch 的工程師提姆．列弗勒（Tim Lefler）回想：「史都華和幾位網站開發人員，決定在 Glitch.com 放一個網頁。」網頁標題是「雇用超優秀人才」（Hire A Genius），上面放著 Glitch 團隊每一位成員的 LinkedIn 介紹、照片和作品集。媒體報導 Glitch 要結束營運的消息後，Glitch 的官網立刻放上訊息：「這群人在找工作。」

此外，史都華和合夥人還替被裁員的團隊寫推薦信，提供履歷輔導。提姆回想當時的情形：「史都華和團隊決定：『我們將持續提供協助，直到每一個人都找到新工作。』」

然而，因為《Glitch》遊戲要停止營運而難過的人，不只是 Glitch 的員工而已。還記得那群每週玩二十小時的忠實粉絲嗎？史都華決定讓玩家選，看是要直接把錢拿回去，或是以他們的名字捐給慈善機構。史都華表示：「所有能做的我們都做了，大家好聚好散。」

好人立刻就有好報。

雖然大局已定，遊戲關定了，史都華的團隊開始尋找最後一搏的機會。公司的銀行戶頭大約還有五百萬美元，他們受託用那筆錢做可擴張的事，任何事都可以。史都華原本請投資人把錢收回去，但投資人要他想辦法找到新方向。

史都華的團隊開始仔細研究，他們替《Glitch》開發過的所有軟體中，**有沒有遺珠？**雖然耗費了幾星期，他們最終找到一樣東西：團隊在打造遊戲時開發的內部通訊系統。人們可以利用那種聊天通訊工具，進行非同步的對話，還能長期留存對話記錄。不同的團隊與主題可以建立不同的「頻道」。史都華心想，這或許有搞頭。

史都華最初的目標是打造線上遊戲，和聊天通訊工具毫無關聯，不過 Glitch 團隊也愛用那個通訊工具，過去三年間不斷配合自身的需求微調產品，以更快的速度進行透明的溝通，達成更順暢的有效協作。Glitch 團隊心想，其他企業也會需要這個工具——那個工具就是後來的 Slack。

從不只一種層面上來講，這次的轉向是重起爐灶：史都華多年前成立 Flickr 時，他的線上遊戲還活著（即便只是苟延殘喘），也就是說他有辦法把團隊調到不同的計畫。然而這一次遊戲已經關閉，人員已經遣散，史都華不只必須以完全不相關的產品重頭開始，整體營運也得全面重新規劃，新的辦公室、新員工，一切都是新的。

不過，由於是好聚好散，史都華得以請 Glitch 的原班人馬協助，提姆就是回鍋的一員。提姆回想：「史都華大致講了一下現在的狀況，接著就說：『嘿，我們希望請你回來，一起做這個產品。』」

提姆當時已經找到別的工作，為什麼要回頭幫炒他魷魚的人？部分原因是在裁員過後，史都華還幫忙找工作，不過最主要的原因，還是史都華的新點子聽起來很不錯。

提姆抵達 Slack 的辦公室後嚇了一跳，原來他不是唯一再次加入團隊的 Glitch 成員。提姆指出事實上，「感覺有點像是大團圓。」史都華對提姆的職涯負起責任，展現我在《聯盟世代》一書中提到的原則：在組織內維持雙向的付出，將帶來一生的盟友。

提姆這次不必擔心又會關門大吉，重開機後的 Slack 一砲而紅，公司二〇一九年上市，二〇二〇年尾以二百七十七億美元的價格賣給 Salesforce.com。

平台大冒險

有的領袖朝長期願景邁進時，職涯的每一步都經過規劃，不過有的人則是誤打誤撞。**托比・盧克**絕對是第二種。他走過我們見過最不可思議的轉向，從賣滑雪板的小商家，擴張成電商平台龍頭 Shopify。

托比在德國小鎮長大，他在成長過程中「愛上」電腦，平日的娛樂是「寫程式」。他具備程式設計師的頭腦與性格，自稱：「我喜歡沉浸在真正有趣的事物，不去理會生活中的其他一切東西。」。

托比不愛上學。「我很難適應學校，我就是比較喜歡電腦。」但如同他自己所言，由於「德國的教育體制具有智慧」，托比得以早早離開學校，擔任電腦程式設計師的學徒，最後從德國移民到加拿大渥太華。然而，幼時的愛好就此失去吸引力。托比當上程式設計師，但程式設計一旦成為養活自己的工具，便不再有趣，托比因此轉行，「好讓程式設計再次成為嗜好」。他的另一項嗜好成為他的新職涯。

托比在加拿大愛上單板滑雪。他想到可以把對滑雪板的愛，和他的技術能力結合在一起。「我為了替自己找到最棒的滑雪板，近期剛做過深入的研究，清楚大致的狀況。我心想：**嘿，我可以在網路上賣滑雪板，那是很好的創業起點。**」

就這樣，托比在二〇〇四年準備開網路商店，販售滑雪板。他還以為只需要幾天的時間，就能讓他的 SnowDevil 順利開張，但立刻碰上問題。

「我碰上的第一個難題，就是試著替我的網路商店找到合適的軟體。」托比表示：「我嚇了一大跳，居然什麼都找不到。市面上的確有電商軟體，但基本上頂多只能稱得上是數據庫編輯器，用戶很難操作。寫那些軟體的人，顯然根本沒有經營零售事業的經驗。」

托比判斷最好的作法，將是自己從頭寫軟體。

托比談到：「我找到 Ruby on Rails，我很喜歡這個新技術，日以繼夜投入。有兩個月的時間，我一天大約工作十六小時。」托比從零寫出整個網站的程式，最後他的滑雪板商店終於上線。「一切非常順利，生意興榮，我開始出貨給美加各地的人，也有歐洲的顧客。」

對托比來講，寫網站的後端程式（接受付款、處理訂單、更新產品頁面），只不過是達到目的的手段，他真正想做的事是販售滑雪裝備。然而不久後，全球各地的顧客開始詢問，他們不只對滑雪板和保暖外套感興趣，托比能不能也幫他們的網路商店寫後端軟體。

這是許多創業者會碰上的轉折點。創業者在讓原始願景成真的過程中，一路上永遠在解決其他延伸的問題。**有時你處理的問題太令人傷腦筋，很多人都碰到，你的解決方案甚至比你最初的點子有價值**。

可能的轉型開始成形。托比著手替全球各地的零售商建立電商平台。他的目標是讓任何人都能輕鬆架設網路商店，好讓其他的零售商不必和他一樣，費力使用難用的系統。人們可以到一個地方註冊，幾分鐘之內就架好商店。托比表示：「我在開設滑雪板商店時，Shopify 會是我想要的完美軟體。」

然而，托比決定正式從滑雪板轉向到數位購物車的時候，他的共同創辦人決定離開。那位合夥人當初加入是為了開滑雪板商店，而不是為了 SnowDevil 如今轉型做的事。托比回憶：「他告訴我：『這個愈做愈大，已經變成不一樣的東西。』」

就這樣，托比失去共同創辦人與執行長。這通常是轉型痛苦但必要的結果。受原始使命吸引的團隊，有可能對新方向沒興趣。

不過，托比對新使命大感興奮。「我們找到這間公司從頭到尾真正在做的事。我們熱愛的其實是網路創業的概念。」托比表示：「網路理應讓大家都能一起來，人人都有機會。我們追尋的點子／問題因此是：『如果說創業可以很簡單，這個世界會是什麼樣子？』」

程式設計師托比，就此變成平台執行長。平台日後更名為 Shopify，今日是總部在安大略省渥太華的跨國電商。原本想帶給滑雪板商店更好的數位購物車點子，轉型成各地線上商店的全球平台。如果你去年在網路上買過東西，但不是在亞馬遜買的，那八成是由 Shopify 的平台協助完成購物。

托比的成功關鍵在於讓 Shopify 變成平台：除了商家可以輕鬆設立網路商店，也方便 APP 的開發者替商家打造專賣店。

托比因為是以這樣的方式開放 Shopify，他下定決心要讓開發者能從他的平台賺到錢，不試著當封閉的平台，自己拿走所有的 APP 營收。托比指出：「我們推動這個平台的方法，基本上就是把 Shopify 的收益全攤在桌上，留給第三方的 APP 開發者。」

此舉讓托比迅速吸引到愈來愈多的 Shopify 用戶。事後回想起來，相關決定替他們的大受歡迎鋪好路，但在當時是不容易的抉擇。「那是很難下的決定，因為你原本可以輕鬆搬走金山銀山，卻留給大家——也或者該說事實上你靠著有錢大家賺，投資自己的未來。」托比解釋：「大部分的公司很難做出這樣的決定。」

「強大平台＋熱鬧的ＡＰＰ商店＋開發者社群」的組合，讓 Shopify 得以對抗競爭，建立正面的回饋迴圈，促進創新，吸引到更多的使用者與開發者。

然而，如同托比立刻指出，前述的一切需要時間。「我們在二〇〇九年打造大量的基礎技術。一直要到二〇一八年，幾乎是十年後了，才抵達所謂的『蓋茲界線』（Gates line）。比爾．蓋茲講過一段話，大意是：『平台上的人賺的錢比你多之前，你不是平台。』」

雷德的分析時間：讓轉向感覺像是共同的決定

轉向不只是一下子急轉彎而已。首先要考慮，你轉向是為了追求什麼機會。那個機會是否清晰可見，你知道要往哪裡走？你有辦法說服別人跟著你嗎？

此外，轉向時必須拋棄舊點子，而這有可能困難到不可思議的地步，因為事情牽涉到人，而人通常不會那麼容易就放棄原本的點子。你的共同創辦人、員工、投資人與使用者有可能反對。這大概會是你最重大的領導能力考驗，因為人們將仔細考慮該不該信你。

如今的你，依舊值得信任嗎？

替新創公司工作有點像一起上戰場。當你和同排的士兵一起蹲在地堡裡，你們會對彼此產生很大的信任感：如果我感到你罩著我，我也會罩你。

走過轉向的關鍵，在於如果員工感到你照顧他們，他們也會照顧你。

我認為身為執行長的你，永遠必須帶著團隊一起走過轉向。你必須讓團隊感到這是大家一起決定的。你不必採取民主制度；事實上，你**不該**採取民主制度，但必須讓大家有**參與感**。你要讓人們感到可以發表意見，他們投下的票也算數，公司照顧到他們的利益。

當團隊意見分歧，例如無法決定應該繼續採取舊策略，還是該轉向到新策略，你可能以為兩面下注很聰明，兩個點子都做。那是最民主的方式，大家都開心，對吧？然而，身為創辦人的你，永遠不該說出：「我們正在做X，也在做Y，因為我的團隊兩個都喜歡。」那或許是不會引起爭論的作法，但我可以告訴你結局：你們會跟電影《末日狂花》（*Thelma and Louise*）一樣，最後兩個女主角在車上手牽著手，一起摔下懸崖。

二〇一八年的時候，一百多萬間商家利用Shopify，創下超過四百億美元的銷售額，平台的APP開發者也帶走九千多萬美元。一切全是靠那個最初的轉向——托比決定從只賣他自己的產品，轉型成協助他人賣東西。

做好事

領導者在職涯中轉向，有時是特殊情形造成的，不過**史黛西·布朗—菲爾波特**（Stacy Brown-Philpot）的故事不一樣。史黛西在底特律西區長大，取得史丹佛的ＭＢＡ學位後加入Google，一待八年。二〇一三年時，她剛從印度被調回美國，每一件事都……很順心。「我環顧四周，我人在辦公室，有兩面落地窗，我的狗也在，牠有自己的床。我有桌子。有沙發。有助理。多數人夢想能在辦公室工作中得到的東西，我全都有了，但我感到還有未完的使命。」史黛西回想：「我說：『我得去做別的事，那種感動我、推動我在世上完成更多使命的事。』」

很巧的是，史黛西不久後便認識**跑腿兔**（TaskRabbit）的創辦人莉雅·布斯克（Leah Busque）。那個熱門ＡＰＰ配對想找人幫忙與願意跑腿的用戶，跑腿的內容五花八門。史黛西試用服務後，喜歡背後的精神。「我是個有使命感的人。」史黛西表示：「矽谷人經常談傳教士與傭兵的概念。我絕對是傳教士。跑腿兔的使命是引發日常工作的革命，那點很吸引我。我因此回到家鄉底特律。我的家鄉有一群好人，他們賣力工作，卻因為產業外移而失業，找不到工作，但只要給他們機會，他們會是最努力的一群人。」

史黛西在二〇一三年加入跑腿兔，擔任營運長。她很快就發現，跑腿兔如果要擴張，將面臨重大的基本挑戰。史黛西研究數字後得出結論：「我們需要改變做事的方法，才有辦法朝想去的地方走。」

史黛西特別關注一件事：跑腿兔帶動與連結跑腿市場雙方的出價制度。一方是出價搶工作的跑腿人，一方是找人跑腿的客戶。在目前的制度下，跑腿人每次接案都得出價。換句話說，大家逐底競爭，用最便宜的價格提供服務。在此同時，客戶則通常必須花過多的時間，一一查看願意接案的人出的價格，選出最後要把工作交給誰。

這種大家各憑本事的架構，看來好壞參半；有一半的跑腿人和客戶喜歡這種價格戰。然而，其餘五成的人則有不好的體驗。客戶感到人選太多，不曉得該選誰才好；跑腿人則碰上太多人削價競爭，做半天賺不到什麼錢。史黛西明白「好事不出門，壞事傳千里」的道理。「用過服務後覺得不錯的人，他們可能只會跟一個人講，但不開心的客戶會向十個人，抱怨自己碰上的倒霉事。」史黛西表示：「這樣子長期下去不行，我們得改變這種制度。」

跑腿兔將得大轉向——走向更有制度、更可靠，減少選擇與混亂。史黛西的團隊有強烈的預感，更好的制度會是好事，但他們將得重新全面設想經營方式。團隊想出的計畫是跑腿兔將不再什麼服務都提供，例如「模仿名人」或「生日派對小丑」，改成把人們可以提供的跑腿事項，簡化成四種易於理解的熱門類別，包括居家修繕、房屋清潔、搬家協助與個人助理。

此外，跑腿兔將給跑腿人更多自主權，包括有機會決定要不要接工作、想如何工作、每小時希望如何收費，不再用競標流程決定實際的費率。

跑腿人從此不必再焦急查看手機，確認有沒有標到工作。客人也只需要上網站或APP一次，就能把工作委託出去，不用再一直滑沒完沒了的競標清單。這次跑腿兔改成給客人看推薦名單，上面列好每位人選的費率、評價與技能。

你在考慮這樣的重大轉向時，永遠要先測試點子。史黛西打算在新用戶中進行測試——他們在使用平台時能不帶成見，不會堅持應該怎麼做才對。團隊選擇在倫敦做市場測試，因為當地人聽過這個品牌，但先前不在跑腿兔的服務範圍。

史黛西很開心，精簡後的跑腿兔版本，獲得理想的測試結果：委託率上升，成交率也從五成上升到八成。史黛西談到：「我們知道新版本大有可為後，把新版本帶回美國。」

如果英國人喜歡，美國人也會愛，對吧？嗯，不一定。改變現有制度的難度，永遠高過推出全新的制度。此外，以跑腿兔的例子來講，問題不一定出在改變本身，重點是人們是如何聽到要改變的消息，尤其是跑腿人。跑腿人有一個社群，跑腿兔是他們的生計。史黛西當然知道這件事，但她還以為消息一出，人人都會開心。「我們心想：跑腿人會非常興奮，因為新制度對他們有利。」

史黛西表描述當時的情形：「我們在發消息給科技網站 TechCrunch、《今日美國報》（*USA Today*）以及所有人的同一天，才告訴跑腿人制度即將改變的事。」那是錯誤的作法，跑腿人暴動。「他們很沮喪。沮喪的主因是我們沒告訴他們，我們要做這件事。另外一部分的原因，則是他們將得以不同的方式工作。」

史黛西在跑腿兔執行了客觀來講有好處的計畫——她知道這樣一來，跑腿者將能拿到更合理的報酬。對顧客來講，委託流程也會更有效率、更容易使用服務。然而，全面改變平台的管理規定不是小事，尤其是如果你忘了告訴平台使用者這件事。雪上加霜的是，跑腿兔不只是平台，還是社群，人們感到自己是一分子，而當人們感到某個東西屬於他們，他們會預期自己也有發言權……或至少要事先知道消息，而不是在網路上讀到。史黛西沒提早讓社群參與這件事，無意間讓社群心灰意冷。

史黛西事後檢討，跑腿兔**原本該怎麼做**其實很清楚。「我們當時有兩萬以上的跑腿人，他們的工作是在平台上接案，靠平台賺錢。」她表示：「我們應該把跑腿人加進溝通鏈，但我們沒這麼做。我們的心態是：『不用那麼麻煩，他們只是用戶。等所有人都知道，他們自然也會知道。』」跑腿兔的管理階層其實應該先測試那個假設，和用戶溝通，確保每個人都準備好和公司一起轉向。

雖然遭遇反彈，史黛西和團隊堅守立場，起初流失營收與用戶，但一段時間後，新制度帶來更高的顧客滿意度，徵求與提供跑腿服務的用戶都更開心，利潤更高。這次的轉向成功了。

此外，跑腿兔的文化也有所改善。雖然是亡羊補牢，跑腿兔今日明白讓社群參與重大決策的重要性。「我們因此成立跑腿人議會（Tasker Council）。」史黛西解釋：「開會的時候，有的人對跑腿兔感到很興奮，有的人則永遠半信半疑。我們告訴跑腿人：『我們真心想知道你們的意見，也希望各位加入後助我們一臂之力，去和社群的其他人聊。』」史黛西認為，如果跑腿兔當初在轉向時就已經有這樣的議會，阻力會小很多。

除了以上談到的事，後續還有出乎意料的結果——一個了不起的發展：跑腿兔廢除跑腿人的競標制度後，開始出現相互支持與分享的跑腿人社群。大家開班授課或錄製影片傳授技巧，提升彼此的賺錢能力，形成自我增強的活躍迴圈，每一個人都受惠。

跑腿兔的社群不斷成長。今日跑腿兔在培訓時，也運用社群的力量。史黛西表示：「有的跑腿人會設計課程，我們付錢請他們設計。」這麼做除了能提升技能，還讓部分的跑腿人感受到意義與目的（以及收入）——除了平日替人跑腿，工作還有了成長學習的空間。

不過，一直要到社群真正的力量「抵達家門口」，史黛西才完全明白那是什麼意思。有一次，跑腿人到史黛西家裡修理電燈開關，史黛西發現那是先前幫她送生日蛋糕的同一位先生。她問對方怎麼會從送蛋糕變成修水電，得到的答案是：「我因為跑腿兔的社群上了一些課，學到東西，現在能在平台上賺到的錢是先前的兩倍。」

重新振作：在危機中轉向

線上社區平台 Nextdoor 成立的初衷是促成鄰居認識彼此。新冠肺炎危機在二〇二〇年初愈演愈烈後，執行長**莎拉．佛萊爾**（Sarah Friar）發現 Nextdoor 平台出現幾件值得留意的事。首先，互動率大增八成左右，不過除此之外，互動的**本質**也在變。用戶不再只是打聲招呼，詢問找誰修水電比較好。他們利用平台判斷在疫情危機中，有沒有需要幫助的鄰居。如果有需要，他們願意出手相助，甚至態度十分熱情。

雷德的分析時間：如何知道轉向的時間到了

每個人或多或少都喜歡感到，他們命中注定要做某個重要的點子，天生要做大事業。有的人會號稱：「我兩歲的時候，就知道四十歲要做什麼。」然而，那通常是編出來的故事。計畫會生變，人會換方向，所以你該打算的其實是：「當時間到了，我會趁早聰明轉向。」

這裡的意思，不是你該做事只有三分鐘熱度，也不是事情一不順就驚慌退出。這裡的意思只是你要明白，轉向是很正常的事。

我建議可以依據你對於自己的投資主張多有信心，思考你的重大轉向。你說：「讓這個直覺成真的辦法，我有點子一、點子二、點子三、點子四。」等你第五個點子也試過，你得問自己：「我的點子六，是否和其他五個一樣好，或更勝一籌？」

當你為了讓最初的計畫成功，已經什麼都嘗試過，點子都用光了，那麼該轉向了——速度要快。人們誤以為「等公司撐不下去，**那時**才該改做別的事」。然而到了那種時候，幾乎都為時已晚。你要在市場狠狠給你一擊**之前**，就採取行動。

莎拉表示：「在疫情爆發的第一個月，平台上聊『協助』(help) 的對話暴增二百六十二%。」Nextdoor 服務的社群大都開始執行居家令，感染風險特別高的人士會留在家裡。「每個人突然自動自發：『我可以幫你買東西。我可以幫你領藥』……甚至有人主動站出來組織眾人：在莎拉本人住的那一帶，有一個 Nextdoor 協助團體在成立後，成長至五百多人。」

那個協助團體的領導者不只是呼籲互助，而是實際花時間配對需要協助與願意幫忙的鄰居。莎拉也加入地方上的平台，被分配給一位叫伊莉莎白（Elizabeth）的老太太。「老人家很不願意麻煩別人。」莎拉回想：「我看得出來，我第一次和她講話時，她防衛心很強，不斷強調自己有多健康。」伊莉莎白因為既有的身體狀況，特別容易感染病毒，不能冒險出門，莎拉幫忙拿藥和帶貝果。

身邊的種種變化讓莎拉獲得靈感，她開始替 Nextdoor 開發新服務與新功能。Nextdoor 迅速轉向，從認識鄰居的交友園地，走向積極互助與交換資訊。

首先，莎拉成立新冠肺炎服務台，集中提供精確的疫情資訊，協助地方事業。接下來，她推出「街區協助地圖」（Neighborhood Help Map），民眾可以依據自己的居住地，就近找人協助或提供支援。二〇二〇年稍晚的時候，這個地圖持續發揮作用，化身為「選民協助地圖」（Voter Help Map）。有的民眾需要印出選民登記資料，但家中沒有印表機，有的鄰居可以幫忙。選民協助地圖協助配對這方面的需求。

疫情來襲時，Nextdoor 原本正在進行新群組產品的第一階段測試。莎拉決定中止測試，直接推出。「那個產品困在無止盡的疊代，我們拿出魄力宣布：『好了，夠了，我們速戰速決。』」Nextdoor Groups 提供的虛擬聚會，協助減輕維持社交距離引發的心理衝擊，等疫情結束後，這個概念也將持續帶給年長鄰居價值。

危機可說是加快了 Nextdoor 的腳步，Nextdoor 不得不擠出新點子，並在尚未完全就緒前就推出。「我認為在危機之中，顧客會對還不完美的東西寬容一點。」莎拉說道：「如果顧客明白你是好意，他們更能原諒邊緣有點粗糙的產品。」

隨著 Nextdoor 持續配合周遭的狀況改造平台，莎拉開始提前思考未來。她請 Nextdoor 團隊思考幾個問題，例如：**有哪些新興的主題？事情將在未來有哪裡不同？哪些事則或許不會變？凝聚社群時，我們能採取哪些更有創意的新方法？**

「如果真要說疫情有任何好處的話，令人安慰的是現在我介紹 Nextdoor，再也不會感到像在傳教。」莎拉表示：「我不必再長篇大論解釋，人們就會懂遠親不如近鄰，鄰居在第一線支持我們。人們不再迴避鄰居。如果有人講一些嘲諷的話，例如：『可是有的鄰居，不都是一些怪怪的人？』我會回答：『或許吧，但他們有可能變你的救命恩人。』」

如果轉向的定義是快速轉彎，回應出乎意料的發展或障礙，那麼二〇二〇年絕對稱得上是「轉向之年」。新創公司如果原本就在處理擴張通常會帶來的挑戰，例如募資、招兵買馬、微調服務、培養公司文化，這下子事情複雜的程度更上一層樓。從大眾恐慌、生意一下子清淡、消費者的可支配所得大減，一直到維持社交距離的規定，有太多太多新的事要處理。

網路新聞公司 BuzzFeed 的創辦人人**喬納・佩雷蒂**（Jonah Peretti）表示，從某方面來講，充滿挑戰的時機與環境，反而能引發創業者的鬥志。「我發現**在危機時刻，由創辦人領導的企業處於有利形勢，因為開創者樂於隨機應變**。他們依據第一原理想事情，願意順應情勢調整公司。」

「在這樣的時刻，」喬納繼續說明：「你必須完全不抱任何預設的立場。不論你一直以來做些什麼，沒有什麼是不能變的，你可以把握先前沒意識到的機會。」那種精神是在運用創辦人的長處。創業者原本就習慣整天在滅火，而且挑戰通常會讓他們**感到興奮**。

以喬納的例子來講，BuzzFeed 原本即將度過風光的一年，但疫情打亂了一切，連損益兩平都很難。最大的影響是 BuzzFeed 流失網站廣告客戶。喬納談到：「幾千萬美元就這樣消失不見。」BuzzFeed 不得不削減四千萬左右的成本，縮減國際擴張的支出，進行組織重組，更加專注於電子商務、交易平台營收與程式化廣告（這方面受益於 BuzzFeed 在過去一年流量上升。譯注：程式化廣告是指透過自動化系統買賣線上廣告。）同一時間，由於這場危機，BuzzFeed 得以強化與客戶公司的關係。部分客戶在轉型到電子商務時，向 BuzzFeed 求助。

在危機時刻，快速做出聰明決定的壓力愈來愈大，容錯的空間變小。你被迫以更有效也更明智的方式，運用有限的資源（包括你自身的精力）。領袖必須真正承擔起領導的職責，重振旗鼓。

網路眼鏡公司 Warby Parker 的共同創辦人**尼爾・布魯蒙索**（Neil Blumenthal），以種種方式處理疫情帶來的挑戰。Warby Parker 在新冠肺炎危機期間被迫關閉門市，連總部也幾乎全都休息。然而，尼爾必須確保線上事業持續出貨，顧客下單能拿到東西。如他所言：「顧客每天不能沒有眼鏡。」尼爾的第一步因此是確保供應鏈無虞，訂單履行中心（fulfilment center）能順利出貨。「接下來是找出如果我們必須暫時遣散員工，有哪些相關的失業救助。再來是我們必須試著找出門市歇業時，手裡的一百二十張租約該怎麼辦。」Warby Parker 再次開門做生意後，嚴格控制店面流量，提供「井然有序的消費者體驗」，每間門市會在顧客試戴每副眼鏡的前後消毒。

尼爾表示，他學到危機期間最關鍵的能力是溝通。「跟以前比起來，你溝通的次數必須是兩、三倍。」尼爾解釋：「此外，你必須簡化危機時刻的溝通。」尼爾和共同創辦人戴夫・吉爾博（Dave Gilboa）原本通常每週舉辦一次全員大會，錄下開會情形，與每一個人分享。「疫情期間變成每週提供兩次全員大會的影片，並縮短時長，方便大家消化。影片會在星期二與星期四釋出，提供充分的必要資訊，團隊得以做出有依據的決定，掌握目前的狀況，尤其是在不進辦公室的期間，你無法在走廊上閒聊，失去所有非正式的溝通管道。你必須提供更多有架構的正式溝通，加以彌補。」

艾倫・庫爾曼（Ellen Kullman）先前擔任杜邦（Dupont）執行長（杜邦這些年來走過數場危機），今日擔任3D列印新創公司Carbon的執行長。艾倫指出，在危機期間需要「走出你自己的路」。領導者大都已經替事業規劃好走向，但問題是危機會讓舊計畫不再可行，不得不轉向到B計畫，或許還得改走C計畫或D計畫。發生這種事的時候，「不寫出你自己的故事不行，不能死守過去，要照你的想法去做。」這句話的意思是領導者必須承認事情生變，擬定新路線，而且明確宣布公司將順應新變化，公司清楚未來的局勢，也有在新環境中勝出的明確計畫。「如果對於結果會如何，你沒提出明確的假設，」艾倫表示：「那麼你和員工也不會知道，你們究竟是會贏還是會輸。」

Airbnb的共同創辦人**布萊恩・切斯基**深刻感受到這樣的不確定性。他的工在新冠肺炎危機期間遭逢重創。在二〇二〇年的春天，「我們原本要變成上市公司了。」布萊恩說道：「我正在準備S-1上市申請文件。此外，我也正準備盛大推出新產品。我們擬好計畫，我覺得那個計畫很棒，但突然間，我就像船身被魚雷擊中的艦長。」

隨著大量民眾幾乎是一夕之間不再出遊，Airbnb沒了生意。「第一個感覺是恐慌——我得提醒自己要呼吸。」所有碰上危機的領袖都一樣：你得慢下一段時間，找回方向感，還得隨時注意自身的壓力值。

不過，布萊恩沒有慢下腳步太久。他採取一系列的轉向，協助 Airbnb 回應危機。有的民眾在疫情期間需要暫時找地方住，Airbnb 為了滿足這方面的需求，更加專注於長期出租與月租事業。此外，從客廳音樂會，一直到紐西蘭綿羊農場的虛擬之旅，Airbnb 開始提供更多地方體驗與虛擬體驗，甚至是虛擬的騷沙舞會。布萊恩把這些新功能，視為 Airbnb 服務的長期新夥伴，預計即便等人們回到舊有的旅遊習慣，新功能依舊會受到歡迎。

如果你正在適應危機，布萊恩的主要建議是「專注於你的核心原則」。想一想你的組織試圖達成的目標與你們代表的意義——也想一想身為領袖的你，最重要的事是什麼。「當事情真的很糟，」布萊恩說道：「你很難做出事業決定，因為你根本無法預測接下來會發生什麼事。不過你可以問自己：**我希望人們將記得我在這場危機中有什麼樣的表現？**」

跑腿兔的**史黛西・布朗菲爾**—**波特**與聯合廣場餐飲集團的**丹尼・梅爾**，兩人有著類似的想法：危機是朝大方向思考的時間，目光不要只放在自己的公司。史黛西表示：「我樂見矽谷的公司團結起來，一起協助民眾度過疫情。即便發生糟糕的事，如今有更多取得技術的管道。我們也更了解科技能做什麼、該用在什麼事情上。此外，我們知道如何以飛快的速度有效溝通。」

史黛西的目標是讓跑腿兔「隨時待命，一有需求就能派上用場，不過我們也會和其他的科技公司合作——我們旗下全都隨時有數百萬可以聯絡的成員，有能力一呼百應，協助民眾度過危機情境」。

丹尼的視野已經不再只看著旗下的餐廳。餐廳業早就需要整頓，他思考新冠肺炎危機如何能帶來改變。「如同某位同仁所言：『餐廳業就像身體原本就有狀況的九旬新冠患者，不需要新冠肺炎也能讓我們倒下，幾乎任何事都能擊垮我們，只不過這次真的很慘。』」丹尼先前已經花很多時間和同業談過，問他們：「這場危機提供了什麼樣的機會，我們因此有辦法處理過去孤掌難鳴、單憑自己無法成功的事？」他們正在設法改善餐廳員工的待遇、小費制度、餐廳面臨的薪資稅與酒類法律問題，以及他們與房東的關係。

比特幣錢包平台 Xapo 的執行長**文斯・卡薩雷斯**，以及 Automattic 的創辦人**麥特・穆倫維格**（Matt Mullenweg）都相信危機就是轉機，這是讓你的公司更靈活、適應力更強的好時機。實際的方法是改變公司的架構方式。講得再更明確一點，你可以轉向到遠距辦公事的架構。如果要說疫情帶來了任何正面的改變，有一點是大大小小的公司都以第一手的方式，體會改成全面遠距工作的好處。其實早在不得不這麼做之前，文斯與麥特多年鼓吹分散式的辦公室模式。文斯談到他讓自己的數百位員工，分散在五十多國的小型區域辦公室或在家辦公，因此更能輕鬆招募到全球各地的頂尖人才。不過文斯也提醒，前提是你得採取正確作法。「到辦公室上班與遠距上班的差別，就像『和爸媽住』與『搬出去自己住』。如果沒強烈意識到這點，員工很容易感到和世界失聯，缺乏與外界的連結。」Xapo 建議新進員工盡量比照進辦公室，建立自己的作息表。此外，也要挪出獨立的工作空間，不要和其他的生活事務混在一起。

麥特創辦的 Automattic 是一間完全分散式的公司，平日負責 WordPress 部落格平台的營運。麥特表示：「優秀的分散式公司要素，幾乎和優秀的辦公室公司一模一樣，包括信任、溝通、透明、開放與疊代。」如果你是因為碰上辦公室關閉，無預警地處於分散式情境，也或者你是刻意那麼做，例如一星期挑一天在家上班，麥特建議當成個人轉向的機會，趁機重新思考你的工作方式。「我們有許多不假思索的生活方式。」麥特表示：「任何人只要有機會往遠處看，重新思索人生，以初學者或新鮮的視野看待，我認為不論處於什麼工作情境，那將帶給你的生活重大的影響。」

麥特建議，企業被迫做出遠距工作等改變時，要從正面的角度問問題：「好，我們因為採取分散式的工作方式，**得以做到**什麼？」你可能會判斷利用視訊的遠距會議，效果遠比打電話好，因此投資耳機，甚至是採購高級一點的視訊攝影機，好讓員工隨時都能看起來、聽起來很專業。你也可能發現，即便投資了最新的視訊技術，有的事用電子郵件處理比較方便。你可以趁平日的工作方式產生變化的時刻，重新檢視原本的慣例與流程，加以改善。

危機有可能逼著你轉向，而且是非常重大的轉向。整個過程無疑會很痛苦，有時被壓著打。然而，如同前文提到的各種例子，艱困時刻也有好處：危機能逼你專心做好一件事，你的行動迅速靈活起來。當身旁的混亂打破我們的假設，我們被迫從新角度看世界，將激發出無限的創意。本書各章都有這樣的例子：今日最優秀的新創公司，有的就是誕生於絕境。

雷德的分析時間：危機時刻先做人

如何能協助你的事業度過危機？不要只想到你的公司要撐下去，而要考慮**所有會受到影響的人**，裡裡外外全都要顧到。

在危機時刻更是要停下來說：「好，做事先做人，一定要先對員工、社區與社會負責。我需要做哪些事？」

你的出發點必須是愛心與關懷——不但要想著怎麼做會對公司與員工來講有利，也要想著社區、家庭與全體社會。

我們創業者很容易把全部的心力，用在建立公司與擴張。事情好難，我們害怕。我們跌倒。從零創造出某種全新事物，實在是非常大的挑戰。你得極度專注才可能辦到——專注到你很容易忘掉，究竟**為什麼**要做這件事。

一定要提醒自己，你這麼努力是為打造新型企業、新工作、新產品、新服務。你努力的事將創造未來，這件事極度重要。然而，你也永遠必須停下來說：「好，我先從做人開始，一定要先對員工、社區與社會負責。我需要做哪些事？」

雷德的「擁抱B計畫」理論

變動

即便是全心全意追求特定願景的創業者，也得隨時做出調整，跟上科技、市場或整體世界發生的變化。做出這類型的轉向，不代表放棄願景；事實上，這種轉向的壓力通常更大，因為創業者有一個最終得抵達的願景。

轉換

轉向通常是既有的事業內部發生變化，例如公司從策略A轉換成策略B。這種類型的變動必須趁早取得意見回饋，或至少得在轉換前，就盡量和所有會受影響的人溝通。

轉彎

有的轉向是為了回應出乎意料的發展：新問題或新機會突然冒出來。或許是前進的道路受阻，必須靈活調轉方向，以免一頭撞上去。另一種可能是路旁冒出誘人的東西，或許可以過去研究一下，改成追求新的可能性。

重啟

這種事不常發生，但偶爾會出現。轉向有可能完全偏離最初的公司使命。這一類的全面重啟有可能成功，但一路不免跌跌撞撞。

振作：危機中的轉向

危機有可能帶來不受歡迎的轉向，但你將有機會學習、實驗與改善目前的事業，所以即便處於危機之中，也要展望未來，問自己：「在這樣的限制下，有哪些更新的創意可能性？長期而言，我們如何能讓公司更具彈性，強化事業？」

第九章 領導者同樣需要持續學習，持續進步

她沒想到會接到電話。

Burberry找來的美國人執行長**安琪拉・阿倫茲**意氣風發，在萬眾矚目下，帶領著這個經典的英國牌子中興。短短八年間，公司股價上揚二百%。營收與營業利益都翻倍。Burberry的東山再起十分戲劇化，依據英國媒體的講法，安琪拉本人也成為全英國最高薪的主管。

安琪拉和家人開心融入英國生活，她剛向董事會提交計畫，接下來五年要讓營收再度翻倍。

接著蘋果打電話來。

好吧，至少是獵頭公司打來。蘋果的執行長提姆・庫克（Tim Cook）感到安琪拉是蘋果零售長的合適人選。「我告訴對方：『我受寵若驚，但我擁有全世界最棒的工作，正在完成使命，所以還是不了，謝謝。』」

六個月後，對方又打來。「這次我說：『拜託，也才過了六個月，什麼事都沒變，我們沒什麼好聊的。喔，對了，我還有兩個孩子在倫敦念大學，好嗎？我先生也以為，

我們這輩子都會住在英國了，所以麻煩不要再來打擾我。很感謝，但真的不需要。』」

所有想招募人才的領袖聽好了：三顧茅廬真的有用。蘋果又打來了。「『您願不願意和提姆見個面，只是喝杯咖啡？』我愣住：**不會吧，真的假的？**我心想：**人不能沒禮貌，一副很傲慢的樣子，提姆可是全球最大的執行長**。所以這次我說：『好吧，喝就喝吧。』」

不過，即便提姆親自出馬極具說服力，安琪拉依舊沒點頭到蘋果上班，一連拒絕好幾次。

「我告訴提姆：『相信我，我不是正確人選。你不懂，我這個人照直覺做事，我是創意型的人，店面營運我不會。』提姆要我不必擔心這種事：『我們的門市生產力全球排名第一。我認為蘋果已經有大量的優秀門市經營者。』我說：『可是我也不懂科技，不會寫程式。』」

「提姆不慌不忙地回答：『蘋果也有很多會寫程式的人。』這下子我明白，提姆在找的其實是領導力。他希望團隊再度出現強大的凝聚力。」

安琪拉猶豫不決，她問自己：「你的生活很完美，為什麼要沒事給自己找麻煩？」

然而，最終安琪拉心想：**這可是蘋果**，怎麼能不答應。她因此離開躊躇滿志的執行長生活，向再度活躍的倫敦時尚品牌說再見，接管矽谷母艦的零售部門。蘋果當時已是零售界的霸主，十年間全球分店數暴增成四倍，但成長會帶來成長痛。

安琪拉的挑戰是保住蘋果的傳奇魔力，不能忘掉狂熱的早期採用者，但也得照顧到後來才加入科技世界的一般民眾。兩者兼顧的前提是你得有一個大願景，也有凝聚全球團隊的變革促進者，安琪拉準備好接下這項挑戰。

到了蘋果後，結果如何？

「煩死了。」

安琪拉的直率讓人嚇一跳，不過很可以理解，畢竟離開原本的組織、加入新組織，原本就不容易，更別說是從 Burberry 換到蘋果，這兩間公司都是超級企業，也超級不同，而難就難在不同，這兩間組織的規則、目標、假設與溝通方式，完全不一樣。

「有如去到火星。」安琪拉形容：「講著不同的語言。」

「我在前三、四個月極度不安。」安琪拉回想：「然而，你得自我喊話，對吧？我不可能無所不知，況且新東家又不是叫我去學習的。他們要我，是因為我有能力，我應該把心力集中在發揮所長。前六個月，我每一件事都舉步維艱，但我發現必須用自己的方式做事。他們要我來，為的是讓我發揮我的特長。」

安琪拉在整頓公司的軍心前，自己得先振作。領導者在組織快速成長時，全都會碰上和安琪拉類似的狀況，安琪拉從 Burberry 跳槽到蘋果時感受到的震撼，**和領導者自己的公司在擴張時**，那種暈頭轉向的感受沒什麼不同。

領導大型與擴張中的組織，將需要你隨機應變，無法只靠單一的領導風格或方法。你永遠在帶領眾人走過轉變，公司永遠跟著你變。也就是說，你不得不擁有不屈不撓的領導力，帶著團隊與公司愈挫愈勇。

安琪拉接掌蘋果的零售與線上銷售大約三個月時，有人建議她寄一封電子郵件，向公司的七萬員工打聲招呼，不過安琪拉有別的點子。

安琪拉有三個青春期的孩子，她知道寫字很多的信，不會是和蘋果的年輕員工溝通的最佳方式。「我想像我三個十幾歲的孩子在蘋果的店工作，他們可不會去看什麼電子郵件。」安琪拉解釋：「所以我說：『算了，我錄個影片吧。』」

公司的人告訴安琪拉：「錄影片不是我們做事的方法。」

「我回答：『我會錄影片，我不需要攝影棚，也不需要弄妝髮。我們用 iPhone 錄三分鐘以內的影片，講三件事，不要剪輯，什麼都不用。』」

安琪拉於是坐在辦公桌前，用 iPhone 錄製她給蘋果員工的第一個影片備忘錄。「我只簡單在鏡頭前說：『嗨，抱歉沒早點和大家打招呼，不過接下來我們將持續錄製影片。我會以這樣的方式，一星期和大家聊一次，我希望讓你們知道公司的計畫，清楚我們要往裡走。我希望我們是一起的。』」

影片錄製到大約一分鐘時，安琪拉的手機響了，她女兒打來。安琪拉在手機還在錄的情況下，向大家說抱歉，接起電話告訴女兒：「安潔麗娜，媽咪兩分鐘後再打給妳。」接著又繼續錄製和蘋果員工談話的影片。

錄完後，有人建議剪掉剛才那段電話插播，「理由是蘋果做事向來力求完美。」安琪拉描述當時的情形：「我拒絕那個提議：『不了，不必完美。我必須讓大家看到我真實的一面，讓大家知道我以孩子優先。我隔天接到五百多封簡訊，全在感謝我接起女兒的電話。』」

就那樣，安琪拉開始和蘋果的新團隊建立連結——蘋果的成功，要看能否永保創新與靈活，而安琪拉明白她著手改造公司時，將需要團隊當後盾。不論你的員工是七萬人或七人，領導者將需要靠兩件事，打造出向心力強的團隊：一是崇高的使命，二是日常的人際接觸。安琪拉成功在三分鐘的影片裡，兩者都塞了一點。

安琪拉先前擔任 Burberry 的執行長時，成功刺激原本長年低迷的銷售。她原本是 Liz Claiborne 服飾公司的高階主管，戰功彪炳，但進了 Burberry 後接掌的一點一萬員工，對於替這間公司工作感到意興闌珊。Burberry 一度高級的品牌形象，當時正處於低谷。

安琪拉和 Burberry 的首席設計師克里斯多福．貝利（Christopher Bailey）看法一致：兩人將盡力強化 Burberry 的「英倫元素」。安琪拉相當聰明，先抓到這個決定性的元素，剩下的自然水到渠成。後續的每一個決定，全都緊扣著這件事：Burberry 從模特兒到店內播放的音樂，全部走英倫風。

然而，安琪拉也知道公司還需要振奮人心的事，好讓每位員工的工作從賣衣服，提升到心懷使命感的境界。安琪拉替 Burberry 的品牌，加進社會影響力這個關鍵的新元素。「Burberry 基金會」（Burberry Foundation）把每筆銷售的收益，用於支持社會公益。

安琪拉開始推動轉變，大約六個月後判定，該是時候直接呼籲公司的領導者行動。她找來 Burberry 全球的兩百位高階主管，舉辦異地會議，向大家說明 Burberry 的振興計畫與策略。解釋完畢後，打開天窗說亮話。

安琪拉起身發言：「各位聽好了，以上是我們接下來要做的事。我知道你們有的人半信半疑。你們在公司很久了，你們認為目前的做事方法才是最好的，但那些作法再也行不通。」安琪拉拋出震撼彈：「我很願意在會後和各位見面，提供最優惠的退休方案。如果不想退休，走出這裡時，你必須百分之百信任我們要做的每一件事。」

在情勢不妙時有話直說不容易。太多的領導者和稀泥，但人們其實想聽見你明確地直接告訴他們，現在大家要怎麼做，救亡圖存的時刻尤其如此。安琪拉明白如果不讓大家團結起來，全力為使命奮鬥，不可能有效果。

那次的會議過後，安琪拉開始與全球團隊建立起更緊密的連結。安琪拉先前任職於 Liz Claiborne 時，從執行長保羅．喬隆（Paul Charron）那學到很重要的一課。保羅是連結的高手，懂的定期造訪員工辦公室，了解大家的情況。安琪拉也在 Burberry 做同樣的事，慶祝員工的好表現。安琪拉替全球各地的 Burberry 主管和員工設立獎項，經常出席相關的慶祝活動。現場情形會被記錄下來，放在網上分享，全公司都能看到。此外，安琪拉也會錄影片讚美部門的好成績，在董事會議上播放。

不過，提振公司士氣最大的功臣，其實是改革開始出現成效。Burberry 的銷售出現二位數的成長，安琪拉的領導風格顯然兼顧願景與實務。

＊＊＊

安琪拉在 Burberry 的亮眼成績引起庫克關注。安琪拉起初猶豫是否該加入蘋果，但抗拒不了庫克擺在她眼前的挑戰。在蘋果的超級粉絲心中，蘋果零售店從一開始就有如聖地麥加般崇高。然而，隨著蘋果品牌愈來愈受歡迎，蘋果的客層擴大，性質產生變化。蘋果零售店如今的挑戰是留住科技迷，但也得照顧到更貼近主流的大眾。

兩者兼顧的前提是有崇高的願景，但也得兼顧零售團隊的日常實務協作。不同的蘋果團隊之間有語言障礙，分散在全球的不同時區。安琪拉的 iPhone 影片備忘錄後來成為固定作法，在打造與強化各地團隊之間的連結時，提供相當大的助力。安琪拉每星期錄製影片，一錄就是四年。不論她人在全球哪個地方，一定會錄。此外，她定期造訪全球各地的蘋果辦公室，一一拜訪資深的高階主管，強化大家是一體的。

另外一點是安琪拉也努力讓蘋果的零售商店網，出現更多的人際接觸，例如運用APP串連不同分店的員工，大家一起解決問題。

安琪拉替蘋果零售店設定的使命，源自提姆的話讓她產生的疑問。安琪拉提到：「提姆有一句口頭禪：『蘋果零售遠遠不只是賣東西而已。』但如果不只是賣東西，那究竟是什麼？」

安琪拉找到什麼答案？社群與連結。安琪拉推動「Today at Apple」計畫，全球各地的所有蘋果零售店，每天都會免費提供課程與活動，促進地方社群的連結與面對面的互動。教蘋果的新顧客使用產品，也是在邀請他們加入這個大家庭。

Today at Apple不僅幫到消費者，有助於銷售，也帶給零售店員工更大的使命感：他們有機會投入心血，留下印記。安琪拉解釋：「我們告訴零售團隊：『你是社群裡帶動一切的心臟。』」

至於舉辦哪種活動效果會最好，零售店的經理有很大的裁量權。蘋果在店內舉辦的計畫，有一項是「星期二老師日」（Teachers Tuesdays）。教育人員在那一天造訪蘋果零售店，學習課堂上可以使用的APP。有的蘋果分店則成立讓創業者聚會的「董事會」，大家一起向企業領袖學習。此外，星期六早上通常是小朋友看電視卡通的時間，但也可以改成參觀蘋果零售店，參加「一小時玩程式」（Hour of Code）。

除了舉辦活動，安琪拉還帶給蘋果零售店其他的改變，例如以四處走動的客服人員，取代傳統的結帳櫃檯。員工可以在店內任何角落幫客人結帳。此外，蘋果取消先前的天才吧（Genius Bar），不再有無法確定的等待時間，維修人員也不再高深莫測，躲在門市後面看不見的地方。顧客現在可以從遠端預約修理服務，在指定好的時間，把裝置帶過去就可以了。

安琪拉在二〇一九年初離開蘋果，今日擔任 Ralph Lauren 服飾與 Airbnb 的董事。安琪拉認為，Today at Apple 是她在蘋果留下的指標性成就，她因此得以發揮最大的領導與連結長才。

此外，所有的指標性成就都一樣，即便安琪拉離開了，Today at Apple 持續演變與改善。領袖凝聚全球團隊的方法就像這樣，他們會以一個最高的使命激勵眾人，讓眾人團結起來，自動自發，扛起實現使命的任務，繼續帶動他人。

定下擊鼓的節奏

「許多熱門的西方樂曲，最基本的節奏是一拍一下的大鼓（four-on-the-floor），接著再往上加。複雜一點的是帶進小鼓的反拍，接著你大概會開始耍帥。」

這段話出自獨立搖滾合唱團吸血鬼週末（Vampire Weekend）的鼓手**克里斯·湯森**

（Chris Tomson）。一拍一鼓點是所有鼓手都熟知的節奏，那是通往複雜節拍的入門韻律。克里斯從吸血鬼週末在二〇〇六年創團的第一天起，就仰賴這種節拍。好吧，幾乎是第一天，或許是第二天。

「吸血鬼週末的頭兩次排練，地點是哥倫比亞大學的宿舍房間。我原本應該是吉他手才對。」克里斯回想：「但主要是因為找不到鼓手，我趕鴨子上架變成鼓手。」

克里斯說他姑且試試，結果就此從吉他手克里斯，變鼓手克里斯。

由於克里斯不曾像專業的鼓手，多年鑽研打鼓技巧，他被迫仰賴簡單但有效的拍子。「沒修飾拍，沒裝飾拍，只有幫曲子打底的反拍（backbeat）。」

克里斯知道，雖然自己只是曲子的背景音，他是樂隊的支柱——他的鼓點替節奏定調，樂團的其他人都得跟著走，仰賴他讓所有人同步。

即便在組團多年後，克里斯不曾在吸血鬼週末的音樂會上喧賓奪主，來一場二十分鐘的花式獨秀。有的鼓手會那樣，但克里斯表示：「我向來認為如果表演時，沒人特別留意到我，那代表那一場音樂會我成功了。鼓手如果不想突出自己，可以說反而比較酷。你不炫技，幫樂團定調，完全只為了歌曲服務。」

那麼企業領袖可以從吸血鬼週末的鼓手身上學到什麼？答案是太多了，因為每一位領袖都必須替公司擊出文化的鼓聲。套用克里斯的話來講，那個鼓聲能讓整個樂隊同步。優秀的領袖不是靠鼓聲強迫大家跟著他，而是大家自然而然**想要**朝相同的方向前進。

領袖或組織沒有所謂「正確的」擊鼓。你擊出什麼鼓聲，要看你的性格、你的經歷，以及你率領的人。你的鼓聲可能注重效率、強調創新，或是工作與生活要平衡，也可能以上皆是。

傑夫・韋納擊出慈悲管理的鼓聲，但他不是一開始就是那樣的風格。傑夫成為LinkedIn的執行長前，在Yahoo擔任七年的各種領導職。有一天，大約是在他的Yahoo職涯中期，桌上多出一張管理研討會的傳單。傑夫立刻把那張傳單丟進「有一天會做但八成永遠不會做」的紙堆裡。

傑夫不是太相信管理顧問那一套，因為他自己在職涯早期也當過顧問。傑夫表示：「有一句老話說，有時顧問只不過是拿著你的錶，告訴你現在幾點了。」傑夫不否認那種講法。

不過，Yahoo領導團隊的其他成員上了那個課之後，回來大力推薦。傑夫的好奇心最後勝過他對顧問這一行的懷疑，他也報名了談人性管理的研討會，主講人是顧問佛瑞德・考夫曼（Fred Kofman）。

那次的研討會讓傑夫對領導全然改觀。

傑夫回想：「我從來沒聽過有人以那樣的方式談領導，講關照與覺察有多重要。」考夫曼談身為領導者的人要忘掉自己，替共事的人設身處地著想，試著理解為什麼對方會那樣，理解他們的動機、長處與弱點。

傑夫談到，他先前都採取自我中心的領導方式。「我想我做錯了，我不該永遠期待身邊的人都得照我的方法做事。」這種思維的領導是領袖大步走在前面，每一個人跟在後頭。傑夫向來感到這種領導方式天經地義，可以彰顯你自信十足，但上課後他的想法變了。

傑夫日後考慮離開 Yahoo 時，請佛瑞德吃晚餐。傑夫表示：「我聊到接下來想做什麼。」傑夫當時尚未想到要到 LinkedIn 任職，不過他確實向佛瑞德提到，自己的目標是「拓展全球的集體智慧」。

佛瑞德回他：「我可以理解，為什麼你會對那個目標感到興奮，但缺乏慈悲的智慧是殘忍，缺乏智慧的慈悲則是愚蠢。」

傑夫問：「哇，佛瑞德，那是達賴喇嘛的名言嗎？」

「不是。」佛瑞德回答：「只是我幾杯比利時啤酒下肚後的結果。」

不論那句話到底是怎麼來的，傑夫被觸動，就此把「慈悲」二字謹記在心，當成領導的中心思想。傑夫二〇〇八年離開 Yahoo、進入 LinkedIn 時，也引進這個新的領導風格。

傑夫當上 LinkedIn 的新任執行長後，帶領公司迎向不可思議的成長：LinkedIn 在接下來十年間，員工數從三百三十八人變成超過一萬人；會員從三千二百萬變五億；營收自七千八百萬達七十九億，而傑夫是藉助慈悲的領導哲學與風格，做到這一切的成長。

套用傑夫簡潔的解釋：「管理者命令大家要做什麼，領導者則讓大家想那麼做。」如果你能擊出鏗鏘有力、激勵人心的鼓聲，那將再好不過。

傑夫開始加快 LinkedIn 的節奏時，第一步是建立直接的人際接觸，而且不漏掉公司裡的任何一個人。

傑夫知道 LinkedIn 有三百多人，一一認識將是大工程，但也想到如果自認是「慈悲領導者」，就需要夠關心員工，願意替他們挪出時間。此外，如果要準確判斷現有的公司文化，那麼和員工見面是最可靠的方法。傑夫指出：「在我決定執行任何的前進計畫之前，我想先確認我了解目前的狀況——這群人帶來了發展至今的公司，我要盡量了解他們。」

慈悲是理解他人，願意透過身旁人的角度與視野，去看每一件事。此外，慈悲也需要一定程度的自我檢視與反省，努力制止情緒化的直覺反應。如同傑夫所言，你必須試著「觀照自身的想法，尤其是情緒上來的時刻。如果有事情惹到你，你在做出有如膝反射的憤怒反應之前，需要跳脫出來，制止自己：『等一下，我好奇他們經歷了什麼事，導致他們做出那件事。』」

花時間考慮相關因素後，你將能重啟對話，讓潛在的衝突，走向更能彼此配合的交流。雖然把有時會出現的暴怒，換成更具建設性的對話，聽起來像是小事，但迷你的人際互動會加總在一起。傑夫指出當你開始讓正面的互動，在組織各處產生複利（不只是員工之間，還包括顧客、股東、媒體、分析師），「那將產生極大的價值」。

傑夫執行慈悲領導時，光是慈悲還不足以振奮人心。如果你正在嘗試建立團結的文化，別忘了軍樂隊指揮可以帶來三種節拍。「一、擁有明確的願景。」傑夫指出：「二、個人信念帶來的勇氣。三、有效溝通前兩者。」

明確的願景是指你希望組織做到什麼事，清楚讓大家知道，現在要嘗試朝哪個方向前進，為什麼要努力攻克這座山。傑夫提醒：「你的願景愈獨特、愈吸引人，人們就愈可能跟隨。」

信念帶來的勇氣是指即便碰上阻力（也或者該說特別是在這種時刻），也要支持與保護那個願景。

最後，不論是透過語言或行動（理想上最好是雙管齊下），你必須有效溝通願景與信念，提出人們會記得而且相信的論述。

傑夫以近乎強迫症的方式，向 LinkedIn 的員工溝通公司的願景與價值觀。傑夫的團隊努力找出精確的講法，去蕪存菁後，開始一次又一次宣揚，鼓聲不止。

有的領導者擔心一直講同樣的話不好，怕大家聽了會覺得煩，但傑夫強調絕無此事。著名的政治演講撰稿人大衛．格根（David Gergen），教出全球最懂的有效溝通的弟子。傑夫引用格根的溝通法，指出身為領導者的你，即便自己都聽煩了，你必須重複關鍵的訊息。傑夫承認「這種作法的確違反直覺」。由於你是說話的人，你本人強力意識到內容重複了。然而，其他人由於注意力放在別的事情上，他們將得重複聽見訊息，才會真正聽進去。

在危機期間，最重要的就是確認鼓聲響亮，人們聽得見。LinkedIn 在二〇一六年二月遭逢公司史上最大的考驗：財測調降導致公司股價在一天內暴跌超過四成。傑夫沒試著要大家不要關注新聞，他召開全員大會，直接談這件事。傑夫那次的談話影片被瘋傳。他傳遞給員工的主要訊息是：股價有可能續跌，但那是公司唯一會變的事。「我們的願景依舊不變。」傑夫告訴員工：「我們的文化與價值觀也依舊一樣，領導方式不會變。現在最重要的事，就是我們做出的努力。」

雷德的分析時間：維持一致的鼓聲

企業在擴張時，最常犯的錯誤就是鼓聲亂掉。當公司一下子增加幾百名員工，甚至是數千名，新進人員離領袖很遠，聽不太到鼓聲。他們或許知道WHAT，但不清楚HOW：新人或許知道自己的工作是什麼，也知道公司試圖做到的事，但不懂公司打算怎麼做到。這裡的「HOW」完全要看公司的文化與價值觀，公司必須向員工明確溝通這件事。

如果是小型的擴張，組織夠緊密，那麼光靠強大的領袖一個人，就能把鼓聲直接傳進每位團隊成員的耳中，畢竟那個領袖八成定期與每一位成員互動。然而，隨著公司規模愈變愈大，不可能進行這種類型的談話。領袖一天沒那麼多時間，有辦法和每位員工都來一場一對一的會談，不得不切換至一對多的廣播模式，好讓每位員工都能聽見鼓聲。蘋果的安琪拉·阿倫茲定期用影片向團隊廣播。Airbnb的布萊恩·切斯基在每個星期日，寫電子郵件給全體員工，好讓所有人都知道他最關切的事。詳情可以參考我的《閃電擴張》一書。「廣播用的對話」是擴張時的關鍵轉換。

那樣的對話不只是講講話而已。領導者如果要維持穩定的鼓聲，就必須以一致的方式，強化公司的文化與價值觀。舉例來說，組織通常會獎勵端出成績的成員，但沒考慮他們是怎麼辦到的，沒深究他們是否以符合公司文化與價值觀的方式，拿出成效。

企業在成長過程中會喪失品格的原因，在於慶祝與獎勵績效時，只問結果、不問手段。公司需要的明確願景，不僅要講出你們想達成**什麼事**，也要講出你們希望**如何**做到，而且要經常大聲分享，尤其是如果你的公司已經有規模，你是在對五千員工、一萬員工，甚至是一萬五千名員工層層傳遞訊息。人愈多，「天高皇帝遠」的情形就愈嚴重，你必須更常更用力地擊鼓，才可能讓大家都聽見。

剛才的例子明確點出，當你的團隊節奏一致，你們將有一道穩定軍心的慈悲堡壘，有辦法對抗絕望。不論是在戰爭或和平時期，每個人都能齊心協力。

說出實話（與希望聽到實話）

瑞・達利歐（Ray Dalio）創辦了傳奇的橋水公司（Bridgewater Associates），一路讓

橋水從辦公室設在自家公寓的一人公司，變成全球最大的對沖基金。管理全球約三百五十間機構顧客的一千六百多億美元資金。四十多年間，瑞都把「有建設性的不同意見」（constructive disagreement）當成公司的基石。

不過，瑞不是一路走來都那麼順遂。故事要回到一九八二年十月，當時的瑞是年輕帥氣的全球宏觀投資人，穿著深色西裝，打著條紋領帶，站在美國國會的大廳。瑞先前引發關注，因為他預測墨西哥的外債將違約，進而掀起全球的債務危機，引發猛烈的經濟衰退，甚至完全崩盤。國會因此找他去作證。

瑞不是當時唯一如此預測未來的人。《接下來的貨幣崩盤》（*The Coming Currency Collapse*）衝上書店排行榜。白宮內部備忘錄上的建議，提醒雷根總統如何處理永久的經濟衰退。瑞以自信宏亮的聲音，在國會向大眾提出警訊，也拿自己的投資組合押寶經濟會衰退。

然而……

「我的預測離譜到無以復加。」瑞說道：「當時正好是股票市場的最低點，接著就進入牛市。我賠掉自己和客戶的錢。我的公司當時非常小，但不得不解雇全公司的人，只剩我自己。我還為了家裡的開支，向父親借了四千塊。」

瑞和他創辦的公司遭到重創，瑞不得不反省自己。現在回想起來，很容易就能看出他怎麼會犯下那次的錯：瑞看見正在浮現的模式，就以為看見全貌，但他漏掉一件事：他沒預測到聯準會將放鬆貨幣政策，市場大振，帶來一九八〇年代的榮景。

瑞的錯誤可以理解，但也能夠避免。要是他請教過任何人，要是他在下大注之前，先建立系統，測試假設，就能對沖，減少公司的曝險。簡而言之，他需要更多聽見別人說他錯了的機會。

瑞在一九八二年慢慢重新站起來，橋水最終恢復元氣，開始擴張，不過瑞下定決心不再犯同樣的錯誤：「我的原則是犯錯沒關係，但一定要從錯誤中學習。」

瑞盤算著：**如何找到最聰明、會跟我唱反調的人**？瑞重新設想團隊該如何與他互動，以及如何與彼此互動。瑞告訴團隊：「我認為每一間組織，或每一段關係，人們都需要決定要如何相處。我將對你們極度誠實、極度透明。我也希望你們對我有話直說，無所隱瞞。」

「完全透明」（radical transparency）成為橋水的組織原則，也成為瑞本人的原則：透過正式的管道提出實情，把不畏一切、實話實說當成最重要的事。這種作法背後的概念很簡單：我們要讓最好的點子出線。

如果要做到完全透明，組織裡的人（尤其是掌權者）必須說清楚，講明白，公開為什麼他們做出某些決定。瑞立刻以身作則：他所做的每一個決定，他都會在事後檢討，記錄那個決定背後的標準或原則。這樣做「能讓你把事情想清楚」。瑞解釋：「也能方便你與其他人溝通那個決定。」

接下來，瑞會和全公司的人，分享自己所有的反省過程，透過錄音、影片與書面文件，解釋每一天發生的事背後的原則。員工看過後可以自行決定：「這樣做有道理嗎？我會以不同的方法處理這件事嗎？」公司接著會以討論小組的形式，探討相關的原則。

不過，這不代表人們可以無視於決定，或是選擇自創規定。瑞的另一條指導原則是**確保人們不會把申訴、提出建言與公開辯論的權利，和做決定的權力混淆在一起。**

有的組織不願鼓勵公開辯論的常見原因，在於不希望導致混亂或缺乏界限。然而，只要明確溝通領袖依舊是領袖，依舊由領袖來做關鍵決定，就能輕鬆避免那種情形。不過，領袖也要願意聆聽，不論每個人在公司擔任什麼職位，都要真心考慮他們的建議。

瑞持續在橋水記錄與分享自己的原則，後來衍生出愈來愈多的版本。原本的內部備忘錄，先是變成可下載的PDF檔，一下子傳遍公司（最終的下載次數約三百萬次），後來彙整成暢銷書《原則》（*Principles*），接著又出現相關的iPhone APP、童書與熱門Instagram帳號。

值得提醒的是，當你和瑞一樣鼓勵大家自由發言，有些話可能不是那麼悅耳。有一次，橋水同仁告訴瑞，他和公司的有話直說，有時很傷人，導致士氣受損。

諷刺的是，同仁能向瑞點出這件事，而且瑞也聽進去了，正好也能證明徹底坦率與有建設性的異議是好事。同仁的評語讓瑞知道，他的制度有用，但需要調整一下。公司因此定出相關的禮貌原則與指導方針，盡量讓不同意見與批評能具備建設性，而且是正面的，例如鼓勵意見不同的陣營，採取「兩分鐘原則」，限制針鋒相對的時間，接著請公司裡的其他人當調解人。此外，指導方針提醒每一個人（包括瑞在內）提出批評時，應該努力使用更正面的詞彙，例如把「失敗」視為「學習的機會」。

瑞表示，如果要讓「有什麼說什麼」的作法帶來最大的好處，前提是互相尊重、好奇他人的觀點，意識到即便彼此的意見不一定相同，大家在同一艘船上。

臉書的**雪柔・桑德伯格**（Sheryl Sandberg）也支持完全透明的作法。她認為領導者有義務鼓勵組織裡的人，向上級完全誠實，因為如果人們感到無法自由發言，他們會乾脆閉嘴，而你將錯過關鍵資訊。雪柔進臉書前，好幾年前就在 Google 的草創階段學到這一課。當時施密特請雪柔打造廣告營收，推動 Google 成長，而要打造營收的話，先得打造團隊。

起初壓力不大，雪柔的團隊一共就四個人。原始成員擔心團隊成長後，不知道會如何影響到團隊的氣氛，雪柔於是在上任的第一天，就向團隊保證以後面試新人時，每一個人都可以參與流程。

然而兩星期後，團隊人數變三倍，十二個人一起面試新人很麻煩。雪柔表示：「就這樣，我先前為了讓團隊對擴張感到安心，我做出承諾，但才執行一星期就得違背諾言。」雪柔碰上帶領擴張時的典型挑戰——你這星期假設的事，下星期就被推翻。

隨著團隊的規模不斷成長，雪柔依舊親自面試每一位新人。等新成員達一百人時，雪柔發現等著她面試的人排太長，拖累了聘雇流程。她某次和直屬下屬開會時提到：「我想我不該再當面試官。」雪柔百分之百以為，下屬會跳起來說：「絕對不行，你是很好的面試官。我們需要你親自建議該讓誰進入團隊。」

「你知道接下來發生什麼事嗎？」雪柔語帶笑意：「大家開始鼓掌。我心想：『我變成礙事的人，你們卻沒告訴我，但這筆帳得算在我頭上。』」

值得一提的是，團隊因為雪柔決定不再插手而拍手叫好，雪柔沒惱羞成怒，不過她確實感到不安，居然沒人早點告訴她實話。雪柔知道Google的事業經常需要快速下決定，公司需要每一個人有什麼說什麼，但那種坦率的文化不會自動形成。

雪柔談到：「我發現我得讓大家安心開口。」

這句話是創業者需要特別留意的領導心得。有的創辦人很優秀，有願景，也有集中心力讓願景成真的能力，但那不代表他們一定也擅長溝通。

雷德的分析時間：駕馭建設性衝突

古希臘哲學家蘇格拉底出名的地方，在於他支持藉由合作論證對話，刺激批判性思考。他的方法日後被稱為「蘇格拉底反詰法」，一個人發問，另一個人回答，直到只剩一個假設。討論有可能很熱烈，但雙方都明白，挑戰彼此是為了挖掘更深的事實。

或許這裡該提一下，蘇格拉底最終為了信念而死──他因為把信念散布給太多的雅典年輕人，被下令處死，所以我們八成可以假設，不是所有人都會歡迎你挑戰既有的想法。不過，我會主張駕馭「建設性衝突」(constructive conflict) 是好事，那是決策流程的關鍵。如果你不願意回答難回答的問題，不樂見不同的看法，你將無法有效擬定策略或決定方向。深思熟慮的領袖樂於聽到不同的意見，因為在實際執行點子之前，將能得知改善點子所需的資訊。

我們能忍受多大的衝突，每個人不同。有的人喜歡熱烈討論，有的人則感到那樣壓力很大。然而，如果員工無法安心反駁上司的看法，不會有人敢講話。我認為領導者的工作是鼓勵有意義的批評。以具有建設性的方式，運用團隊裡的不同看法，改善點子，找出更明確的方向。

收服海盜

新來的領袖者要接掌大企業，原本就不容易。如果那間大企業，還是在二〇一七年歷經重大騷動與醜聞的 Uber，有誰會肯蹚渾水？

達拉．柯霍斯洛夏西(Dara Khosrowshahi) 就是那種勇於挑戰的人。這個伊朗裔美國人擁有豐富的領導經驗。二十多歲還是無名小卒時，就被老闆巴瑞．迪勒提拔，坐上資深領導職，之後一直在管理快速成長的公司。達拉見過不會游泳的人被丟進池子深處後，想辦法掙扎活下來。他的父親原本在伊朗是成功的商業領袖，但在伊朗革命期間失去一切，被迫流亡海外，不過又在美國重新建立事業與生活。達拉因此親眼見過，即便遭逢最重大的挫折，依舊可能東山再起。

話雖如此……在二〇一七年接手 Uber？可想而知情況會有多糟。達拉被問到當時的情形時回答：「我現在回想進 Uber 的第一個星期，依舊滿身是汗。」

這裡幫大家回顧一下達拉面對的狀況：首先要承認，Uber 無疑是超級成功的企業。在創投挹注超過二百二十億美元的資金後，Uber 在二〇一七年幾乎是無所不在，遍布全球六百個城市。

然而，規模也讓 Uber 付出代價：隨著 Uber 快速成長，操守極有問題的高層，再加上有問題的商業手段，導致公司文化開始失控。沒過多久，媒體都在報導這間公司的醜聞，Uber 涉入政治鬥爭、商業間諜案，甚至是犯罪調查。由崔維斯・卡蘭尼克（Travis Kalanick）率領的公司領導團隊，又浪擲千金，Uber 內外交迫。

Uber 槓上監管單位與計程車行，甚至和自己旗下的司機也起衝突，在關鍵市場遭到抵制，退出中國等部分市場。Uber 在美國的作法也引發爭議，包括在交通的尖峰時段，收取較高的費率，引發了「#刪除 Uber」（#DeleteUber）運動。

此外，Uber 還有惡名昭彰、行事離譜的「兄弟文化」(bro culture)。二〇一七年二月，也就是達拉接任執行長的六個月前，前 Uber 工程師蘇珊・福勒（Susan Fowler）的部落格文章，揭發公司內部充滿厭女與騷擾。

雅莉安娜・哈芬登是 Uber 唯一的女董事，她耗費很大的力氣，試圖導正公司的文化。雅莉安娜感到當時的新創公司世界，有一個共通的大問題，而 Uber 是極端的版本。雅莉安娜指出：「整個公司文化膜拜超級成長。只要你績效好，不管做什麼都會被包容。」董事會開始整頓 Uber，雅莉安娜代表其他的董事提出保證：「以後 Uber 不會再容忍『傑出的混蛋』。」

即便如此，董事會能做的有限，還得靠新上任的執行長爬上這艘海盜船，控制住這條船，但理想上又不能完全失去大膽的海盜精神好的那部分。Uber 起初能成功，就是靠勇往直前。許多成功的新創公司擁有海盜般的特質：鬥志旺盛、樂於創造、願意勇闖未知的領域（有時會進入別人的地盤），以及蔑視規定或打破常規。

如同 Mailchimp 創辦人**班・切斯納**（Ben Chestnut）所言：「當你是新創公司的創辦人，公司裡全是海盜，因為有誰會加入新創公司？只有瘋子會參加。新創公司的風險極高，但這群人感到世界對他們不公，他們想要證明自己。他們受不了規矩的束縛，愛做什麼就做什麼。」

然而，隨著新創公司開始成長，海盜頭子有時會碰上麻煩，因為到了某個時間點，海盜船必須加入海軍，不得不成為更負責的成熟組織。到了這樣的時刻，新創公司的創辦人通常會向外討救兵。「創辦人打造出很棒的東西，接著他們必須雇用其他人，讓那樣東西持續運轉。」班解釋：「他們找來不同類型的人。」這裡的援手通常是經驗豐富的高階經理人，他們曉得如何「讓事情運作」，替公司設定制度。

達拉進入惡名昭彰的 Uber 後，他訝異的第一件事，是見到替這間公司掌舵的其他高層後發現：「大眾對這間公司的觀感，和我在那裡見到的人太不同。」公司裡人人聰明能幹，這群人不忍心拋下這艘船，另覓好工作。他們因為相信 Uber，想要堅持下去。

達拉親眼目睹在 Uber 工作的人，大都不是什麼不法之徒，但公司文化顯然助長了不擇手段的行為。換句話說，達拉面臨的挑戰，類似於其他快速成長的新創公司領導者碰上的問題：如何能以剛剛好的程度降伏海盜，讓他們有分寸，但又不會**過頭**，變得唯唯諾諾？

理想的起點是明白盜亦有道。有道義的海盜或許會推翻傳統的商業法則，但不會違法，也不會做造成實質傷害的事，他們嚴格遵守自己的一套道德準則（想想電影《神鬼奇航》〔*Pirates of the Caribbean*〕裡的傑克．史派羅船長〔Captain Jack Sparrow〕）。為非作歹的海盜則沒有這樣的道德感，追名逐利，為了刺激，為了錢，為所欲為。

達拉知道要導正 Uber 這艘船的話，將必須拿出鐵腕，結束胡作非為的海盜時期，激勵他在公司見到的眾多俠義之士。達拉從進入 Uber 便採取的領導方式，源自他多年替巴瑞·迪勒效勞（達拉先前是旅遊網站 Expedia 的執行長）。他沒試著強迫 Uber 接受新文化，而是看看能否鼓勵原本就在公司裡工作的人，一起形塑與引導必要的轉型。

達拉因此立刻詢問 Uber 的員工：**你認為應該由什麼來代表 Uber 未來的文化？**

達拉接掌 Uber 前，Uber 的公司文化路線，包括極端的兄弟文化座右銘，例如「橫行無阻」（Superpumped）與「衝就對了」（Always be hustlin’）。然而，員工開始說出心聲後，顯然每個人都已經做好準備，等不及要拋下以前亂七八糟的兄弟文化。事實上，有的建議一針見血，直接瞄準他們一直以來被迫接受的有毒文化。有的員工呼籲尊重出身背景、種族、宗教、性別與性向的多元性。此外，也有人提到：「不論你的才能是什麼，你都能替我們稱為 Uber 的這間公司做出貢獻。」

此外，Uber 員工開始努力「做對的事」，但也希望公司信任他們會這麼做——不必時時刻刻盯著他們。

達拉二〇〇五年任職於旅遊網站 Expedia 時，就已經學到這一課。當時公司的營運狀況不是很好，身為執行長的達拉「日以繼夜工作，做出一個又一個的決策」。達拉還以為自己如此鞠躬盡瘁，代表做得很好，直到某位年輕的 Expedia 經理告訴他：「達拉，你一直在要我們做這個、做那個，但沒告訴我們要去哪裡。」那位經理向他解釋，喪失動力的員工反而生產力不會高。隨著人們開始習慣達拉會吩咐他們做哪些事，達拉不在時，他們就什麼都不做。那位經理因此問：「你能不能只要告訴我們，你要我們去哪裡就好，讓我們自己想辦法抵達？」

「那一刻，我吃驚到說不出話。」達拉今日回想：「我有一點控制狂的傾向，我因此必須動用非常多的意志力，才能把事情交給員工就好。我則負責開始真正思考我們要去哪裡，相信團隊有辦法帶大家抵達。」

幾乎所有的創辦人都會碰上達拉這裡說的挑戰。大部分的創辦人最初習慣獨自解決問題。然而，領導者的工作，不是盯著員工做每一件事，替每一件事想好答案。領導者的工作，其實是替團隊定義成功，找出真實存在的限制，交給團隊想出解決方案。

達拉因為有過經驗，他下定決心，不過分規定 Uber 的員工該做什麼。在他搜集員工建言的過程中，一個簡單的鼓聲訊息開始浮現：**我們會做對的事，別的不必多說**。達拉表示：「我們不想要替員工定義什麼是對的事。」達拉只告訴員工：「什麼是對的事，大家其實心裡有數。從現在起，我們要那麼做。」

此外，達拉也展開由員工領導、聆聽心聲的「一百八十天改變計畫」(180 Days of Change)，很快就把焦點擺在公司和司機之間的緊張關係（前任執行長卡蘭尼克對著 Uber 司機咆哮的影片被瘋傳後，這個問題引發高度關切）。達拉不論到哪裡出差，一定會特別挪出時間和當地的司機見面，以相當不同於前任執行長的作法，處理雙方岌岌可危的關係。

「我們稱我們的司機為『司機夥伴』。」達拉表示：「我想要真心把他們當成夥伴。」

Uber 員工提供的建議，帶來幾項司機能立即受惠的改變，例如允許收小費，以及乘客遲到的等待時間也要算錢。此外，Uber 還推出新型的司機 APP，每一個步驟在打造與測試時，全都納入司機夥伴的意見。

整體而言，達拉替 Uber 修補關係的方法是從衝突走向合作。他和市政府的交通單位你來我往協商時，也採取這樣的態度，例如倫敦交通局（Transport for London, TfL）一度想要吊銷 Uber 的執照。如果是過去的 Uber，Uber 會直接上演企業大戰，但今日的達拉親自飛往倫敦，和交通局局長見面。「我們沒派律師出馬。」達拉表示：「而是讓兩個人坐在同一張桌子，面對面談話。或許無法所有的事都達成共識，但我們試著想出折衷的辦法。」

企業在力挽狂瀾時，領導者通常會在某一刻突然感到：「我們脫困了——我們如今走在正確的道路上。」達拉掌舵 Uber 一年半後，被問到出現這種感覺了沒。達拉坦言：「我還在等那一刻來臨。」他表示：「我們現在比較好了，但文化轉型很難，要花很長的時間。」

本書寫成的當下，Uber 海盜船尚未完全加入海軍，或許他們永遠不會加入，但或許不加入也沒關係，因為在達拉的帶領下，怒火已經平息，兄弟文化被禁止，不必再忍受「傑出的混蛋」。

造星

前文提到公司在擴張時，領袖肩上的艱鉅任務包括定義使命、替公司定調，以及溝通與協調五花八門的人士，讓混亂的環境出現一定的秩序。不過，**梅麗莎．梅爾**面臨不同的領導挑戰。梅麗莎是Google的第二十號員工，也是公司的第一位女工程師。她碰上的問題是Google從一開始就需要靈活的人才，人人都要是萬能的頂尖高手，迅速協助公司更上一層樓。換句話說，Google需要一群明星，卻沒時間挖掘與雇用這樣的亮眼人才，梅麗莎被迫自行造星。

在Google早期階段，由大量的小型團隊，分別負責各種產品與功能，不過新服務要上線時，大家通常會去找梅麗莎，請她提出設計或工程方面的調整，也因此在這間亂中有序的公司，梅麗莎十分了解每一項產品與每一個團隊。此外，她也是少數知道Google系統如何運作的人。

雷德的分析時間：為什麼連海盜也得轉型

數十年來，新創公司深受海盜精神吸引。如同科技史上的許多事，這件事始於賈伯斯。賈伯斯打造第一台麥金塔電腦時，他的名言是：「當海盜勝過加入海軍。」麥金塔團隊上船，自製海盜旗，骷髏頭的眼罩部分是蘋果的彩虹 LOGO。海盜的形象從此深植於矽谷。

創業家的海盜形象很誘人。誰不喜歡想像自己手持彎刀，在船上的索具間跳來跳去？此外，老實講早期的新創公司的確很像海盜船。海盜不靠召開委員會議決定要做什麼，他們速戰速決，打破規定，冒險犯難。此外，砲彈四處亂飛、打贏的機率不大時，你需要海盜精神才能活下去。

然而，有的新創公司越界，從俠盜變無恥之徒。公司在成長時，尤其容易發生這種事。文化很容易變質，從歡樂地嘲弄老古板，變成真心認為贏最重要，不擇手段也沒關係。

海盜的第二個問題是規模大不了。如果你是成功的海盜，你的寶藏量會增加。你控制的海域會變大。然而，你無法靠海盜船組成的烏合之眾，四處保護與巡防你的領海。

這就是為什麼每一間新創公司到了某個時刻，都必須脫離無法無天的文化，變得更像海軍——不必減少英雄氣概，但更有紀律，擬定交戰規定，擁有通訊線與長期策略。關於義賊與指揮官，各位可以參考我的《閃電擴張》，書中討論了從海盜到海軍的關鍵轉換。

然而，隨著公司日益複雜，有一件事不得不做：Google 需要更多的產品經理，但 Google 飛快增加五花八門的產品，新上任的產品經理必須夠靈活，面面俱到，還得和梅麗莎等其他前輩一樣，一下子就熟練到令人驚嘆的程度。要去哪裡找這種人才？

梅麗莎因此和上司強納森・羅森柏格（Jonathan Rosenberg）打了有名的賭。「強納森想雇用有經驗的MBA和資深一點的人。」梅麗莎回想：「我跟他賭，我可以雇用剛畢業的學生，訓練他們成為優秀的Google產品經理，速度更快。」

梅麗莎第一個雇用的是二十二歲剛出校園的布萊恩・拉克斯基（Brian Rakowski）。梅麗莎替布萊恩挑了哪個專案，讓他適應新環境？她把……整個Gmail都交給布萊恩。梅麗莎對待其他新人的方式也一樣：「我們把他們招進來，給他們這種等著完成的龐大任務。他們一定是世上壓力最大的二十二歲與二十三歲的人。」

梅麗莎把這個水深火熱的考驗，命名為「儲備產品經理」（Associate Product Manager，簡稱APM）計畫。Google的APM計畫從一開始的原則，就是讓新上任的產品經理不只接觸一項產品，而是好多項。計畫的核心是產品經理新人每年會在不同的部門輪調。

人性讓我們在某項工作好不容易上手後，會想再做一陣子，也因此APM成員最初拒絕輪調。然而，梅麗莎教他們要欣然接受這個機會。她設計出「瘋狂填空遊戲」（Mad Libs）風格的練習，解釋這麼做的好處。

APM在輪調時必須填空以下的句子：我以前做X，現在做Y。我因為這個改變學到Z。例如：我以前負責AdWords，現在換成負責搜尋（Search）。我因為這個改變，學到「廣告主是我的用戶」vs.「消費者是我的用戶」的差異。

Google 的 APM 計畫順利運轉，產出大量 Google 需要的產品經理。此外，這個制度順帶讓點子得以在 Google 各部門流通，把資源帶進新專案，也把新思維帶進原本的思考。「由於你遊走於不同領域，你會認識 YouTube 部門的人，也會認識負責社交產品或基礎建設的同仁。」梅麗莎提到：「組織的各部門因此產生良好的凝聚力。」

二〇〇二年是 APM 計畫成立的第一年。梅麗莎該年雇用了八名 APM。到了二〇〇八年，一年招二十人。今日已有超過五百位 APM 走過這項 Google 計畫。原本的賭約變成 Google 鮮為人知的大勝利。APM 的知名度或許不如 Gmail、Search 與 AI，但要是沒有 APM，就不會有那些人人津津樂道的產品。

梅麗莎的勝利點出領袖的另一項關鍵特質——領導者必須有能力在公司內部培養人才。雇用明星很貴，有時還不可能挖角，因為明星就那麼多，不是隨時都能找到正確的人才。此外，相較於培養自家員工，不斷從外頭空降人才，將無法建立與強化公司文化。巴瑞·迪勒出名的地方，在於他會栽培旗下各種事業的年輕人。如他所言：「如果資深職還得從外面找人，你這個領導人失敗了。」

梅麗莎協助 Google 培養的明星，最後會展翅高飛，前往更寬廣的科技宇宙，任職於其他企業。梅麗莎本人也一樣，她在二〇一二年入主 Yahoo。今日許多我們習以為常的線上服務，Yahoo 是鼻祖，但 Yahoo 未能妥善運用，五年間就消耗四名執行長。梅麗莎接手時，公司已經面臨生死存亡的關鍵。

Yahoo 的狀況岌岌可危，梅麗莎無法在這種時候打造全新的團隊，但可以挑選現成的員工，組成需要的團隊。

Yahoo 的問題不是缺人才。梅麗莎很早就發現，Yahoo 其實人才濟濟，但層層的官僚體制讓員工提不起勁，欠缺發揮能力所需的精力與熱忱。梅麗莎回想自己上任的第一個星期，Yahoo 的員工跑來告訴她：「我們有一群在這裡蟄伏好多年的人，一直在等高層和董事會想好，出發的時刻到了嗎？終於要讓事情開始運轉，做點什麼，打造點什麼了嗎？」梅麗莎向對方保證是的，「出發的時間」真的到了。她會來 Yahoo 的部分原因，就是幫忙清除障礙，協助員工專心讓點子成真。

梅麗莎是從她在 Google 的前老闆艾力克．施密特那，學到領袖要負責「清出一條路」的概念。梅麗莎回想艾力克常說：「你成為領導者後，再也不必做寫程式或設計等實務工作。你的職責是替團隊指出方向，幫忙清除一路上所有的障礙。你先幫團隊清好路，團隊才有辦法端出最好的成果。」

這種領導思維和一般的想法相反，改由領袖做灰頭土臉的苦差事，好讓其他人能發光發熱。套用美式足球場的隱喻，由阻截手負責阻擋對手，製造出空檔，讓隊員能達陣得分。這正好也是僕人式領導的核心原則，翻轉企業傳統，鼓勵領袖理解與解決員工碰上的問題與需求，而不是由員工來服務領導者。風險管理平台 MetricStream 的前執行長雪莉．亞尚博表示，她本身也是僕人式領導者，「我的工作是比其他每一個人，跑在更前面一點，負責搬開大石頭，確保倒下的樹不會擋住去路。我的職責是方便員工工作。找出他們遇上的麻煩，想辦法協助解決問題。」

梅麗莎接掌 Yahoo 後，立刻替團隊清理路上的大石頭和枯木。她做的第一件事是任命負責「砍掉官僚作風」的專家，找出公司組織過度疊床架屋帶來的障礙。梅麗莎回顧當時的作法：「我們請同仁回報他們感到不合理的流程。」Yahoo 因此每星期召開「PB與J會議」，那是「流程、官僚體制與阻塞」(process, bureaucracy, and jams) 的縮寫。公司裡不論是誰，只要同時也提出解決方案，全都可以向「官僚作風終結者」(Red-Tape Machete)，提出公司的問題，終結者會協助處理。相關的補救措施讓 Yahoo 更能順利運轉，公司同仁有辦法一起解決問題。

此外，梅麗莎也想鼓勵大家提出新點子。Yahoo 和先前的 Google 不一樣，不是剛誕生的公司，也因此梅麗莎沒機會播下種子，帶來新公司開天闢地的原始湯，但她猜想 Yahoo 內部原本就有點子，只是被埋在陰暗的角落，她可以想辦法讓那些點子重見天日。梅麗莎決定讓現成的 Yahoo 員工，變成她需要的點子產生器。

梅麗莎因此舉辦「執行長大挑戰」（CEO Challenge），邀請公司裡所有部門的所有人，提出打造事業的新點子，有機會贏大獎：如果某個點子一年多帶給公司五百萬，每位提出者都能分五萬元。梅麗莎表示：「我預估大約會收到二十多個點子，或許最後會通過六個。」

想不到的是，最後梅麗莎收到超過八百個點子，而且她和團隊幾乎批准了其中的二百個。Yahoo 人爭先恐後提出的新點子，帶來首頁的廣告串流等重大創新，也創造出大規模的新營收流。

小型的新創公司比較可能讓現成的員工，培養出公司需要的技能，因為公司文化尚在成形，時間較為充裕。大公司也不是絕對不可能做到，但一定得抓緊時間。梅麗莎到任時，Yahoo 已經在倒數計時，許多投資人已經失去信心；在他們眼中，Yahoo 真正有價值的地方，只剩 Yahoo 手中的中國網路巨擘阿里巴巴的股份。

梅麗莎的任期剛開始時，Yahoo 手中的阿里巴巴投資尚能支撐公司，甚至提供資金給梅麗莎振興公司的部分初期努力。然而，投資人急於變現這部分的持股，不再給梅麗莎團隊時間挽救公司。依舊值得一提的是，在梅麗莎任期的最後六季，Yahoo 的表現持續優於華爾街與公司內部的預期，五年間光是公司內部新開拓的營收，就幾乎達二十億美元。梅麗莎認為要是再多給她一年，Yahoo 或許能轉危為安。

不是所有的救亡圖存都能成功，不過即便失敗，依舊能帶來啟發。梅麗莎證明在公司內部培養人才的策略，的確可能大有斬獲，不僅是 Google 這種大展鴻圖的公司如此，即便困窘如 Yahoo 也能見效。

雷德的「領導」理論

軍樂隊指揮

優秀領導者不會強迫人們跟隨鼓聲，但會激勵大家朝相同方向前進，眾人是自願這麼做。你會擊出什麼樣的鼓聲，要看你的性格、你的經歷、你的公司。你的鼓聲有可能強調效率，有可能強調創新，或工作與生活要平衡，也可能以上皆是。

慈悲領導者

慈悲領導的核心原則是願意從身旁人的角度與視野，看待每一件事。此外，你必須自我檢視與反省，盡力抗拒情緒化的直覺反應。只要你能關注你領導的人，誠心向他們求教，就能協助大家抓到自己的節奏。

不粉飾太平，鼓勵有話直說

有話直說時，別忘了記錄你做決定的標準或原則，釐清為什麼要這麼做，方便你溝通自己的想法。此外，極度透明的公司要求絕對的實話實說，但一定要有一套提出意見的辦法，好讓異議與批評能朝著有建設性的正面方向走。

凝聚成員

不論團隊是七萬人或七人，領導者需要借助「遠大的目標」與「日常的人際接觸」，讓大家團結。先用使命鼓舞眾人，把大家凝聚在一起，產生使命感，每個人都成為帶頭的領袖。

船長

許多新創公司在早期階段具備海盜的特質，天不怕地不怕，頭腦靈活，願意勇闖未知的領域。與其由上而下強迫員工接受新文化，壓抑這樣的鮮活特質，還不如鼓勵手下的海盜，一起協助形塑與引導必要的轉型，讓公司的文化更像海軍，有交戰的原則，也有溝通的管道，以及長期的策略。

造星

禮聘明星很貴，有時還請不到，正確的人選可能沒興趣跳槽。最厲害的領導者有辦法從內部培養人才。你扮演的角色因此是找出瓶頸，清理障礙，好讓新星能發光。

第十章 特洛伊木馬

霍華・舒茲在布魯克林東岸的卡納西長大，家裡住國宅。他的父親是二戰退伍軍人，打完仗回家後，沒過上想像中的美國夢生活。

霍華的父親只帶著黃熱病返鄉，三餐不繼。戰後的美國景氣欣欣向榮，但中學沒畢業的他選擇不是太多，做過好幾份沒出路的工作，最糟的一次是當貨運司機，負責搬貨與載送布尿布。在送貨途中，在冰上滑倒，扭傷腳踝，髖骨碎裂，被公司掃地出門。沒有勞工撫卹金，沒有健保，沒有安全網。

「我七歲放學回家，打開公寓的門，看見父親倒在沙發上，從臀部到膝蓋都打著石膏。」霍華回想：「我那時才七歲，怎麼會知道那將對我的人生，產生什麼樣的影響？不過，爸媽的愁雲慘霧在我心中留下創傷。我能理解住在貧民窟的人們。」

多年後，霍華努力讓他的公司**星巴克**，變成「我父親一輩子沒機會待的良心企業。那種企業會平衡良知與賺錢」。霍華從出社會就在思考，如何能做到那種不容易的平衡。

時間回到一九八六年，霍華人在西雅圖，替最初的星巴克工作。當時的星巴克是小型地方事業，只有幾間分店，但一場義大利的米蘭之旅，改變了霍華的命運。他在當地看到咖啡可以如何在人們的生活中，扮演更美好的角色。「我感到著迷，米蘭每條街上都有兩三間咖啡吧。我目睹浪漫、戲劇與濃縮咖啡的喜悅。」

「我在義大利時，天天在這些咖啡吧流連忘返，我開始看到一些事：我看見同樣的人天天準時報到。他們彼此不認識，但氣氛非常友好，因為那裡有一種空間感，有如社群。大家一邊喝咖啡，一邊感受人與人之間的連結。」

霍華回西雅圖後，離開星巴克，成功創業，旗下有好幾間米蘭風的咖啡吧。同一時期，原始的星巴克買下加州柏克萊的皮爺咖啡（Peet's Coffee），大舉擴張後支撐不住，決定出售星巴克，讓霍華優先購買。

霍華找到人投資他對新型咖啡店的願景，籌錢買下星巴克。當時的星巴克有六間店，以及一棟舊式的烘烤廠房，售價是不會太貴的三百八十萬美元。到了一九八七年底，霍華有十一間店，一百位員工，他夢想著能把義式咖啡的「戲劇與浪漫」，擴張到全國各地。

然而，進行早期的下一波擴張之前，舒茲想先做一件事：他開始替一百位員工設計福利方案。對霍華的私人投資者來講，這個方案只是一連串令他們大惑不解的計畫開端。

「你可以想像當時的對話。」霍華談到：「星巴克那時還很小，還在賠錢，尚未證實自己的商業模式可行，我卻說：『這間公司工作的每一個人，我要提供他們健康保險，而且以股票選擇權的形式提供公司股份。』」

該怎麼說呢？投資人感到這是不明智的決定。

然而，霍華主張憑良心做生意是好事：「我想要照顧我們的員工。」他指出：「我認為我能證明，如此一來將能降低員工流失率，提升工作表現，不過最重要的是這能讓人們感到，他們是在為了有意義的事努力。」

就這樣，星巴克成為全美第一間提供全體員工綜合健保的公司，全職或兼職的人（工時二十小時以上者）都享有這項福利。霍華回想：「此外，我們設法以股票選擇權的形式，提供每一位員工股份，一樣也是兼職人員也能領。」

這裡要注意的是，霍華最初向投資人推銷這個概念時，他沒說：「我想要照顧我們的員工，因為這是正確的事。」他也沒說：「我想要照顧我們的員工，因為當年沒有公司照顧我爸。」霍華說的是：「我想要照顧我們的員工，**因為這對公司有利**。」這才是投資人會支持的理由。

「我回想我們如何能有今日的成就，我毫不懷疑，真的一點都不懷疑，要不是因為我們的文化、價值觀與指導原則，我們不可能在七十六國開二點八萬間店。如果星巴克的核心目標沒把員工放在第一位，確保員工能成功，我們不會有今日的成績。我百分之百確定這點。」

即便到了今日，這種好人有好報的概念，也不是人人都相信，更何況霍華是在一九八○年代的尾聲接掌星巴克。當時的星巴克董事，不確定該不該接受霍華這種講法，不過霍華賭對了，星巴克在接下來的歲月，出現驚人的長期成長。

許多優秀的企業創辦人都有第二目標：除了最主要的事業目標，他們還試著在世上做到某件事。甚至可以說，每一間成功的企業都有如特洛伊木馬，載著創始人的第二目標前進。

本書的最後一章要帶大家看，如何讓第二目標出頭天：看是要採取特洛伊木馬式的暗渡陳倉，把第二目標變成公司的基本特色；或是想辦法把目標嫁接到既有的事業上。

你的事業大幅擴張後，你將在許多層面上影響到世界上的人。你的決定會影響員工、顧客、整個社群。不論結果如何，你將有機會形塑世界，也因此你會有機會問，甚至是有責任問：**我們想要代表什麼？我們如何能讓人們的生活更美好？我們如何能達成那個目標，連帶壯大公司**？

你要做的事不是告訴自己：「我是好人，所以我的公司要做好事。」你該問的是：「我能帶來什麼樣的正面影響，那個影響也將支持我的核心事業？」此外，做好事不必只是你的事業附帶產生的效果；如果你的策略夠聰明，你想見到的正面影響，也能替你的事業帶來源源不絕的動力。你應該朝這樣的方向努力。

還在求生存的新創公司創辦者或許會認為，這種理念很好，但晚點再說……等公司擴張後，再去想這種事。然而，最優秀的擴張創業者，從創業的第一天就開始思考社會影響力。

一體兩面的問題：「我要如何行善？」與「我如何能搞好事業？」

從星巴克最早期的歲月，在霍華想像中的未來，公司和員工將共生共榮。「我留存很多舊日記。」霍華回想：「我很早就開始寫下，這間新公司的商業計畫將如何在利潤與良心之間，達成脆弱的平衡。」

平衡利潤與良心，紙上談兵說起來容易，實務上很複雜。「我開始思考：那究竟是什麼意思？」

「很重要的一點是我們沒錢做傳統的行銷、廣告或公關。」霍華解釋：「那些東西星巴克全都沒有，也因此我們用店內體驗來定義品牌。我們很早就在談，品牌權益（equity of the brand，譯注：指品牌替產品或服務帶來的附加價值）將得仰賴公司的管理者與領導者，超越員工的期待，員工因此能夠超越顧客的期待。」

「由於咖啡是很個人的產品，飲用頻率又高，我們有機會在品牌權益的基礎上親近顧客。」

健康照護與股票選擇權，只是霍華照顧員工的開端。他接著又宣布將免費提供多名星巴克員工大學教育，再度令投資人瞠目結舌。

「我們因此開始檢視讓員工免學費的公司成本，大家萬分緊張與關切我們負擔不了。」霍華表示：「然而，所有的事情都一樣，當你讓聰明人齊聚一堂，你可以厚著臉皮宣布：**想出辦法前，誰都不准離開這裡**。我們要解決的問題是如何能成本不會太高，又讓大家能讀書？我們最後想出辦法。」

二〇一四年，星巴克和亞利桑那州立大學以史無前例的方式合作，替所有每週工時在二十小時以上的美國星巴克員工，負擔全額的大學學費。星巴克和ＡＳＵ各自負擔六成與四成的學費。學位只能以網路授課的方式取得，好讓星巴克員工能繼續工作，學校也能控制成本。

再次值得注意的是，霍華團隊處理免學費的問題時，跟處理其他的商業問題沒兩樣。霍華沒說：「教育是無價的，所以不管耗費成本多少都沒關係。」他講的是：「我們來想想看，如何能獲得最佳價值。」

星巴克的員工福利方案，乍看之下再慷慨不過，但這樣的慷慨最後讓公司獲益。星巴克在中國也靠著對員工好，站穩腳步，只不過中間幾經波折。

星巴克近期在中國有超過四千八百間門市，每十五小時就展店一間。

不過，事情不是一開始就那麼順利。

「我們在中國一連虧損九年。」霍華指出：「投資人最後說：算了吧，中國是喝茶的社會，關了吧。」

星巴克在中國除了連年虧損，另一個問題是留不住員工，不過由於霍華多年關注員工福利，他觀察到中國孩子的職涯選擇，深受父母影響。大部分的中國星巴克員工都是大學畢業生。霍華明白中國員工父母的感受是：**我辛辛苦苦把兒女栽培到大學，他們畢業後卻在端咖啡，而不是替蘋果、Google或阿里巴巴工作。這樣不對。**影響力大的父母，不滿孩子的工作帶來的社會地位，導致員工離職率高，妨礙公司成長。

霍華的解決辦法是讓中國的父母，清楚看見在星巴克工作的好處，了解星巴克以人為本的精神。首先，不僅每位員工都有醫保，星巴克開始讓每位員工的父母也有醫保，留職率果然飆升。接下來，為了展現星巴克完全理解中國的價值觀重視**家庭**，霍華告訴董事會：「我希望每年和中國員工的父母見面。」

別忘了，星巴克在中國的展店速度是每十五小時一間，而霍華所說的見一見「中國員工的父母」，可不是象徵性的握握手而已。各位可以想像，星巴克尚未在中國市場站穩腳步，卻要額外挪出預算做這種事，想說服董事會這麼做具備商業價值可不容易。

然而，星巴克的家長見面會，在中國的父母與員工之間引發轟動，成為每年都會正式舉辦的活動。「父母見面會的功能是表揚在星巴克工作的**家庭**，他們的孩子是重要的主角。」霍華指出：「我們讓員工的爸媽搭機前往上海或北京，他們一輩子沒坐過飛機。我們帶給星巴克夥伴驚喜，他們不知道爸媽要來，氣氛感人。我可不會錯過每年的這場活動。」

和中國家屬見面，讓員工留職率大增，協助解決了公司的營運問題，星巴克連帶更能留住顧客，但好處還不只這樣。霍華認為，這個活動的重點放在員工的忠誠度與快樂，捕捉到這間全球企業的基本精神——以人為本。「這樣的時刻太感人，太能彰顯星巴克的精神、文化與價值觀。」霍華表示：「我們從這樣的事情中學到，我們全都渴望人與人之間的連結。」

然而，企業擴張到星巴克等級的龐大規模時，不免碰到一連串的新挑戰。「我要如何行善？」與「我如何能搞好事業？」是一體兩面的問題。隨著你的機會與責任變多，這兩個問題的複雜程度也變高。顧客很容易變成「營收」，員工很容易就變成「員工數」。

霍華認為，星巴克先前能避免相關陷阱的主要原因，在於星巴克很早就做出行善的承諾，再加上星巴克多年間不斷成長，證實這樣的價值觀顯然與公司能成功有關。

「星巴克不是利潤導向。」霍華指出：「星巴克是價值觀導向。我們是先有那樣的價值觀，才有高獲利。不是每個商業決策都要跟錢有關。我們的財務表現，直接連結到持久的價值觀及文化，我們持續努力加以提升與保存。」

雷德的分析時間：你想拆掉什麼牆？

大家都聽過最初的特洛伊木馬故事。古特洛伊的城門前，出現一個裝有輪子、巨大無比的木馬。當時特洛伊人與希臘人，已經打了十年的血腥戰爭，這個木馬號稱是求和的禮物，但木馬的肚子裡，其實藏著驍勇善戰的奧德修斯（Odysseus），以及三十名希臘的頂尖戰士。木馬被推進城內，躲在裡頭的士兵等到太陽下山，悄悄跑出木馬，打開城門，放剩下的希臘軍隊進城。特洛伊就這樣滅亡了。

好吧，嗜殺成性的屠城士兵，和企業的崇高目標沒太大的關係。你的ＩＴ部門對抗的「特洛伊木馬」電腦病毒，也跟使命沒什麼關聯。不過想像一下你試著攻破的東西，不是城邦的城牆，也不是沒戒心的網路使用者的防火牆。你嘗試打破不一樣的牆：

系統性歧視帶來的高牆。

棘手疾病帶來的高牆。

根深蒂固的不平等帶來的高牆。

懶惰的假設帶來的高牆。

想像你打算從木馬肚子裡放出的軍隊，目標不是燒殺擄掠，而是拆除限制人類體驗的高牆。特洛伊木馬是好是壞，要看你的用途。企業或職涯可以是善良的特洛伊木馬，堅定地載著創辦人的第二目標前進。公司的使命能創造優秀的企業，但也能帶來重要的社會轉變。

帶來你想見到的改變

琳達・羅騰堡的綽號是「Chica Loca」，意思是「瘋女人」，不過琳達覺得這是讚美。琳達的瘋女人綽號，已經有二十年歷史，源自她跑到拉丁美洲定居，試著替地方上的創業者募資。琳達回想她創辦奮進集團時，新創公司在美國各地如雨後春筍般冒出來，兩三下就能募到資金。然而，拉丁美洲就是另一回事了，「沒人創業」。事實上，那裡的人根本不會想到有創業的可能性，當時的西班牙文裡甚至沒有「創業者」（entrepreneur）一詞。

琳達的公司想要改變那一切。

然而，琳達首先要找到支持者。她成功向阿根廷最大的不動產大亨艾達多・艾斯坦（Eduardo Elsztain），爭取到在他的布宜諾斯艾利斯辦公室談十分鐘的機會。由於億萬富翁索羅斯（George Soros）曾經資助艾達多的事業，「所以艾達多一看到我就說：『我懂我懂我懂，你想見索羅斯，我看看能不能幫忙安排。』」

「我告訴他：『艾達多，我沒要見索羅斯。你是創業者。我是創業者。奮進是創業者的組織，創辦人和服務對象都是創業者。我要的是你的時間、你的熱情，還有二十萬。』」

琳達回想，她講出那句話後，「艾達多轉頭向他的左右手說：『這女人瘋了。』」

但琳達向艾達多指出，他的著名故事是走進索羅斯的辦公室，出來時拿著一千萬元的支票，「所以你很幸運，我才跟你要二十萬。」

艾達多開了支票給琳達，還擔任阿根廷奮進集團的董事長。琳達提到：「今日的艾達多說，這是他這輩子做過最棒的投資。」

此外，琳達決定把「瘋」這個形容詞，當成榮譽動章。「每個人都說，我的奮進點子瘋了，但我不這麼認為。我後來發現，**創業者不認為自己在做瘋狂的事——不過其他人的確是這樣覺得，因為那件事威脅到現狀。**」

琳達的瘋狂奮進點子指出，創業人才分布在全球意想不到的各角落。這些人將能建立可擴張的創新事業，創造工作機會。事實證明琳達的點子並不瘋，而且她的故事說明了所有具備創業精神的成功公司，全都能以一個最重要的方式，對這個世界做出貢獻：傳承。

從導師計畫到投資其他的新創公司，再到專注於特定領域（地理上的分區，或是缺乏出頭機會的族群），傳承有各種形式。目標是鼓勵與支持下一代的創業領袖，讓創業者能夠多元化。

琳達試圖在中南美洲建立創業文化時，**文斯．卡薩雷斯**是她的奮進集團最早支持的創業者。文斯在巴塔哥尼亞的綿羊場長大，二十歲出頭時，成為該區第一個網路服務供應商，但公司被搶走，他本人被掃地出門，什麼都沒拿到。沒關係，文斯決定這次他要當拉丁美洲的第一間電商公司，唯一的問題是他連一毛錢的資金也沒有。

「我們因此和文斯見面，他當時已經被三十個地方投資人拒絕過。」琳達回想：「文斯找妹妹和好友當員工，這種人事結構永遠不是好跡象，但我們一見到他，就感到：『這人有點東西。』」奮進協助文斯向 Flatiron Partners 與大通資本（Chase Capital）募資，還幫他找到營運長。一年後，桑坦德銀行（Banco Santander）以七點五億美元收購文斯的公司。

文斯接下來又成功創辦其他事業，其中一項是比特幣錢包 Xapo。目標是「讓貨幣民主化」，推廣更穩定的通用貨幣。不過，琳達最初找上文斯時，文斯不相信真的會有人對他的創業點子感興趣。琳達談到她協助文斯起步後，文斯向她坦承一件事。「我最初聯絡文斯的時候，」琳達說道：「文斯還以為我是搞邪教的，所以沒錯，就連文斯都以為我瘋了。」

文斯獲得極大的成功後，他的故事在南美傳開。「他的例子非常有號召力。」琳達表示：「人們會說：『如果文斯做得到，那我也可以。』」

創業文化就此在中南美地區發展起來。琳達說這種事就是這樣——地方上的成功故事，將鼓舞其他的地方人士嘗試。如果地方人士自己成功後，也支持其他的地方創業者，在社群裡傳承下去，那麼速度會一下子大增。

「許多地方文化會出兩、三個成功建立企業的商人。」琳達指出：「但那些成功者要是不回饋鄉里，沒把賺來的錢拿來投資生態系統，擔任導師，成為天使投資人，鼓勵員工開新公司，那麼成功到他們那邊就會停下來。網路效應是擴張整體商業社群的關鍵。」

琳達的公司做的最重要的事，就是推動這樣的良性循環。他們讓成功的地方商業領袖相信，支持地區的整體創業生態系統成長，不僅符合自身的利益，也能擴大地方人才庫，開啟商業聯盟的機會，帶動地方經濟。

今日有了更多熱心傳承的企業領袖後，創業精神有望在南美持續開花結果。此外，西班牙文裡終於出現相關詞彙，也有所助益。幾年前，琳達接到巴西葡萄牙語字典編輯打來的電話，對方向她報喜，由於奮進集團的努力，他們將把「emprendedor（創業者）」與「emprendedorismo（創業）」兩個字加進辭典，「所以人們現在可以自我介紹：『嗨，我是emprendedor（創業者）。』」琳達談到。她一直相信：「只要有了名字，就有辦法做到。」

打造你想見到的東西

萬事起頭難。

影星李奧納多・狄卡皮歐（Leonardo DiCaprio）開設電影製作公司亞壁古道影業（Appian Way），富蘭克林・萊納德（Franklin Leonard）是裡頭的儲備幹部。「李奧納多・

狄卡皮歐的儲備幹部」或許聽起來很炫，但實際的工作內容卻是閱讀大量的劇本，非常非常大量。你可以把劇本想成拍攝好萊塢電影的入場籌碼：先要有劇本，電影製片廠才有辦法找到故事和編劇，有東西可以拍電影，而找出某個劇本能不能用的唯一辦法，就是坐下來讀。富蘭克林的工作就是負責讀劇本，讀到快吐了。

簡單計算一下就知道，劇本通常是九十頁到一百二十頁，中位數是一百〇六頁。富蘭克林一個週末就得讀三十份劇本，也就是超過三千頁，而且週週都得這樣讀。

電影產業的每一個人都是這樣做——有幾千個電影人和富蘭克林一樣，回家時扛著紙箱，裡面裝滿週末要讀的劇本。

富蘭克林表示：「你知道的，大海撈針也不是不行，只是缺乏效率。」沮喪帶來了「黑名單」的靈感。富蘭克在二〇〇五年的尾聲，進行了一場數據搜集實驗。他把想得到的所有製作公司，列成一張同業清單，接著匿名寄信給所有人，問大家你今年讀過最優秀、但尚未被製作的劇本是什麼？有哪些劇本你真心喜歡、能拍出你會想看的電影？富蘭克林把收到的答案整理成電子試算表，找出票數高的贏家，接著以匿名的方式公布結果，「黑名單」就此問世。

那張名單被瘋傳。富蘭克林開始收到別人的轉寄：「你看過這個沒？」甚至有經紀人向他推銷電影時說：「這個劇本在明年的黑名單上。」太搞笑了，因為富蘭克林根本還沒開始搜集明年的清單。從大家的反應來看，好萊塢顯然等黑名單這樣的東西很久了，渴望有工具協助挖掘高品質的作品，找出能拍成得獎電影的劇本。同行和富蘭克林一樣沮喪產業現況，以至於這個以封閉著稱的文化，居然願意匿名分享最喜歡的劇本。

「好萊塢裡的每一個人，大家試著大海撈針。」富蘭克林說道：「找到針以後，也不知道要用哪一根，但反正得先找到針，而我們發明了金屬探測器。」

這個金屬探測器還找到什麼？第一張黑名單上的劇本，有不少來自首度寫作的編劇或女作家，缺乏人脈將被排除在好萊塢的體系之外。《鴻孕當頭》的劇本，便是來自初出茅廬的迪亞布羅・科蒂（Diablo Cody），後來拍成受到觀眾喜愛的電影，由艾略特・佩吉（Elliot Page）與麥克・塞拉（Michael Cera）主演。黑名單匿名投票的流程，讓不符合傳統智慧的看法得以浮出水面。

「在許多方面，這個產業的傳統智慧只是傳統，毫無智慧可言。」富蘭克林評論：「而且有的傳統害處特別大。編劇被低估，好嗎？我們八成是因為這樣，電影才不賣座。如果換掉傳統的那套思維，我們能製作出更好的電影。」

下一年的黑名單出爐後，富蘭克林的身分曝光，丟掉亞壁古道影業的工作，不過隨著黑名單的重要性逐年增加，也替他開啟了另一道門。富蘭克林製作特殊版的黑名單，致力於挖掘LGBTQ（女同、男同、雙性戀、跨性別、酷兒）作家、非白人作家與其他群體的作家，在洛杉磯舉辦廣受歡迎的作品朗讀活動。著名的演員圍坐在一起，讀出該年度的最佳劇本。

不過，富蘭克林知道他可以做的不僅於此。不論是哪一年的黑名單，只要是榜上有名的劇本，其實大部分至少在好萊塢有一點門路，例如有經紀人的編劇，或即便不知道哪天才會拍成電影，也至少是電影公司曾經考慮選擇的故事。然而，外頭有著更多更多的編劇。富蘭克林知道那群人需要幫忙，讓他們能踏進電影公司的大門。他們的劇本也很優秀，但沒有敲門磚，沒人帶他們進好萊塢。

富蘭克林想到：「我們應該找出外頭的這些人，而不是祈禱他們會自己找上門。」

富蘭克林的大點子，他的大事業，是借助年度黑名單的力量創造平台，協助沒沒無聞的編劇，讓他們的劇本能被人看到與評估，同時也協助電影製作人找到最優秀的劇本。

回到剛才的隱喻，這有如高舉著金屬探測器，希望針會向你跑來。在黑名單的平台上，只要繳交小額費用，任何人都能上傳劇本到網站。編劇可以付合理的費用，找人評估他們的劇本。「接下來，」富蘭克林解釋：「我們會分享優秀劇本的資訊。那些作品獲得我們讀者的好評。由於我們在過去八年間，已經建立口碑，人們有可能相信我們的推薦。」

為什麼值得花力氣拆下好萊塢的門，讓外頭更多的編劇進入好萊塢的體制？這一切回到製作出富蘭克林想看的電影，那種會引發心底深處的共鳴、不譁眾取寵的好故事。

「就我個人來講，相較於父母是業界人士、爸媽有給信託基金，或是因為有種種背景，所以有辦法進好萊塢的那些人，我會給『普通人』寫的劇本一個機會。我個人的經驗是相較於天之驕子，沒背景的人比較能看透人生，寫出感人的故事。」

如果黑名單是特洛伊木馬，那麼那匹木馬上，寫著大大的：**好劇本！能拍出好電影的劇本！票房會超好的劇本！**

那匹特洛伊木馬裝的願景是更為包容的社會，包括我們在銀幕上看見的電影，以及拍出那些電影的產業，都將更加包容。富蘭克林是美國南部喬治亞州的黑人，他的高祖父生下來就是奴隸，這種包容的願景深深觸動富蘭克林。

「如果我在這裡告訴你：『那原本就是我的主要計畫。』那種講法太冠冕堂皇。我挖掘好劇本清單的動機，其實是自私的，我想讀到好劇本。我所做的事是為了得到我要的東西。」

然而，富蘭克林因為保持初心，想製作自己會想看的電影，因此創造出大型的良性循環。「黑名單選出的所有劇本，全是在向人才開啟業界的大門，除了有利於缺乏門路的編劇，對電影圈這個關起門來自己玩的產業來講，也有經濟上的好處。故步自封是在自己害自己，但好萊塢甚至沒意識到，他們拒絕了多少能賺錢的好機會。」

開創者講同樣的語言

在中美洲的瓜地馬拉長大的**路易斯・馮・安**，從小不曾夢想打造借助群眾力量的數位語言學習APP，也沒想過要創辦估值超過十億美元的新創公司。

路易斯說：「我的志向是當數學教授。」

當時最好的數學課程在美國，也因此路易斯高三時打算申請美國的大學。路易斯回想：「但是想念美國大學的話，就得參加英語能力測驗。」路易斯因此打算報考托福，但有一個小問題：「瓜地馬拉的托福考試已經額滿。」

「我嚇得要死，以為不能申請大學了。」

路易斯尋找其他辦法，得知鄰國薩爾瓦多還有托福的空位。「我很幸運，有錢能搭機前往薩爾瓦多參加考試。」路易斯說道。然而，走這一趟可不是什麼小事。「瓜地馬拉是治安有點亂的國家。當時的薩爾瓦多更危險，但不去不行，我得參加考試。」

「當時我心想：我得想辦法終結托福這種東西。」

路易斯托福考得很好，杜克大學（Duke University）收他，他如願以償到美國讀大學，暫時忘了要消滅語言考試的心願——只是暫時。

幾年後，路易斯已經是卡內基美隆大學（Carnegie Mellon）的電腦科學教授，他又想起這件事。路易斯的專長是某種類型的群眾外包，他想打造工具，運用眾人貢獻的力量，再加上「我也想做點和教育有關的事，協助像瓜地馬拉這樣的國家。這就是為什麼我想到語言學習」。

路易斯得知，全球的人為了學習與證明自己學過英文，每年耗費五十億到一百億美元，他立刻想到可以打造某種東西，讓各地的人都能免費學英文。多鄰國就此誕生。

今日的多鄰國讓你能以「小口小口」的份量學語言，用通關和提示鼓勵學習者。三億多的用戶，每個月完成超過七十億分的練習。此外，課程內容主要來自熱心的用戶。那就是為什麼除了西班牙文、中文、阿拉伯文，多鄰國也有比較少人懂的語言，例如世界語、納瓦霍語（Navajo）……甚至有《星際爭霸戰》的克林貢語。

路易斯推出多鄰國時，僅提供西班牙語和德語（路易斯親自設計西班牙文的課程，他的瑞士共同創辦人則負責德文）。雖然起初有不錯的反響，但沒有太大的成長，路易斯因此知道勢必得提供更多語言。「我想到或許可以採取群眾外包的方式，讓大家自願協助我們增加課程。」路易斯說道。

路易斯試了一下水溫：如果有人寫信詢問，能不能提供某個語言的翻譯課程，他就會回答：「我們沒有那種課程，你能幫我們製作嗎？」漸漸有人答應後，路易斯開放與分享多鄰國的語言課程創建工具。在第一週就有大約五萬人申請添加語言。眾人的貢獻十分寶貴，多鄰國今日被當成最典型的例子，說明群眾外包可以如何帶來商業上的成功。

路易斯有辦法讓多鄰國快速成長的原因，在於人們不僅認同他追求的使命（讓全球各地的人都能輕鬆學習語言），大家還想要親身參與。熱心公益可說是多鄰國的關鍵元素。

路易斯耗費很多的心血，協助多鄰國完成那樣的使命。他創建合約，讓無償製作語言課程的好心人士，保有內容的所有權。此外，路易斯做到他的承諾，想辦法持續提供免費的語言課程，人人都能學習語言。

「我們不想替內容收費。」路易斯表示：「即便教育的標準賺錢方法就是課程收費。」路易斯只簡單在課程的尾聲，放上自動化廣告，心想或許這樣能賺個幾塊錢。「那些小小的程式化廣告加起來，如今已帶來數千萬美元。」接下來，路易斯加上可以關掉廣告的訂閱功能。路易斯表示：「很快的，訂閱費帶來的收益就超過廣告。」今日的多鄰國是最賺錢的教育ＡＰＰ，但路易斯不曾違背內容不收費的承諾。

路易斯最滿意的產品是多鄰國版的托福——那個他和其他成千上萬人如果想在美國念書，被迫參加的過時英語測驗。多鄰國版的語言測試很便宜（四十九美元），而且不必舟車勞頓（例如前往戰區），就能參加考試。

＊＊＊

本書每一章提到的企業，ＤＮＡ裡都內建了慷慨。**莎莉．克勞切克**的Ellevest致力於減少「性別投資差異」，協助女性成為更活躍、更聰明的投資人。ClassPass的**帕雅爾．卡達奇婭**的事業，建立在協助民眾多運動、找到有熱情的健身活動的願景之上。23andMe的**安妮．沃西基**創辦基因檢測事業，方便民眾進一步掌握自身的健康資訊。**查爾斯．貝**

斯特建立募資平台DonorsChoose，協助配對捐款人，贊助值得做的學校計畫。

這些「天生要做好事」的組織逐漸擴張後，好事自然也推廣開來，衍生出各種版本，例如**惠妮・沃爾夫・赫德**的線上約會新創公司Bumble的例子。我們在第三章看過，惠妮創辦Bumble的初衷是改善女性的線上約會體驗，讓女性在交友時能有更多的主控權（包括率先出擊）。

不過，惠妮與Bumble還進一步帶給女性力量，推出「Bumble基金」（Bumble Fund），提供早期的企業投資，對象包括由非白人女性與代表性不足的群體所創辦與領導的企業。

此外，Bumble持續在全球擴張，旗下的APP進入不同市場，順帶將女性賦權的訊息，傳遞給不同文化的女性。

惠妮表示：「我的職涯亮點是進入不同文化，了解當地女性的思維。目前為止，最值得留意的是我們的團隊去了印度，進入這個傳統上在約會、戀愛與人生安排等方面壓抑女性的文化——那個文化不只是安排女性的戀愛生活。從女性很小的時候，就處處替她們決定人生。」

惠妮知道對改變印度文化來講，Bumble只不過是很小的一步。「Bumble只不過是帶來原本就有的東西，也因此Bumble進入印度市場後，在那個今日的女性賦權程度比以往高的地方，女性的聲音終於被聽見。」

Bumble 在用戶達一億後，持續專注於打造令女性感到安心與安全的約會生態系統。惠妮的第二目標，超越約會與交友世界的一對一人際關係。

「我認為很多人渴望社群。」惠妮表示：「寂寞是近代的流行病。光是把一個人介紹給另一個人，永遠無法治療這種病。」

惠妮如今把注意力擺在：「**我們如何能不僅打造出更安全的約會生態系統，也關注範圍更廣的社群？**」惠妮放眼未來：「我認為這件事除了發生在 Bumble 上，也會出現在 Bumble 以外的地方，也就是這個世界的實體世界。」

雷德的分析時間：用群眾的力量協助你做好事

我認為只要你的使命能觸動群眾，群眾外包能以意想不到的方式擴張你的事業。

路易斯．馮．安發現了極具價值的群眾外包資源。事實上，就是**這個**資源，讓多鄰國得以擴張到龐大的規模，而路易斯能找到這個資源，原因是他接觸熱情的用戶群眾。多鄰國免費提供語言學習的使命，獲得那群人的高度認同，他們因此願意協助路易斯。

查爾斯．貝斯特在二〇〇一年建立史上第一個群眾外包平台 DonorsChoose.org 時，也發生類似的效應。查爾斯知道，只要民眾能感到和自己贊助的教室計畫有連結，有一群熱心的民眾等著支持和他一樣的老師。查爾斯特殊的行善使命，完美符合他的目標群眾也想做的事。查爾斯甚至因此得以請先前有經驗的 DonorsChoose 老師當義工，幫忙查證其他所有老師的計畫申請，替 DonorsChoose 省下時間與金錢。

你和群眾的動機必須一拍即合，群眾外包才能成功，帶來光靠自己達不到的能力與規模。群眾外包順利進行時，將開啟不可思議的機會。相較於單打獨鬥，群眾外包能讓你以更快的速度，擴張到更遠的地方。然而，如果你有私心，終將無聲無息，甚至一敗塗地。

群眾外包的聖杯是把有志一同的人士，聚集在你的旗下。或是以路易斯的例子來講，他追求的是刻著不同語言的羅塞塔石碑。留住群眾的前提是你引導群眾做的事，他們不但感興趣，還感到很有意義，不枉他們這麼投入。

千萬要記住，如果你請用戶伸出援手，一起實踐共同的使命，絕對要戒慎恐懼。如果你讓大家失望，他們會對你的承諾失去信心，不再相信你的產品。你先前耗費大量心力聚集的強大群眾將散去，不願再助你一臂之力。

錦上添花

沒錯，本章的開頭建議從建立公司的第一天起，就該帶有社會使命，不過很多做公益的例子是日後才加上的。

跑腿兔的「善心任務」是錦上添花的好例子。**史黛西・布朗—菲爾波特**在改善公司與跑腿人的關係後，想讓跑腿兔增加社群服務的元素。

史黛西成為跑腿兔的執行長時，跑腿兔要讓日常工作發生革命的使命，深深感動她，不過她也逐漸看到第二目的的可能性：**我們如何能運用科技，帶來更多的中產階級工作？**史黛西開始仔細研究，如何能讓沒有高中學歷或無法使用昂貴科技的人士，也能運用跑腿兔。

史黛西在二〇一六年加入阿斯彭研究所的亨利皇冠獎學金計畫（Henry Crown Fellowship program），所有的計畫成員都必須成立促進社會影響的事業。史黛西想出的「善心跑腿兔」點子，以特別的方式向民眾與非營利組織開放跑腿兔的平台。

善心跑腿兔與社群組織結盟，協助有需要的人士以跑腿人的身分，賺得一定的收入。有的區域非營利組織的主要服務是協助遊民、促進就業與救災，他們在週末或某幾週需要額外的人手，善心跑腿兔邀請現成的跑腿人，自願與這樣的組織配對。如此一來，不僅方便跑腿人支持自己在乎的理念，也讓非營利組織因為跑腿兔平台提供相關的功能，不必增加協調費用與行政費，就能找到自願者。

「我們會派遣人員抵達救災現場。」史黛西表示：「沒錯，跑腿兔除了協助人們賺得一定的收入，也想發揮社群影響力，幫助社群裡完全無力負擔服務的人士。」

「善心跑腿兔」是跑腿兔自然延伸出來的服務，運用公司現成的資源與長才，應用在相關的公益領域。此外，這個例子顯示即便公司產品並未直接與改善世界相關，依舊值得仔細研究一下自家產品，或許裡頭有等著你挖掘與解鎖的額外用途。

Instagram 的**凱文．斯特羅姆**絕對是這方面的例子。凱文談到身為創業者的他，他的人生目標向來不只是帶給世人更多美麗的照片，他想超越那樣的境界。

凱文把 Instagram 賣給臉書後，他和共同創辦人麥克．克里格開始思考要留給後人什麼遺澤。兩人感恩 Instagram 很成功，天天都在成長，但也意識到眼前有特殊的機會：他們可以利用自己的龐大平台，帶來更多的社會改革，也因此兩人一起思考：**除了我們的產品，我們還能帶給這個世界什麼樣的影響？**

凱文和麥克強烈意識到，年輕人花很多時間在 Instagram 上。年輕人透過 Instagram 認識世界，還在 Instagram 上以藝術的形式表達自我，與同在這個平台的親友同學互動。然而，兩位創辦人也對網路互動能多不友好而感到困擾。

凱文和麥克是從私人的角度關心這個議題，因為他們都有孩子；事實上，凱文就是在女兒芙雷亞（Freya）出生時，開始關注這件事。凱文問自己：「**我們想在世上留下什麼，好讓芙雷亞長大使用社群媒體時，不必面對今日的孩子在網路上遇到的事？**」

兩位創辦人誓言讓網路的世界更加溫馨。凱文挑戰團隊：「你們能運用機器學習打造出什麼樣的工具，利用 Instagram 讓網路的世界更友好？」起初每一個人只是你望著我，我望著你，聳了個肩，但凱文不放棄這個點子，他告訴團隊：「哪裡有困難，我們就往哪裡去。」

Instagram 用來過濾垃圾郵件的機器學習與人工智慧科技，也能用來偵測霸凌或騷擾。ＩＧ的技術有辦法偵測垃圾訊息，就有辦法偵測酸民的酸言酸語。

原理很簡單。首先，ＩＧ從用戶那搜集到大量「**嗨，我認為這則貼文或留言是霸凌**」的數據。由受過訓練的員工團隊，查看所有的警示訊息，判斷哪些舉報合理，放進ＡＩ的神經網路。

ＩＧ的演算法最後會套用各種標準，例如當事人對彼此的熟悉度、他們先前的互動、追蹤人數是多少等等，綜合相關訊號後，判斷某則留言或文章是否確實構成霸凌事實。如果是霸凌，ＩＧ會隱藏霸凌者的留言。「我們發現霸凌者不想當**唯一的**霸凌者。」凱文解釋：「這是破窗理論——如果四周都是破掉的窗戶或塗鴉，你會感到：『喔，那我打破窗子或塗鴉也沒關係。』反過來講，如果人們沒看到別人在霸凌，只有他們一個人，他們就比較不會輕舉妄動。我們清理不當流言後，發現這個值得留意的大規模效應。」

ＩＧ的霸凌過濾器，讓ＩＧ得以透過技術與判斷標準，監測平台上的和善程度。「我認為我們這方面的努力，一點一滴讓網路稍微和善一點。」凱文表示：「最困難的一件事，依舊是你如何能計算和善？」凱文說不確定自己已經完全找出答案，不過如果ＩＧ能想出解決的辦法，他們將與其他的公司分享這樣的善意工具與演算法。

凱文不曾料到自己的社群媒體公司，居然得處理這樣的挑戰，不過他現在把這場反霸凌運動，視為自己的關鍵成就。

洗心革面

許多創業者從一開始就想著要替世人做點好事，**史考特・哈里森**（Scott Harrison）則不是那種好人好事的代表。

史考特從出社會就打定主意，他要享受生活，而按照某些人的標準來看（包括當時的史考特本人），史考特美夢成真。

史考特十八歲離家後，急於擺脫保守的家庭教育，開始追逐金錢與聲色犬馬，跑去夜店當公關，待過四十間不同的夜店。「我身邊的馬子永遠是最漂亮的。」史考特回想：「我不敢相信在紐約會有人付錢雇用你喝酒，但還真的是這樣。」

那種瘋狂的生活的確有一陣子很美好，但過了十年這種生活後，史考特浪子回頭，開始思考還能走哪條路。

史考特問自己一個有趣的問題：**如果我過著和現在截然不同的生活，那會是什麼樣子？**

「我心想：嗯，如果說我是個自私自利、貪圖享受、藥物成癮的夜店公關，這輩子沒替別人做過些什麼，」史考特想著：「那麼跑去幫助需要幫助的人，不曉得會怎樣？如果說我辭職，去做一年的慈善服務？」

史考特不是想想而已，他真的行動，賣掉大部分的家當，放棄紐約的公寓，開始應徵每一間想得到的慈善機構。接連被拒絕好幾個月後，慈悲號醫療艦（Mercy Ship）願意收他。慈悲號平日派遣醫療人員駐紮的船艦，到開發中世界。如果史考特願意每個月付慈悲號五百美元，還願意住在戰後的賴比瑞亞，那就歡迎一起來行善。

史考特的反應？「太棒了，跟我的人生正好相反。信用卡給你，接下來要做什麼？」

三星期後，史考特與一群顎面外科醫師，住在五百英尺長的醫療艦上。他擔任新聞攝影師，負責記錄每位病患術前與術後的面容。那是一份讓人於心不忍的工作，但也令人振奮。史考特說故事的本能跑出來，他感到一定要和家鄉的親友分享自己的經驗。

史考特把面部長著巨大腫瘤的照片，寄給他的夜店電子郵件清單上的數千人。不是每個人都想看到信箱裡出現那種駭人的影像，但出乎意料的是，史考特有大量的老友被那些畫面觸動，很多人有興趣幫忙。「他們很多人都感嘆：『我不知道世上有這樣的人間疾苦，如此缺乏醫療資源。』」

史考特知道事有可為。「我很早就發現，照片能以文字辦不到的方式觸動人心。」他待在慈悲號上時，得知一個令人擔憂、但相對容易就能解決的問題。

史考特回想：「我在賴比瑞亞第一次見到水危機。」慈悲號用小額捐款協助民眾挖井，史考特被派去拍照。「我看見當地人喝的水，我從來沒看過那種東西。」史考特回想那些水有如「濃稠的巧克力牛奶」，而全國有一半的人口都在喝髒水，那是賴比瑞亞疾病橫行的主因。

史考特就此找到努力的目標，然而他準備成立非營利組織時，一再聽見紐約的朋友講一樣的話，耳朵都要長繭了。「大家都說：『我才不要捐錢給慈善機構。那些機構很官僚，缺乏效率，執行長八成靠著善款吃香喝辣，開賓士到處跑。』」

那種憤世嫉俗的看法，反而讓史考特看見機會。他要成立的非營利組織會把乾淨的水帶給這個世界，而且他們鼓勵慷慨解囊的方法，將是直接處理人們對慈善的不信任。

史考特成立的非營利組織「水慈善」（Charity: Water）三管齊下，一是盡量以完全透明的方式，處理每一分花出去的捐款；二是他保證民眾捐的錢，將百分之百直接用於水計畫；第三，他建立鼓舞人心的品牌，透過照片與影片，說出人們會渴望參與並分享的真實故事。

史考特讓「正向」成為水慈善的基本元素。「我們告訴組織的成員：**以希望代替罪惡感，邀大家共襄盛舉，渴望行善**。我們拍攝民眾喝到乾淨的水，而不是孩童喝髒水。我們告訴大家：『這是我們做的事。我們提供帶來生命的派對，這是**有水之前**的畫面，這是**有水之後**的畫面。你想一起幫忙解決問題嗎？』」

史考特是公司的福音長，他清楚得讓水慈善在全球引發良性循環才行。史考特檢視手中有哪些資源：他有照片。他致力於透明行善。他有一群「身體很會搖擺的人士」的電子郵件清單。

此外，史考特還想到可以利用不論我們想不想要，每年都會獲得一次的東西：**我們的生日**。大家可以請親友不要送生日禮物，改成以他們的名義捐款給水慈善。

這個讓人們把生日捐給水慈善的點子不僅簡單，還能引發共襄盛舉，而且運用了一個事實：人們會和其他人建立起最深厚的情感關係，而不是和品牌或慈善機構。

史考特表示：「這個點子引發轟動，不分男女老幼，大家放棄生日禮物。」生日計畫成為水慈善的招牌募款方法，二〇一四年募到四千五百萬美元，一年間協助一百萬人獲得乾淨的飲水，也就是該年每天幫到二千五百人。

水慈善在幾年間收到大量的捐款……然後就沒了。「我們的組織碰上問題，」史考特表示：「人們在某年過生日的時候，把錢捐給水慈善，然後就說：『我已經盡了我的那份力，我挖了我的水井，我幫忙募到一千元了。』民眾只捐出一次的生日，接著就不做了。」

水慈善遭逢重大打擊，但史考特觀察文化潮流後，獲得新靈感。民眾正在訂閱越來越多的線上娛樂服務。史考特心想：**如果說我來制定做好事的訂閱計畫，讓大量的民眾每個月出一點錢，而且百分之百知道捐款的去向？**

史考特把這個每月訂閱的點子，命名為「泉源」。他在水慈善即將慶祝成立十週年時，利用二十分鐘的線上影片，完整講述水慈善的十年旅程，隆重推出泉源計畫。

「有人轉寄」不足以形容那支影片引發轟動的程度。觀看次數已達一千萬次，而且持續增加。訂閱計畫也持續拓展到各地，目前進入一百個國家。

水慈善的商業模式從一年一次的捐款（幸運的話），走向每月訂閱制。這個轉向帶來三十五%的年成長。來自一百國的捐款人平均每個月捐三十元，也就是一年超過七千萬。自從史考特洗心革面，從泡夜店改成替非營利事業奔走十五年後，他憑藉著個人的熱情，贊助全球二十九國的五點六萬個水計畫，超過一千萬人有了乾淨的水源。

史考特的故事證明，如果你想擴大做好事的規模，你最強大的工具，將是有能力說出感人的故事（有照片的話，那將再好不過）。「感動人心的故事真正的力量，」史考特指出，「在於滿足人們分享的欲望，形成迴圈。人們替感動他們的慈善目標，開放自己的人際網絡，感人的故事會傳開。」

史考特還學到什麼？你不必一開始就是「好人」，但總有一天依舊能做好事。

解放人類的靈魂

說到造福後代，沒人比得過**羅伯特．F．史密斯**，至少莫爾豪斯學院（Morehouse College）的學生絕對這麼認為。羅伯特是Vista私募股權的創辦人與執行長，也是全美最成功的投資人。二〇一九年時，傳統上是黑人學校的莫爾豪斯學院，邀請羅伯特在畢業典禮上致詞。羅伯特讓大家嚇一跳，突然在台上宣布，他會幫所有的畢業生償還學貸。

羅伯特的善舉不只這一樁。他在二〇一六年就曾引發熱議，捐贈二千萬美元，協助史密森尼學會蓋「國立非裔美國人歷史和文化博物館」。

羅伯特熱心公益的種子，在很小的時候就種下。羅伯特在科羅拉多州關係緊密的黑人社區長大，正好碰上種族混合就讀接送計畫的年代。在他上一年級的第一天，他坐上的校車，載他到四十五分鐘以外的社區。那裡的孩子長得完全不像熟悉的人，但羅伯特很快就發現，那些孩子也喜歡跑來跑去，喜歡玩，喜歡講笑話。

「我們不曾從膚色或家裡有沒有錢的角度看待彼此。」羅伯特表示：「我們發現彼此的相同點多過差異。在我們的成長過程中，我什麼活動都參加，我參加生日派對，參加猶太成年禮。人與人之間建立美好的連結。」

一共只有一輛校車會到羅伯特住的那一帶。他後來才知道，為了廢除地方學校的種族隔離，有幾台巴士被徵用，但在計畫甚至尚未開始之前，就有人燒掉三分之一的校車，也因此只剩一台校車能抵達羅伯特的社區，只有少數幾個街區的孩子，有機會搭上那台校車。羅伯特日後回想起來，認為那是一台「幸運」校車。

羅伯特指出：「你去看那輛校車上的所有孩子，看他們今日的生活，拿去比較我的街區當年沒搭上那輛車的孩子，你會發現他們的社經發展、教育機會、他們今日帶來的社區回饋，出現極大的差異。」

羅伯特小時候影響他最大的一件事，或許是母親帶著七歲的他，參加「向華盛頓進軍」，他聽見金恩牧師的「我有一個夢」演講。

「母親帶我到那裡，」羅伯特表示：「對我造成的影響是我就此明白，我們的社群代表著某件事，我們的社群為了某個目標奮鬥，我們的參與很重要。我認為那今日成為我的靈魂的一部分。我必須回饋，我必須協助我的社群在這個名字是美國的美好國家前進。」

羅伯特念高中時，發現丹佛附近有一間貝爾實驗室。雖然當時才一月，羅伯特打電話過去，問能不能當暑期實習生。對方告訴他：「如果你是大三升大四，那就過來應徵吧。」羅伯特坦承自己還只是高中生。大部分的孩子聽到年齡的限制後就會放棄，但羅伯特依舊每週一直打給貝爾實驗室，一連打了五個月。貝爾實驗室最後讓步，讓羅伯特當實習生。

從那時就明顯看得出來，沒人能阻擋羅伯特．F．史密斯。

羅伯特取得哥倫比亞大學的MBA學位後，進入高盛投資銀行（Goldman Sachs），指導微軟、蘋果、德州儀器（Texas Instruments）等科技公司，進行數十億美元的購併案。他在二〇〇〇年離開高盛，創辦 Vista 私募股權公司。

接下來的二十年間，外界看到 Vista 不可思議的財務表現，但內部人士知道羅伯特除了致力於打造**成功的**公司，他也想讓公司**多元**，這兩個使命並行不悖，相輔相成。羅伯特的公司在聘雇方面，開發出一套有系統的方法，即便你沒有良好的家世背景，沒念過頂尖的學校，他們依舊能看見你的潛能，想辦法挖掘你的天賦，加以培養。羅伯特的投資公司因此有多元人才為之效命，每個人貢獻五花八門的能力與觀點。今日的 Vista 是市場領導者，管理著五百七十億美元的資產。

羅伯特形容多元是「整體性的事業策略」，通常能引發創意思考，帶給 Vista 更好的工作產出。羅伯特認為如果企業能夠不帶成見，教育與訓練所有的族裔、種族與性別，積極建立所有人都能加入的管道，企業與社群將能獲益，科技業與金融業尤其會受惠。羅伯特稱之為「第四次工業革命的動力」（Fourth Industrial Revolution dynamic）。

此外，羅伯特也是其他創辦人的典範。有許多創辦人試圖以企業以外的形式服務社群。南非反種族隔離運動人士史蒂夫．比科（Stephen Biko）的遺孀舉辦的午餐會，鼓舞了這群人，他們在會上討論「Ubuntu」的概念。Ubuntu 是班圖語，意思是對人類的愛。Ubuntu 是力量強大的詞彙與概念。羅伯特向莫爾豪斯學院的畢業生做出承諾的那一天，心中想的就是這個字。「我想著這些非裔美國年輕人組成的莫爾豪斯社群。」羅伯特表示：「他們在許多方面，在這個國家負擔著不公平的重擔。我心想：**我如何能協助他們擺脫這些重擔**？有一個方法是幫忙減輕債務，不光是他們欠的債務與加在他們身上的債務。他們大部分的人，還得負擔自己的家庭。」

二〇一八年畢業典禮那天，羅伯特告訴三百九十六位新出爐的畢業生：「我的家族在這個國家定居了八代。我謹代表我的家族，給你們的人生一點小小的助力。」羅伯特宣布要替大家付學貸，接著又說：「年輕的弟兄們，現在換你們要想辦法，以你們的方式做到 Ubuntu。你將如何回饋你的社群？」

羅伯特承認他私心希望：「四分之一的學生能決定成為老師，在自己的社區教程式與工程。我還希望四分之一的學生成為優秀的化學工程師——因為我個人喜歡化學工程師。我希望另外四分之一的人能成為醫生，解決這個國家的社群面臨的醫療照護不平等。我還希望剩下的四分之一學生從政，利用自身的力量與能力改變政策——如此一來，我們的街區就不會只有一台校車。」

羅伯特深信你投資人的時候，你是在「解放人類的靈魂，而當你能夠解放人類的靈魂，讓那個靈魂成為最好的自己，」羅伯特說道：「那將是世上最振奮人心的事。」

雷德的「好好行善」理論

把你的公司想成特洛伊木馬

改變社會不該只是你的公司恰巧帶來的作用——策略正確的話，社會公益能帶動你的企業，你該朝這個方向努力。事情不是「我是好人，所以我的公司要做好事」那麼簡單，而要問：「我能帶來什麼樣的正面影響，連帶還能支持我的核心事業？」

從第一天就加進善心元素

如果公司的使命源自於做好事，而且你有效向這個世界溝通那個使命，矢志不移，行善將成為你的擴張助力。

努力向善永遠不嫌遲

你不必一開始就是「好人」，也能做好事。你一路上變換跑道，試著找出正確的商業模式時，不免跌跌撞撞，但如果你試著擴大行善的範圍，你最強大的武器，將是以動人的故事，說出你致力於達成的未來。

附加功能式的行善

即便公司提供的產品與改善世界無關，你依舊可以仔細研究產品，或許裡頭藏著等著被挖掘的用途。你可以觀察員工與地方社群的互動，那永遠是尋找靈感的好地方。

傳承

成功企業能以各種方式替這個世界帶來貢獻，其中最重要的是傳承。你可以提供導師計畫、投資其他的新創公司，或是專注於特定領域，例如特別關照某個地區的人，或是某個弱勢族群。目標是促進多元，鼓勵與支持下一代的創業領袖。企業家馬克·

貝尼奧夫（Marc Benioff）在 Salesforce 的「1-1-1 計畫」是承諾行善的模範（譯注：利用公司一 % 的股權、一 % 的產品、一 % 的員工時間，回饋各地的社區）。

首先，不造成傷害

創業者要對社會負責任。要是沒有社會提供的基礎建設，我們無法建立事業，獲得成功的果實。我們應該遵守「希波克拉底醫師誓詞」(Hippocratic Oath）中提到的原則：首先，不造成傷害。身為創業者的我們，理應致力於讓社會更美好。

謝詞

首先要感謝每一位參加過《規模大師》（*Masters of Scale*）與《規模大師：迅速回應》（*Masters of Scale: Rapid Response*）的嘉賓，在此也特別感謝他們辛苦的助理與溝通團隊。這群大好人在瘋狂的行程中，擠出九十分鐘的訪談時間，還在疫情期間，安排寄送與接收消毒的麥克風……並且開心地與這個世界分享每一集的節目。

《規模大師》過去與現在的團隊

執行製作：June Cohen、Deron Triff

監製：Jai Punjabi

特約編輯：Bob Safian

前任與現任製作人：Jordan McLeod、Cristina Gonzalez、Marie McCoy Thompson、Chris McLeod、Dan Kedmey、Jennie Cataldo、Ben Manilla、Steph Kent、Halley Bondy

撰稿：Adam Skuse、Katharine Clark Gray

主筆：Emily McManus

音樂總監：Ryan Holladay
音樂：Daniel Nissenbaum、Daniel Clive McCallum、Holladay Brothers
音訊編輯：Keith J. Nelson、Stephen Davies、Andrew Nault
混音與母帶製作：Bryan Pugh、Aaron Bastinelli
製作：Adam Hiner、Chaurley Meneses
製作支援：Colin Howarth、Eric Gruber、Chineme Ezekwenna
設計：Sarah Sandman、Kelsie Saison、Tim Cronin
受眾成長：Anna Pizzino、Ben Richardson
特別感謝：Mina Kurasawa
以及感謝 WaitWhat 過去與現在的全體團隊！

在此感謝 Greylock Partners 團隊與雷德・霍夫曼辦公室的 Elisa Schreiber、David Sanford、Greg Beato、Chris Yeh、Saida Sapieva。

謝謝 Christy Fletcher 與她的 Fletcher & Co. 團隊提供顧問服務。在他們的大力推動下，本書得以交到許多人手中。

感謝 Warren Berger 與 Laura Kelly，他們的真知灼見協助本書成為今日的樣貌。也感謝 Cary Goldstein 一路上用心幫忙編輯與提供指引。

創新觀點

高成長思維

從0到世界級的致勝關鍵，頂尖新創企業家教你再成長的經營策略

2022年12月初版　　定價：新臺幣480元

著者	Reid Hoffiman June Cohen Deron Triff
譯者	許恬寧
叢書編輯	連玉佳
校對	胡君安
內文排版	黃雅群
封面設計	萬勝安
副總編輯	陳逸華
總編輯	涂豐恩
總經理	陳芝宇
社長	羅國俊
發行人	林載爵

出版者	聯經出版事業股份有限公司
地址	新北市汐止區大同路一段369號1樓
叢書編輯電話	(02)86925588轉5315
台北聯經書房	台北市新生南路三段94號
電話	(02)23620308
台中辦事處	(04)22312023
台中電子信箱	e-mail：linking2@ms42.hinet.net
郵政劃撥	帳戶第0100559-3號
郵撥電話	(02)23620308
印刷者	文聯彩色製版印刷有限公司
總經銷	聯合發行股份有限公司
發行所	新北市新店區寶橋路235巷6弄6號2樓
電話	(02)29178022

行政院新聞局出版事業登記證局版臺業字第0130號

本書如有缺頁，破損，倒裝請寄回台北聯經書房更換。　ISBN 978-957-08-6540-0 (平裝)
聯經網址：www.linkingbooks.com.tw
電子信箱：linking@udngroup.com

國家圖書館出版品預行編目資料

高成長思維：從0到世界級的致勝關鍵，頂尖新創企業家教你再成長的經營策略/ Reid Hoffiman、June Cohen、Deron Triff 著 . 許恬寧譯 . 初版 . 新北市 . 聯經 . 2022年12月 . 368面 . 14.8×21公分（創新觀點）
譯自：Masters of scale: surprising truths from the world's most successful entrepreneurs.
ISBN 978-957-08-6540-0（平裝）

1.CST：創業 2.CST：企業經營 3.CST：職場成功法

494.1 111014811